儿童动物百科全书

For the curious

陈　超　孙永华 译

中国大百科全书出版社

北京市版权登记号：图字01-2009-0216

图书在版编目（CIP）数据

DK儿童动物百科全书 / 英国DK公司著；陈超等译.
—2版.—北京：中国大百科全书出版社，2014.5
书名原文：Animals a children's encyclopedia
ISBN 978-7-5000-9322-0

Ⅰ. ①D… Ⅱ. ①英… ②陈… Ⅲ. ①动物—儿童读物
Ⅳ. ①Q95-49

中国版本图书馆CIP数据核字（2014）第047841号

译　　者：陈超　孙永华

策 划 人：武丹
责任编辑：李建新 应世澄
专业审定：张劲硕
特约编辑：余会
美术编辑：杨振　刘嘉　史乐瑞
责任校对：付立新

DK儿童动物百科全书（第2版）
中国大百科全书出版社出版发行
（北京阜成门北大街17号　邮编 100037）
http://www.ecph.com.cn
新华书店经销
北京华联印刷有限公司印制
开本：889毫米×1194毫米　1/16　印张：19
2014年5月第2版　2023年3月第34次印刷
ISBN 978-7-5000-9322-0
定价：198.00元

目录

前言

我们与大量形形色色的、迷人的生物共同分享着我们居住的这颗星球。从最小的昆虫到巨大的蓝鲸，动物分布在生态系统的各个角落。它们的种类（物种）如此之多，以至于再经过数百年的科学研究，人们也不可能将现存的物种完全归类。即使是那些我们最熟悉的动物，它们的有些行为、生活方式或生态体系也尚待探索。然而，一个令人伤心的事实是，在人类尚未了解生物多样性的真正价值之前，由于栖息地的消失、污染和过度开发，很多物种濒临灭绝。

这本综合指南旨在向孩子们介绍令人激动的动物世界。书里展现了动物的主要类群：哺乳动物、鸟类、鱼类、爬行动物、两栖动物和无脊椎动物。每一章向读者们介绍了下属的类、科、种的主要特征，而具体条目则集中介绍那些有趣的或常见的物种，并详细说明了它们的栖息地、地理分布、相对于人类的大小、寿命及保护状况。正文旁的精美照片，展示了动物所显露出的绚丽色彩和巧妙伪装，并可从中窥见它们的野外生存行为。从最大的到最邪恶的，从最美丽的到最奇异的，我们将在这里向好奇和渴求知识的青少年展现动物界的奇观。

约翰·P. 弗瑞尔博士
康奈尔大学脊椎动物博物馆
鱼类、两栖类和爬行动物馆馆长

图标的说明

本书中介绍的所有动物都带有图标。图标分别说明了各种动物的日常栖息地、相比人类的最大体型、寿命和被保护的情况。洞穴这个栖息地没有相应的图标，因为很少有动物一生都居住在洞穴里。都市栖息地也不包含在内，因为这样的动物基本在野外都有天然家园。寿命少于一年的动物亦无图标。问号图标表明，虽然这类动物的寿命大于一年，但是目前尚未探知其具体寿命。动物的大小则是将大型动物与成年男性的平均身高相对比，或将小型动物与成年人的手相对比。

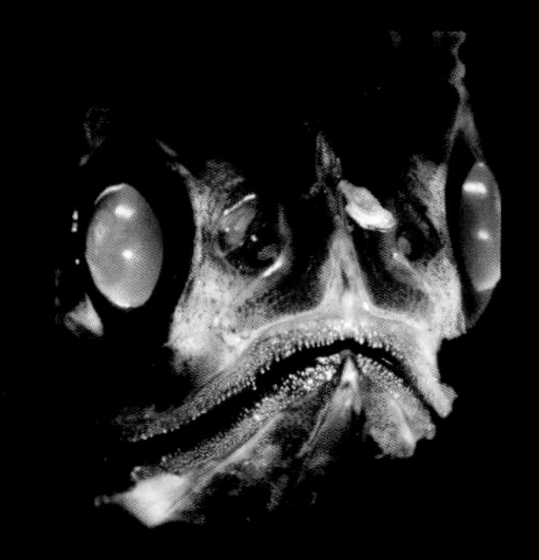

濒危动物

很多动物濒临灭绝的危险。当一种动物的最后一个已知个体死亡的时候，这类动物就被认定为灭绝。科学家们使用IUCN（国际自然保护联盟）设置的一套分级系统来监控动物的灭绝程度。依据这个系统，动物被评估划分为以下类别：

- **野生灭绝**：动物的个体只生存于人类圈养或人类驯化状态下。
- **极危**：动物正面临极高的灭绝危险。
- **濒危**：动物正面临很高的灭绝危险。

- **易危**：动物正面临较高的灭绝危险。
- **近危**：动物在不久的将来很可能列位于上述分类，它们的生存有赖于人们的保护。

- **无危**：这类动物经过评估，被认为分布广泛，物种充足。

- **数据不足或未评估**：没有足够的信息对这类动物做出完全评估或未进行评估。这个类别的有些动物，例如蚯蚓，虽很常见但也被划归此类。
  IUCN没有针对牛、羊、单峰驼、金鱼和家养宠物等家畜或农畜做出分类。

图标

- 非濒危动物
- 数量正在减少的动物
- 濒危动物
- 动物保护状态未明
- 动物寿命
- 热带丛林和雨林
- 温带森林，包括林地
- 针叶林，包括林地
- 大海和海洋
- 沿海区域，包括海滨和悬崖
- 极地和冻原
- 河流、溪流和所有活水
- 湿地和静水：湖泊、池塘、草泽地、泥塘和沼泽
- 红树林沼泽地，包含水位以上及水位以下区域
- 山脉、高地、碎石斜坡
- 沙漠和半沙漠
- 珊瑚礁和直接围绕它们的水域
- 草原生境：荒原、热带稀树大草原、田地和灌木丛林地
- 相对于人类的大小

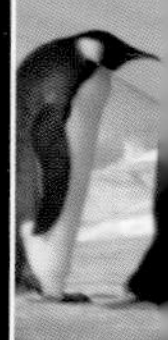

动物王国

什么是动物？

动物王国是一大群奇特的、不可思议的动物集合。它的成员们形状各异、大小不同，但它们都是由细胞组成，并且都具有神经和肌肉，藉此移动并对周围环境做出反应。最重要的是，所有的动物都通过摄取食物来获得能量。

动物

温血动物和冷血动物

鸟类和哺乳动物是温血动物，这意味着它们依靠食物摄取能量来产生自身的热量。其他动物，例如两栖动物、鱼类、昆虫和爬行动物则是冷血动物，不能产生自身热量。它们依赖外部热量，例如吸取太阳能来提升自身体温，维持日常生活。

脊椎动物

长有脊椎的动物，包括两栖动物、鸟类、鱼类、哺乳动物和爬行动物。

哺乳动物

哺乳动物体表有毛，依靠母体乳腺分泌的乳汁喂养幼崽。

鸟类

鸟长有羽毛，卵生。大多数鸟依靠翅膀飞翔进行移动。

爬行动物

爬行动物体表干燥，覆盖鳞片或角质板。大多数卵生。

两栖动物

成年两栖动物大部分时间生活在陆地，呼吸空气，但是需要回到水中进行繁殖。

鱼类

鱼有鳍和鳞片，一生都生活在水中。它们通过鳃呼吸。

食物链

当一个动物吃掉另外一个动物时，食物中的能量通过食物链传递。食物链开始于植物。植物吸收太阳能量成为食物。当一个动物吃掉植物时，能量就通过这个链条传递。另一个动物吃掉这个动物，食物链就延续下去。

能量流

这些简单的食物链显示了不同动物之间的摄食关系。能量沿着每条食物链不断传递，最终到达没有自然天敌的动物那里，在这里分别指薮猫、虎鲸和美洲狮。

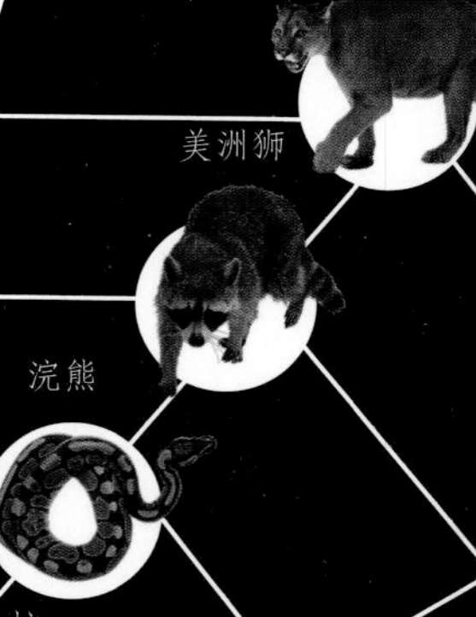

生物

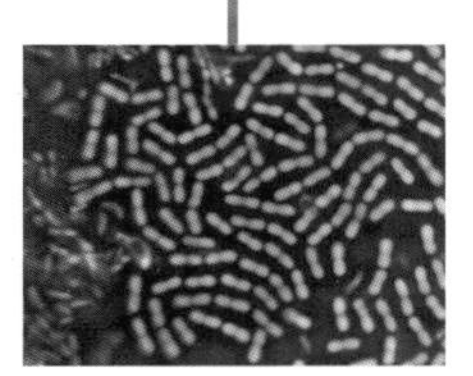

细菌

植物

真菌

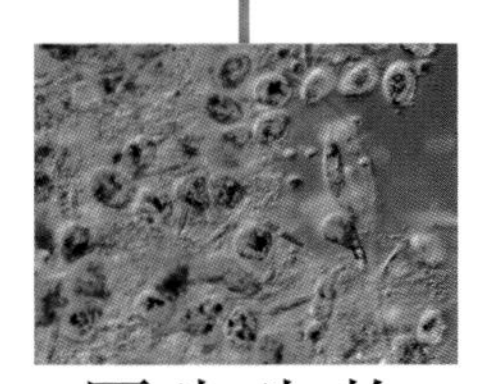

原生生物

包括一些海藻和霉菌在内的有机体群。多为单细胞生物。

无脊椎动物

占动物界总数的95%，它们没有骨性支架，包括昆虫、蜘蛛和很多海洋生物，如蟹和海星等。

蠕虫

形态多样、种类丰富的一类动物。

蛛形纲动物

蝎子、蜘蛛、蜱、螨。

甲壳动物

蟹、龙虾、树虱。

软体动物

蚌、章鱼、牡蛎、乌贼、蛞蝓、蜗牛。

海绵

腔肠动物

海葵、珊瑚、水母、水螅。

鲎

昆虫

蝴蝶、飞蛾、蚊子、苍蝇、蜻蜓、甲虫。

棘皮动物

海星、海胆、沙钱。

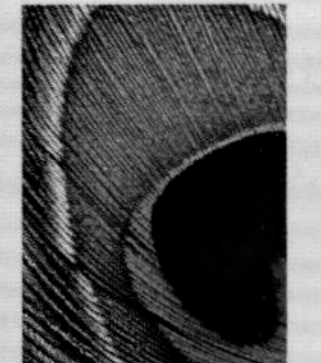
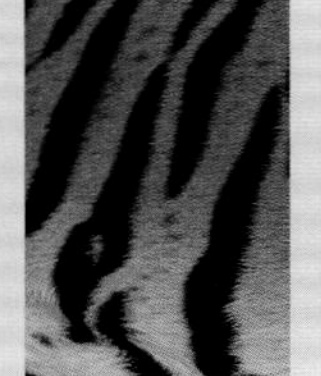
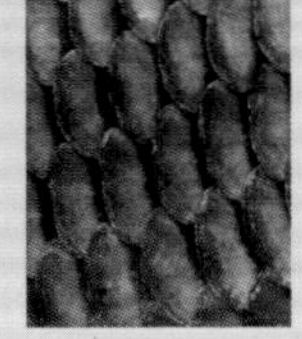

羽毛（左） 皮毛（中） 鳞片（右）

动物的外套

动物们通过不同的方法保持体温并保护它们的皮肤和身体。鸟类长有羽毛，哺乳动物身披毛皮外套，而爬行动物体表则覆盖着鳞片或角质板。

分类

世界上的科学家将动物界划分为几个大类。种之间有明确的界限，互不交配，各自产生自己的后代。相关种构成属，属又组成科。这种分类体系通过目、纲、门，一直到分类体系的最顶端“界”。以狮子为例来说明这种科学分类体系。

- **目**：食肉目，长有撕扯食物的颊齿。
- **科**：猫科，包括各种类型的猫科动物，无论体型大小。
- **属**：豹属。大型猫科动物，既会大声咆哮，也能发出咕噜的喉音。包括狮子、虎、豹。
- **种**：狮种。狮子是特大型的猫科动物。

动物行为

动物所做的一切活动即动物的行为。既包括取食、清洗等简单行为，也包括吸引配偶等复杂行为。其中一些行为是本能行为，另一些行为则是通过后天实践发展而来。

独居

很多动物选择单独生活与猎食，它们只有在交配季节才会居住到一起。一旦交配完毕，雌雄两性又会各奔东西。

群居

动物选择群居的理由各不相同。其中最主要的一个原因是群居生活的安全性。你可能认为一大群动物会给猎食者制造更多的机会。实际上，猎食者通常会发现很难挑选出牺牲品。因而对单个个体来说，群居时被猎食的可能性就大大降低了。

猎食时间 动物大部分的时间都用来寻找食物。一些单独猎食的动物，靠敏捷的速度或偷袭来捕猎食物。另一些动物则依靠群体力量。食腐动物以其他动物遗留的残余物为食。

▲ 兽群生活
群居生活为斑马提供了更好的生存机会，因为可以有更多的眼睛警惕着狮子等猎食者的身影。

▲ 蜂群
在一个蜂群中，只有一只雌性蜂，称为蜂王，它负责繁育所有的后代。这是它的工作，蜂群中所有的蜜蜂都会协助它。

▲ 栖息地
在白天，大量的蝙蝠聚集在栖息地，如在山洞中休息。傍晚它们借着暮色外出觅食。

▲ 营巢选点
在交配季节，塘鹅和海鸥等海鸟，沿着海岸建筑起密密麻麻的巢穴。

▲ 狮群
雌狮和它们的幼崽组成狮群一起生活。雄狮要么单独、要么组成小群体生活在雌狮身旁。

传递信息

动物依靠不同的方式保持联络。它们可以大声呼喊，或使用身体语言和其他视觉提示，或留下气味标识。动物们这样交流有很多原因，如觅食或寻找伙伴。

◀ 微笑
当黑猩猩受到惊吓时，它就会龇出牙齿。这个对我们来说像微笑的表情其实是黑猩猩因为害怕而咧开嘴巴。

一个微笑？

◀ 鸟儿的歌声
鸟儿们运用各种优美动听的歌声和鸣叫彼此"说话"。它们经常会发出这样的鸣声，如危险示警或占据一个领地。

▼ 舌头美食家
蛇分叉的舌头能将气味和滋味带进嘴里，这些味道在口腔顶部被称为"犁鼻器"的两个小囊里进行检测。

黄环林蛇
Boiga dendrophila

危险信号

当动物感受到威胁时，它们会采取不同的防御措施。有些靠敏捷的速度逃离危险，而有些则鼓起身体，扩大体形，让自己看起来更具危险性。有时候，这种行为会奏效。

◀ 棕熊
棕熊可能会极具攻击性，特别是在母熊保护小熊时。棕熊站直身体尽可能让自己看起来更具威胁性，龇牙，大声吼叫。

▶ 眼镜蛇
遇到威胁时，这种印度眼镜蛇的颈部会膨胀扩大，看起来更具恐吓性。这种表演通常足以吓退潜在的威胁者。

▶ 箭毒蛙
身上那明亮的色彩就是在告诉所有的动物它含有某种致命的毒液。

▶ 蝴蝶
某些蝴蝶和飞蛾翅膀上的大眼斑纹看起来像是大型动物的眼睛，可以震慑猎食者。

▶ 负鼠
当遇到危险，负鼠就会栽倒在地，露出牙齿，舌头耷拉在一边，伪装成假死状态。

动物的智商

人类几乎不可能测试动物的智商。动物做出一些看起来聪明的行为，事实上不过是自然本性的表现，例如河狸筑堤的能力。能够展示动物智商的更好例子是动物们学习实践和解决问题的能力。遗憾的是，这样的例子在动物界非常少见。

▶ 谋生工具 黑猩猩会用一根细枝搜寻白蚁蚁冢里的昆虫。像这样使用工具的行为在动物界很少见。

◀ 意象地图 松鸦会将橡果埋藏起来储备过冬。这些鸟儿很少会忘记埋藏地点。

动物的生命周期

动物的生命只有一个目的：物种生存。活得久一点，找到配偶，传宗接代才是真正重要的。每个物种都有自己独特的生命周期，一代一代繁衍下来。

求偶

有些动物在一年中的任何时间都可进行交配，而有些动物只在特殊季节交配，如春天和秋天。吸引配偶可能意味着投入大量的精力，雄性动物尤为如此。幻彩羽毛、力量展示和唱情歌是动物们的拿手好戏。

▶ 开屏
雄孔雀的尾巴越五彩缤纷，就越能吸引更多的雌孔雀加盟它的妻妾群。

▶ 蛙的歌声
蛙和蟾蜍会鼓足腮帮，大声鸣叫，向配偶发出爱的召唤。

▲ 鹿角大战
这些鹿会举行摔跤比赛，胜利者赢得雌性配偶。

▲ 拳击手
在春天，竞争同一个雌兔的雄野兔会通过激烈的拳击比赛解决纷争。

爱心妈妈
母猩猩独自养大幼儿，不需要配偶的任何帮助。在未来10年内，它会教给小猩猩生存技能，例如如何在森林里安然生存以及到哪里寻找食物等。

幼崽的发育方式

多数哺乳动物都是胎生。而鸟类、昆虫、多数爬行动物和鱼类则是卵生。幼崽各自分别在子宫或卵内发育，它们度过幼体期成长为独立生命的时间却大为不同。像田鼠等小型哺乳动物的妊娠期约为二三周，而大象的妊娠期则需持续22个月。有些昆虫的发育初期甚至会延续几年之久。

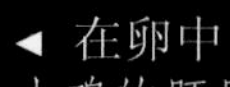

◀ 在卵中
小鸡的胚胎在母鸡开始孵蛋之前不会发育。成长中的雏鸡需要从蛋黄中汲取营养。

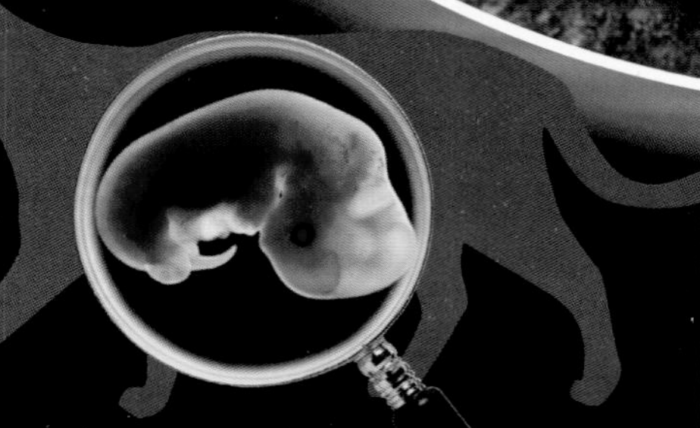

▶ 在子宫内
早期阶段的小猫看起来如同人类胚胎。它的命体系统早在出生之前就发育好了。

照顾幼崽

一些刚出生的小动物受到无微不至的照顾。例如，母类人猿到哪里都带着幼猿；小袋鼠则有妈妈育儿袋的庇护；鸟妈妈和鸟爸爸根据需要随时喂食雏鸟。但是，野兔幼崽和一些小鹿只有在妈妈返回喂食的时候才能彼此见上一面。而有些昆虫、鱼类和爬行动物则终其一生也不会见到它们的父母。

► 一窝小雏鸟抚育它们可是一项艰苦的活儿。很多鸟父母因喂养嗷嗷待哺的雏鸟而筋疲力尽。

◄ 王企鹅用脚托着它唯一的蛋，塞进温暖的肚皮褶皱处。雌雄企鹅会共同分担这个任务。

◄ 小袋鼠会在妈妈的育儿袋里待上6个月。吸吮育儿袋内乳头分泌的乳汁。

▲ 小狗崽在大约3周大的时候就要准备断奶了。

◄ 蝌蚪对它的父母一无所知。它们一孵化出来就要自己照顾自己。

◄ 新生的食蚁兽爬到妈妈背上，它攀住妈妈的皮毛四处骑行，直到一岁大。

持续循环

动物的一些物种，妈妈和子女一生都会以群体形式生活在一起。很多不同种类的动物，如狮子、猴子、虎鲸家族的雄性后代在成年后要离开群体，而只留下雌性与一只处于支配地位的雄性共同生活，它们以这种牢不可破的方式繁衍生息。还有另一些年轻的雄性和雌性动物，如大熊猫，则大半独自生活。

▲ 象的姑姨伯母
一个象群的所有母象都会帮助象妈妈照顾小象。

◄ 生命纽带
海豚和它们的后代终其一生都紧密联系在一起。

何处是家园？

栖息地是动物生存、与其他动物相处、并与环境融合的地方。多数动物都能从一个地方迁移到另外一个地方，因此它们分布于世界各地。有些在温暖潮湿的热带丛林中繁衍生息，有些勇敢的物种则生存在我们星球上环境最艰苦的地方，从贫瘠荒漠到大海深处。

以下是本书常用的图标

 热带丛林和雨林

 温带森林，包括林地

 针叶林，包括林地

 山脉、高地、碎石斜坡

 沙漠和半沙漠

 草原生境：荒原、热带稀树大草原、田地和灌木丛林地

 河流、溪流和所有活水

 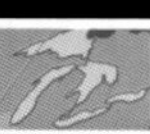 湿地和所有静水

 红树林沼泽地，包含水位以上及水位以下区域

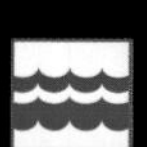 大海和海洋

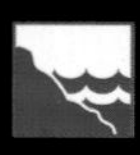  沿海区域

 珊瑚礁和直接围绕它们的水域

 极地，包括冻原和冰山

地中海生物群落

全球生境

我们居住的星球有着五光十色的风景，同时也有变幻莫测的天气。在沙漠地区接连几个月不下一滴雨，而雨林地带则整天浸泡在热带风暴中。毫无疑问，地球孕育着令人惊奇的生态多样性。

湿地和红树林

在一些湿地，植物为浸水的土壤铺上了一层薄地毯，而在另外的地方，延展的开阔水域则与大片密实的植被混合在一起。湿地是蛇等陆栖游泳健将和昆虫、鱼类、水鸟的家园。红树林沼泽（见插图）在涨潮时会被海水淹没，当海水退去又会显露出来。这些沼泽容纳了众多的鱼类，而茂密的森林则为鸟类提供了理想的筑巢之地。

赤道

温带森林和针叶林

在北半球，以落叶林为主的温带森林逐渐让位于从更遥远的北方——北极圈深处延伸过来的针叶林，那里的温度很难达到冰点以上。在更靠近南方的地域，以常青树为主的温带森林则有着温暖的夏天和温和的冬天。这些丛林是许多不同动物的乐土。熊、猛禽、狼生活在遥远北方的针叶林中，而鹿、蜥蜴、松鼠和大多数森林鸟类生活在偏南方的森林中。

冻原

冻原是北极圈北部宽广而冰冻的景观。那里异常寒冷，因此土壤在一年中的多数时间都被冻住了。到了春天冰雪融化之后，生命才陆续复苏。高山植被开始发芽，鸟儿们开始繁殖。当大地再次冰封时，植物枯萎，鸟儿离开，短暂的夏天宣告结束。

草原

不同的地方草原被冠以不同的名字。在北美被称为大草原，在南美被叫做无树大草原或高山稀树草地，在欧洲和亚洲被称为草原，在澳大利亚则被称为内陆草原。热带和亚热带的非洲草原则被称为稀树大草原。在这些区域里，青草是主要的统治植物，同时也是食草类哺乳动物如角马和斑马的主要食物来源，而这些食草动物则成为大型猫科动物和猎犬等猎食者的食物。

沙漠生命
沙漠地区是一种极端的气候环境，那里气温极高，空气中缺乏水分。

山脉

没有任何一种栖息地会像山脉这样呈现如此大的变化。但是沿着山坡下降到山麓时，环境则与周围区域趋于一致。很多动物在这里安家，包括林鸟和大型哺乳动物，如猿、熊、鹿、猴等。随着山坡升高，空气变得稀薄，气温急剧下降。只有猛禽和岩羊等最坚强的动物才能应付那里艰苦的条件。

沿海区域

海岸是陆地和海洋的一道天然屏障。它是地球上少数风景不断变化的地方之一。生活在这里的动物们必须适应这里潮汐的变化节奏。岩石海岸、泥滩和沙滩布满了海洋无脊椎动物和以它们为食的海鸟。

热带雨林温暖潮湿，为植物生长创造了完美的条件。这些丰富的植被是大量动物生活的基础。

炎热的丛林

雨林有充足的温度和湿度，位于终年炎热潮湿的赤道地区。这里是地球上最富饶的栖息地。赤道两边的季节性雨林，即所谓的季雨林，一整年经历着干湿季的交替。它们是很多物种的家园。

热带雨林

斑点亚马孙鹦鹉
这类大型鹦鹉一般成对或者组成一小群生活在亚马孙雨林中，它们在那里大肆享用丰富的水果、种子和坚果。

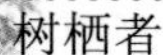

树栖者
白脸卷尾猴生活在一个复杂的叫做猴群的社会群体中，它们在美洲中部和南部雨林中游荡。

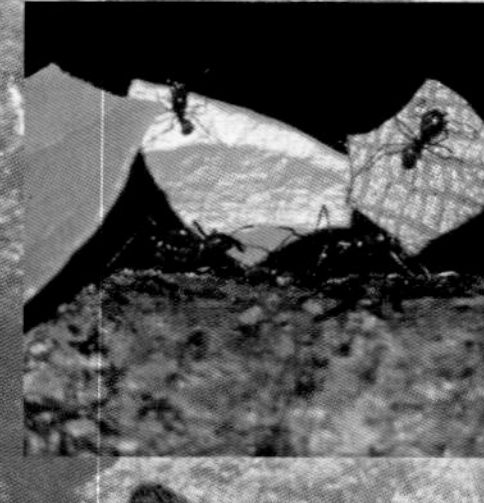

树叶裁剪师
切叶蚁组成复杂的群体，几乎遍布雨林的每个角落，从最高的树梢到地面的落叶层。

夜行侠
虎猫生活于雨林地面上，它们在夜幕的掩护下捕捉鸟类、小型哺乳动物和爬行动物。

戏水者
水豚是最大的啮齿动物。它们生活在南美洲雨林中靠近湖泊、溪流和沼泽的茂密森林地区。

热带雨林的层

一片热带雨林分为截然不同的几个层。每一层都生活着适应于这种特殊环境的植物和动物。顶层是由最高的树所组成的表林冠。这里炎热而多风。顶层往下是林冠层，这里浓密的枝叶是大多数丛林动物的家。再下面是由灌木和树苗组成的黑暗的下层林木，紧接着是被纷杂落叶覆盖的雨林地表，这里是菌类和各种植物的乐土。

大小生态环境

大生境 典型的大生境是像海岸那样面积巨大、环境复杂的地区。例如，沿着海岸线，由潮间带、遍布石砾的池塘和沙丘构成了一个海岸大生态环境。

小生境 每个大生境中都有许多小生境。小生境可能比广阔热带雨林中一截腐朽的小原木大不了多少。在某个小生境中栖居的动物不一定能在其他大生境中找到。

高温的干旱沙漠

世界上的沙漠大部分时间处于干旱荒芜的状态，这里高温炎热，每年只有不足15厘米的降水。当降水来临时，雨水滋润着焦燥饥渴的土壤，有时会形成局部洪水泛滥。几乎没有生物能适应这里严酷的环境，因此沙漠只是少数真正坚强的动物和植物的家园。

寒冷的极地生活

地球上的沙漠和极地有一个共同之处，那就是每年的降水量非常稀少。沙漠炎热干燥，而极地则是地球上最冷的地方。极少的生物能在这种恶劣环境下生存，能在此生存的动物，必须要战胜这里严寒的环境。海洋哺乳动物有着肥厚的皮肤，被称为“兽脂”，而有些鱼类的血液中含有“防冻”物质。

沙漠

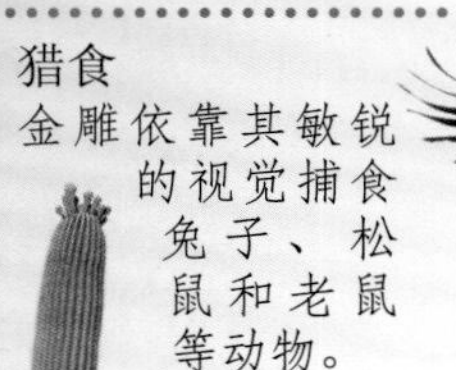

猎食
金雕依靠其敏锐的视觉捕食兔子、松鼠和老鼠等动物。

挖洞筑巢
吉拉啄木鸟生活在美国西南部的沙漠中。它在树形仙人掌或牧豆树的茎干中挖洞筑巢。

沙漠之猫
这种栖居在沙漠中的短尾猫生活在北美洲的南部地区。它猎食鸟类、兔子和其他小型哺乳动物。

死亡之响
响尾蛇摆动尾巴发出的嘎嘎响声赋予这种毒蛇形象的名字。当受到威胁时，它就会摆动尾巴吓跑敌人。

刺痛之尾
蝎子尾端有一个大大的、钩子形状的尾刺。这是击晕敌人的有效防御武器。

极地地区

北极燕鸥
北极燕鸥每年在北极和南极间迁徙，尽情享受两极的日照。

北极熊
海豹是这种北极猎手的主要食物。北极熊厚厚的脂肪和浓密的毛皮帮助它们在冰上和水下保持温暖。

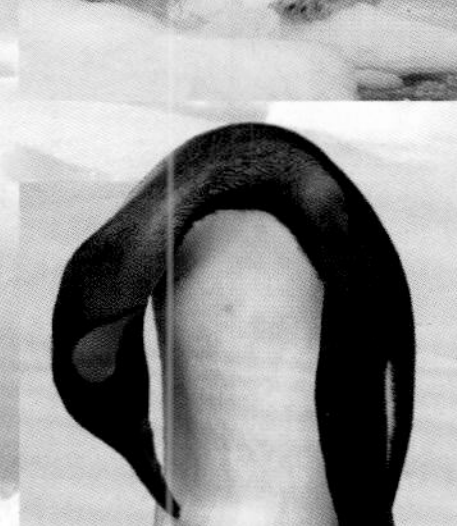

游泳健将
这种优秀的游泳健将专为水下生活而生。企鹅用鳍肢捕捉鱼类，这是它们最喜爱的食物。

豹海豹
可怕的豹海豹漫游在南冰洋中寻找海鸟、小海豹、企鹅等食物。

磷虾
这种小甲壳动物茁壮成长在北极和南极的冰冷海水中，它们以浮游生物为食，同时它们也是海豹和鲸的食物。

热带稀树大草原

搜索之眼
非洲白背兀鹫在宽广开阔的稀树大草原上空滑翔，寻找死去动物的残骸。

树蛇
非洲树蛇是栖居在热带草原和撒哈拉沙漠南部灌丛中的剧毒蛇。

非洲巨人
30头非洲象组成的象群横跨整个大草原寻找食物和水潭。

掠食者之王
母狮们一同捕猎，它们的目标是漫步在热带草原上的斑马和角马群中体弱或年幼的个体。

粪便清道夫
它的名字听起来令人厌恶，蜣螂以粪便为食。它们将粪便滚成球埋在土壤中喂食后代。

城市栖境

很多动物选择将它们的家安置在我们周围。小镇和城市为这些动物提供了充足的栖居之所，人类制造的大量垃圾是食腐动物的天堂，它们能应对紧张匆忙的城市生活。

◀ 猴子的宫殿
一队猕猴正在印度斋浦尔的哈瓦玛哈勒宫（风之宫殿）城墙上巡视。这种猴子在城区非常繁盛，依赖施舍品或垃圾为生。在一些国家，它们成了危害严重的生物。

珊瑚礁

海盗鸟

军舰鸟以偷盗食物而著称。它们袭击其他飞翔中的海鸟，迫使它们丢掉食物。

暗礁之鲨

灰三齿鲨对人类无害。它在礁石附近巡游，寻找甲壳动物、章鱼和鱼类等食物。

海龟

玳瑁龟用它窄窄的嘴，搜寻着珊瑚礁中的海绵和其他海生动物。

清洁蟹

这种鲜红色的寄生蟹是礁石的守护者，它以黏稠的、毛茸茸的海藻为食，能帮助维持礁石的清洁。

礁石之鱼

棘盖鱼因其醒目的花纹和斑斓的色彩成为珊瑚礁中最美丽的鱼类之一。

淡水生境

捕鱼专家

鹭是鸟类中的捕鱼专家。它们视觉敏锐，善于啄食水面下的鱼。

蜻蜓

这些老练的空中猎手掠过湖面或河面，用它们大大的复眼捕食小型昆虫。

水鼠

这些鼠形啮齿动物在河堤或溪畔打洞生活，以草和其他植物为食。

水之恋人

蝌蚪一生都生活在水中。大多数成年蛙和蟾蜍通常生活在陆地上，它们只有在繁殖的时候才回到水里。

猎食的鲈鱼

这些淡水鱼生活在湖泊、池塘和流速缓慢的小溪中，它们捕食无脊椎动物和其他小鱼。

◄ 鼠窝

这种适应性极强的啮齿动物，就像它的近亲家鼠一样，成功地融入了城镇生活。尽管它们看起来长相可爱，但却非常令人厌恶，它们糟蹋粮食并且传播疾病。

◄ 狐的真面目

赤狐是很多城市中心常见的动物，在城外，它们主要以兔子为食。城市中的狐则劫掠垃圾袋中的残羹冷炙。

动物保护

动物们和人类一同居住苦难重重，要么适应城市生活，要么很快就会死掉。大多数死亡是由于遭遇交通意外，特别多发在夜行性动物身上。其他的威胁来自强光、噪音和居住空间的缺失。

濒危动物

问题出在哪儿?

对动物最大的威胁来自人类。人们毁坏生境为自己的活动提供场所，用有毒的化学物质毒害土壤、海洋和空气。他们甚至影响气候，有时，为了满足需要还猎杀动物。

◄ 伐木
伐木许可和土地建设毁灭了面积广阔的森林，这是对环境大规模的破坏。

◄ 气候变暖
燃烧化石燃料会释放大量气体。气候变暖改变着生态环境，并影响动物生存。

◄ 污染
向海洋中倾倒有毒化学物质会危害海洋生物并破坏诸如珊瑚礁等生物栖居地。

◄ 猎杀
偷猎者无视禁止买卖动物毛皮和身体器官的法律，猎杀豹等物种的非法行为很难得到控制。

◄ 俘虏
捕捉野生鸟类，如这些非洲灰鹦鹉的幼鸟，以高价在黑市上出售。很多鸟在国与国之间的转运过程中死亡。

每年，都会有数量惊人的动物从地球上永远地消失。灭绝的主要原因是它们的栖息地被破坏或毁灭。当动物失去它在地球上专有的小生境，而又找不到其他适合居住的地方就会很快死掉。

冰层融化
气候变暖使北冰洋的冰层融化。北极熊整个夏天几乎都生活在冰上，它们在这里捕猎海豹、寻觅配偶。但现在它们的栖居地正日渐缩小。

在北极存活下来的小北极熊越来越少了

全球气候

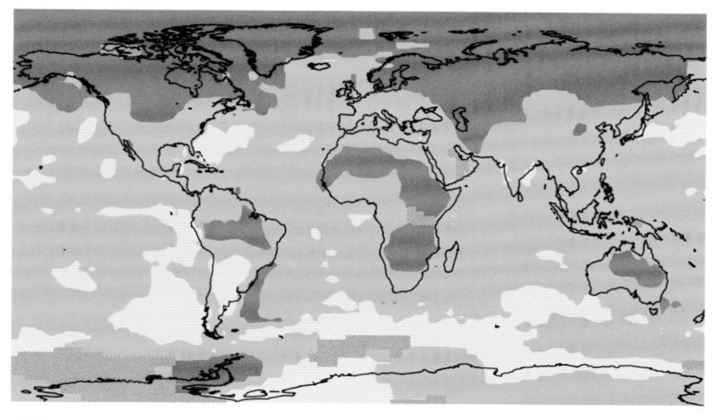

◄ 气温升高
这张地图显示了根据近50年的气候记录，全球地表温度上升的情况。气候变暖的形式具有多变性，目前来看受影响最显著的地区是极地。

气温上升了1～3.4℃
气温上升了1～2℃
气温上升了0～1℃
无数据

全球天气 20世纪，地球已经开始变暖。随着气温的持续升高，全球气候也持续变化。夏季更为炎热和干旱。在特殊地区生长的植物可能会就此灭绝。由于冰盖融化，海平面也随之上升，陆地可能会被淹没。气候变暖已经开始影响陆地和海洋野生动物的栖居环境。

北极石油和天然气的开发已经影响到北极熊的生存环境，它们的狩猎场被日益瓜分。另一个威胁是排放的有毒工业化学物质，被风和气流带到南方。有毒物质侵入北极食物网，不仅危害北极熊，同时也威胁当地因纽特人的健康。

小知识

- 据估计每秒钟有大约6,000平方米的热带雨林被砍伐。
- 世界上最稀有的陆地哺乳动物是爪哇犀，现仅存50头左右。
- 每8种鸟类中的1种，4种哺乳动物中的1种，3种两栖动物中的1种，目前都面临着灭绝的危险。

我们应该做什么？

在全世界，国家公园和野生动物保护区通过保护动物的野生栖息地来帮助它们。人工繁育珍稀动物和野生放养的方式也取得了一定的成效。国际条例也进一步保护动物不受危害，如设立禁猎地区以及禁止买卖珍稀物种。

► 人工繁殖
金狮猬是世界珍稀猴类之一。动物园成功地人工繁殖加野外放养能帮助增加金狮猬的数量。

► 法律规划
数以百万计的美洲野牛被猎杀得几近灭绝。在法规保护下，小野牛群开始繁盛起来。

► 区域转移
鸮鹦鹉，一种珍稀的产自新西兰的不会飞的鹦鹉，被转移到了更为安全的地方。这能帮助它们免受掠食者的侵害。

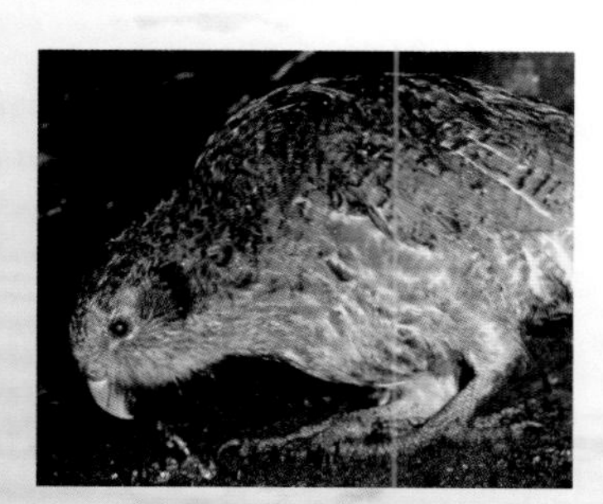

► 健康保护
为了保护最后几百只埃塞俄比亚狼，附近的家犬都接种了疫苗，预防犬类疾病。

► 庇护所
密河鼍（前）、濒危的美洲鳄（后）在大沼泽国家公园被保护起来。

哺乳动物

定义：**哺乳动物**是一种恒温生物。它们刚一出生就由母乳喂养，大部分体表被毛，胎生。

什么是哺乳动物？

哺乳动物是脊椎动物，因雌性以乳腺哺育幼崽，故而得名。哺乳动物能维持恒定的体温。

胎生

大部分哺乳动物都是胎生，少部分是卵生。多数胎生哺乳动物出生时已经发育完全，而新生的有袋类动物，如袋鼠则要在母体的育儿袋中进一步发育。

◄ 喂养
因为新生的哺乳动物幼崽吸吮母体分泌的乳汁，因此它们不需要四处觅食。

小知识

世界上大约有5,500种哺乳动物，这些哺乳动物又分为不同的科和目。

- **有袋类动物**：早期在胚胎中发育，但发育不全。幼崽爬入母体的育儿袋中继续成长。
- **食虫动物**：小型哺乳动物，以昆虫、蜘蛛、蠕虫为食。
- **蝙蝠**：唯一一类演化出翅膀并具有飞翔能力的哺乳动物。
- **啮齿动物**：长有四条腿、一条长尾、有爪的脚、长须和牙齿的小型哺乳动物。相比其他类群的哺乳动物，它们是种类较多的一个类群。
- **鲸目动物**：例如鲸、海豚、鼠海豚，它们是用肺呼吸的水栖哺乳动物。
- **食肉动物**：具有长而尖锐的犬齿。绝大多数食肉动物都是以肉为食，也有素食者，例如大熊猫，但它们依然属于食肉动物。
- **有蹄动物**：以速度和力量而著称。有蹄动物具有长长的口鼻、适应研磨植物的牙齿和桶状的身体。

毛发

除了极个别的特例，哺乳动物身体表面覆盖有毛皮或毛发（鲸和海豚体表没有被毛）。体表被毛有助于它们保持温暖。在寒冷环境下，微小竖毛肌的收缩使每根毛直立，防止体表热量的散失。

► 浑身长刺的兽类
短吻针鼹是一种罕见的卵生哺乳动物，同时具有棘刺和体毛。

骨骼结构

哺乳动物的骨骼与其他脊椎动物的骨骼不同，颌骨与头骨直接接合。下颌由单一齿骨构成。这些因素综合起来决定了颌骨具有强大有效的咬切和咀嚼食物的能力。

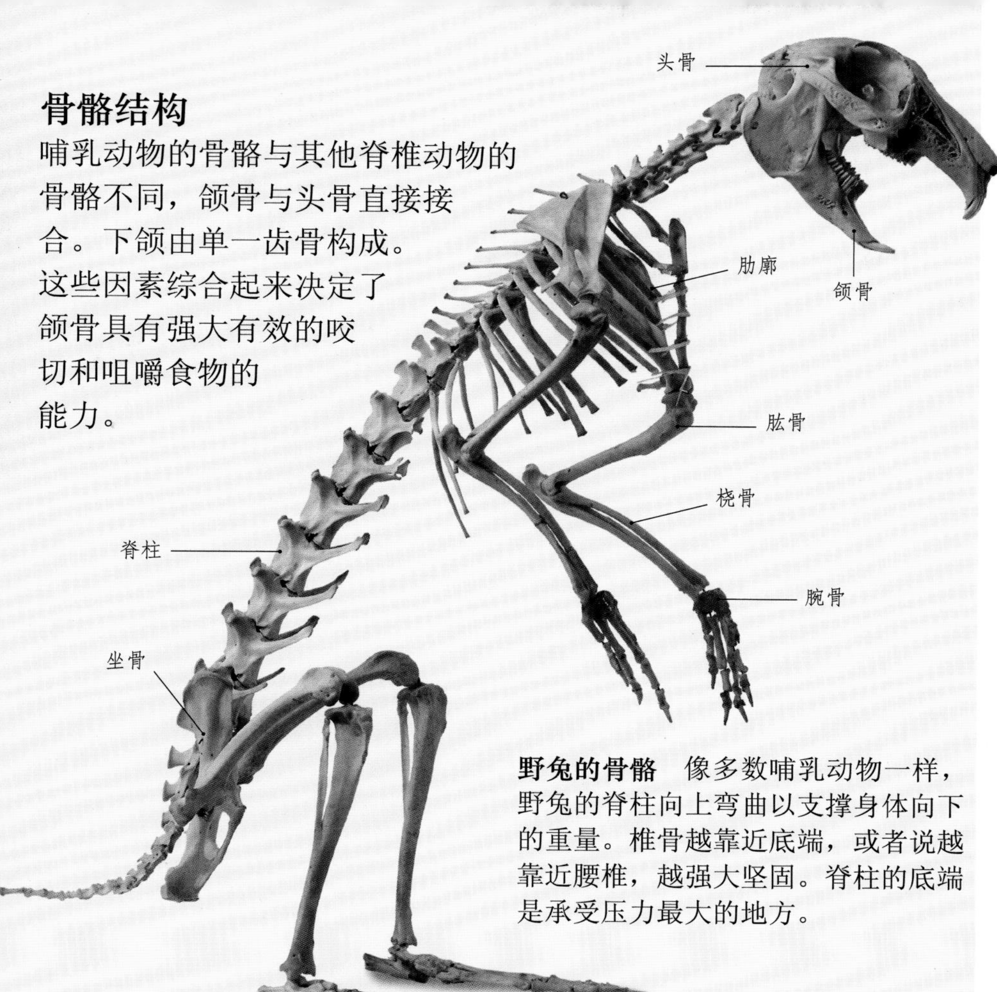

野兔的骨骼 像多数哺乳动物一样，野兔的脊柱向上弯曲以支撑身体向下的重量。椎骨越靠近底端，或者说越靠近腰椎，越强大坚固。脊柱的底端是承受压力最大的地方。

猴子的头骨 像人类的颌骨一样。从猴子用手获取食物开始，它们的颌骨就变得更适于咀嚼食物而不是撕咬食物。

大象的头骨 为了方便咀嚼研磨强韧的植物纤维，大象的颌骨既能上下活动，也能左右移动。

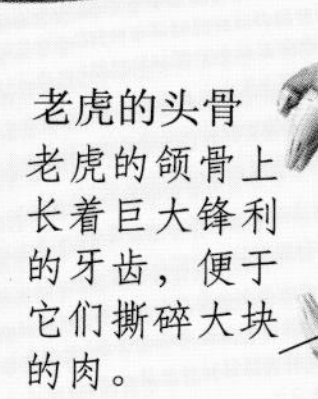

老虎的头骨 老虎的颌骨上长着巨大锋利的牙齿，便于它们撕碎大块的肉。

▲ 颌骨的适应性

像所有其他动物一样，哺乳动物颌骨的形状和结构都适应于它们所吃的食物。长而薄的颌骨适宜搜寻和细嚼食物，短而宽的颌骨对于磨碎植物或者咬裂骨头更为理想。

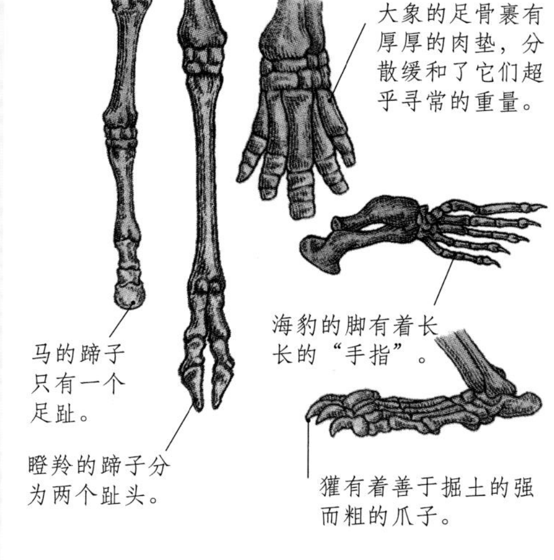

足和足趾

哺乳动物的足适应于它们各自的生活方式和所处环境。有的长着一个或多个足趾的蹄，有的长有带爪或不带爪的厚足垫，有的则长着脚蹼。

令人惊异的多样性

哺乳动物，最初由史前爬行动物进化而来，具有各种各样的外形和大小。它们大部分生活在陆地上，也有的能够在水中生存。一些哺乳动物被广泛认知，但是也有少数罕见物种尚不为人所知。

▲ **树懒** 生活在南美热带雨林的树上。它们行动缓慢，只有偶然从树上坠落，它们才会到树下来。

▲ **犰狳** 原产南美洲和中美洲。它们的身体被骨片环带包裹着，皮肤硬如盔甲。

▲ **鸭嘴兽** 身覆柔软短毛，但却生活在水中，像爬行动物般行走。它是卵生，但却靠母乳喂养长大。

► **弓头鲸** 没有牙齿，摄食海水中的浮游生物。大量富含浮游生物的海水从鲸须中滤过，鲸须是悬挂在鲸口中坚韧的梳状角质薄片。

有袋类动物

所有的有袋类动物都是胎生，但幼崽发育不全。需要在长有乳头的育儿袋中完善发育，幼崽藉此获取乳汁。世界上现有大约350种有袋类动物。大部分生活在澳大利亚和新几内亚，也有一些分布在美洲。

育儿袋中的生活

当一只有袋动物出生以后，它就开始了在妈妈育儿袋中依附乳头发育的生活。它牢牢地吸附在袋中的乳头上，直到完全发育成形并能独立生活。有的有袋动物的育儿袋开口向上，例如袋鼠，但也有的开口向下，例如树袋熊。有的育儿袋能够同时培育几个幼崽，有的育儿袋仅仅是一个简单的片状悬垂，幼崽需要紧紧地依附在妈妈的毛皮上。

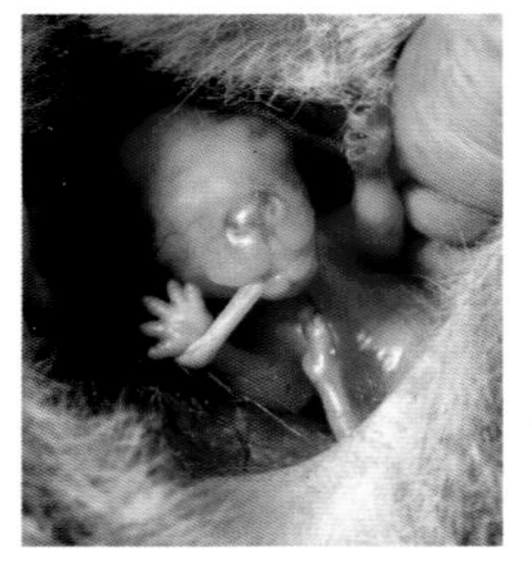

◀ 白喉袋鼠
新生的小袋鼠被称作“幼袋鼠”，它们在妈妈的育儿袋中继续发育。大约30周后它才能离开育儿袋，40周后才能独立生活。

灰大袋鼠

Macropus giganteus

- 体长 1.5－1.8 m
- 体重 32－60 kg
- 速度 约55 km/h
- 分布 澳大利亚东部、塔斯马尼亚

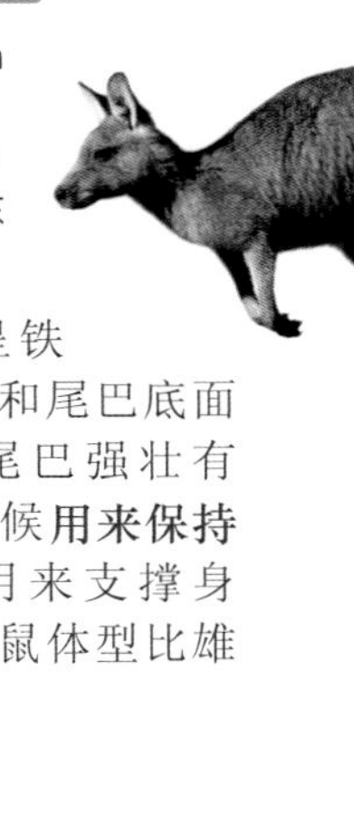

灰大袋鼠体毛呈铁灰色，下体、腿和尾巴底面呈白色。它的尾巴强壮有力，在跳跃的时候**用来保持平衡**，直立时用来支撑身体。雌性灰大袋鼠体型比雄性小。

赤大袋鼠
Macropus rufus

- 体长 约1.6 m
- 体重 约90 kg
- 速度 约50 km/h
- 分布 澳大利亚

赤大袋鼠是**体型最大**的有袋类动物。雄性体色是橙红色，而体型略小的雌性体色呈蓝灰色。和灰大袋鼠一样，赤大袋鼠也是**依靠后腿弹跳**。它以嫩草、香草、树叶为食。

多丽树袋鼠
Dendrolagus dorianus

- 体长 约78 cm
- 体重 约14.5 kg
- 分布 新几内亚

树袋鼠**短而宽的脚**上长着长长的爪子，当它们在树上攀爬的时候能够抓紧树干。它们用长尾巴来**保持在树枝上的平衡**。多丽树袋鼠身披浓密的棕色毛皮，长着黑色的耳朵，淡棕色或奶油色的尾巴。

树袋熊
Phascolarctos cinereus

- 体长 约82 cm
- 体重 约15 kg
- 分布 澳大利亚东部

尽管它经常被称作考拉熊，但事实上它与熊毫无关系。它生活在**桉树**上，桉树叶是它唯一的食物。树袋熊晚间进食，整个白天都在树上睡觉。雌性树袋熊每胎只产一仔。小树袋熊在妈妈的育儿袋中生活6个多月后就会爬出来**骑到妈妈的背上生活**。

小袋鼬
Dasyurus hallucatus

- 体长 约30 cm
- 体重 约900 g
- 分布 澳大利亚

袋鼬是食肉有袋动物，它们长着锋利的牙齿以便于捕杀猎物。小袋鼬主要以昆虫、蠕虫、小型哺乳动物、爬虫为食，同时它们也喜欢吃**花蜜**和水果。多为夜行性，它们喜欢在炎热的白天睡觉。

单孔动物小知识

单孔动物是唯一的卵生哺乳动物。目前仅存5种：鸭嘴兽和4种针鼹科动物。它们长着喙状嘴巴，雌性皮肤上的乳腺能够产生乳汁。

- **鸭嘴兽**（*Ornithorhynchus anatinus*）栖息于澳大利亚湖泊和河流沿岸的洞穴中。形似鸭嘴的嘴巴上长有触觉敏感的皮肤，依靠鸭嘴的感知觅食河床上的甲壳动物和昆虫幼虫。

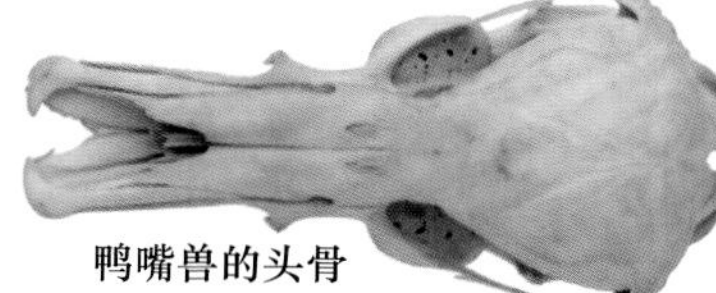

鸭嘴兽的头骨

- **针鼹**体表覆盖皮毛和坚刺，长着圆柱形长嘴。长吻针鼹(*Zaglossus bruijni*)仅生活在新几内亚。短吻针鼹(*Tachyglossus aculeatus*)则栖息于新几内亚和澳大利亚。它们以蚂蚁和白蚁为食，带黏液的长舌是它们的捕食工具。

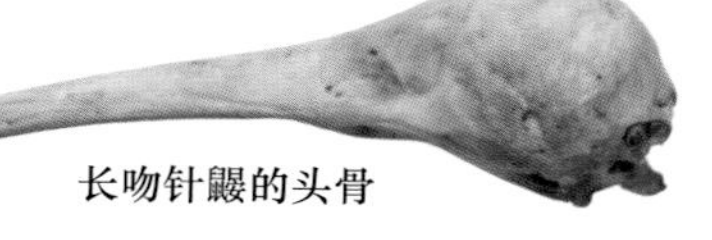

长吻针鼹的头骨

鸭嘴兽
Ornithorhynchus anatinus

   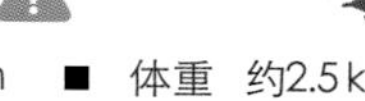

- 体长 约60 cm
- 体重 约2.5 kg
- 分布 澳大利亚西部和塔斯马尼亚

鸭嘴兽的水栖生活装备十分完善。防水皮毛可以保持干燥，浓密的内层绒毛则可以保持体温。它长有蹼状脚，就像桨一样推动身体在水中前进。

为什么它们能滑翔?

滑翔是逃脱被天敌捕猎的有效方式，也是在树与树之间寻觅更好食物的快捷方法。只有少数哺乳动物能够滑翔，包括右侧所示的蜜袋鼯和鼯猴。

鼯猴也叫猫猴，是世界上最大的滑翔哺乳动物，体型有一只家猫那么大。它们并不是真正的狐猴，而且它们只会滑翔不会飞翔！现存的鼯猴仅有两种，都生活在东南亚的森林中。它们以树叶、花朵和水果为食。

滑翔的哺乳动物

一些哺乳动物能在林间滑翔，但它们不能像鸟和蝙蝠一样真正飞翔。它们身体两侧的皮肤上生长出一层皮质膜，将前后肢连接起来。这层膜像一张鼓起的帆，让它们从空中滑翔下来。

斑鼯猴
Galeopterus variegates

美洲飞鼠
Glaucomys volans

美洲飞鼠栖居在空心的树上、被遗弃的啄木鸟窝，甚至是鸟箱中。它们会以苔藓和软毛等柔软材料筑窝。

美洲飞鼠生活在北美洲和中美洲。它们看起来与蜜袋鼯十分相像，但它们是啮齿类动物。飞鼠所食食物种类繁多，包括坚果、种子、水果、真菌、昆虫、幼鸟和老鼠。像其他松鼠一样，它们也会为过冬收集、储备食物。

蜜袋鼯

Petaurus breviceps

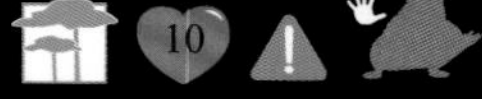

- 体长 约30 cm
- 尾长 约44 cm
- 体重 约150 g
- 食性 桉树叶、花粉、花蜜和昆虫
- 分布 澳大利亚、新几内亚、印度尼西亚

这种动物是一种负鼠，因此属于有袋动物。雌性蜜袋鼯有育儿袋，一次可产1～2个幼崽，幼崽在爬出来认识世界之前，它们生命中的**头70天**会在育儿袋中度过。

准备一场完美的飞翔

蜜袋鼯可以在树间“飞翔”50米以上！它们那长而扁平的毛茸茸的尾巴就像掌握方向的舵，引导着它们划过天空。

当心！我冲下来了。

滑翔的动物们能够漂浮在空气中，是由于它们拥有翼膜。当动物们滑翔的时候，翼膜伸展开并拉紧。而当它们行走、奔跑或坐下时，翼膜就会松弛并折叠收拢起来。

食虫动物

很多不同种类的动物以昆虫为食。它们分为6个相关的科，包括鼹鼠、刺猬和鼩鼱，因为它们主要以昆虫为食，因此被称为食虫动物。土豚和食蚁兽则专食蚂蚁和白蚁。它们都具有能将猎物卷食一空的长而黏滑的舌头，以及用来挖掘昆虫巢穴的强有力的爪子。

让开！我出洞了！

土豚长有一对直立的大耳朵。当它居于地下时，就会将大耳朵收起来。它夜间才出来活动，通常都是先将用来打洞的头露出来。

◄ 俄罗斯麝鼹
(Desmana moschata)
鼹鼠科的一种，麝鼹用它那长长的、布满触须的鼻子和敏锐的嗅觉搜寻食物。

► 土豚
(Orycteropus afer)
这种“土猪”将每天的时间都花费在地下挖掘上，它们夜间出没，寻食蚂蚁和白蚁。

发达的鼻子

多数食虫动物，例如麝鼹，视力很弱，但嗅觉灵敏，长鼻子是寻找昆虫的理想工具。土豚同样具有灵敏的嗅觉。它们长着像猪一样的长鼻子，鼻孔内环绕生长的毛须能够过滤灰尘。

小知识

鼹鼠

刺猬

鼩鼱

- **鼹鼠** 生活在欧洲、亚洲和北美洲。它们栖居于用强有力的前腿挖掘的地下穴道。它们的视力很差，但拥有敏锐的嗅觉。
- **刺猬** 仅生活在欧洲、非洲和亚洲。它们栖居在各种不同的生活环境中。体表多刺，当危险来临时，它们会蜷缩成刺球。刺猬的听觉很灵敏。
- **鼩鼱** 除了澳大利亚、新西兰和南美洲部分地区，几乎生活在世界上的绝大多数地区。大部分鼩鼱长着小小的眼睛和耳朵，长而尖的鼻子。视力很差而听觉灵敏。

◄ 食蚁兽
大食蚁兽*(Myrmecophaga tridactyla)*与树懒和犰狳有亲缘关系。它用大爪子撕裂蚂蚁和白蚁的巢穴，用长舌头将蚂蚁卷入口中。它一天能够吃掉约30,000只蚂蚁。

大耳猬
Hemiechinus auritus

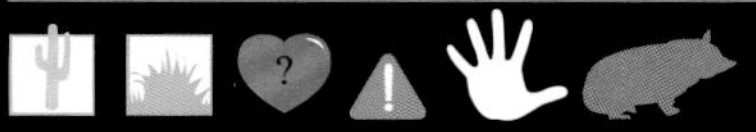

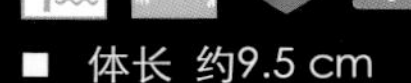

- 体长 27 cm
- 体重 280 g
- 分布 亚洲和非洲北部

大耳猬多见于**干燥地区**，如沙漠中。夜行动物，白天藏在小灌木丛中打洞或栖息在岩石下及地下洞穴中。主要以小型无脊椎动物为食，依靠**灵敏**的听觉和嗅觉觅食。

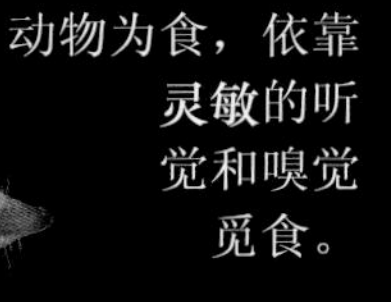

水鼩鼱
Neomys fodiens

- 体长 约9.5 cm
- 体重 约14 g
- 分布 欧洲和亚洲北部

这种鼩鼱的皮毛防水，因而能保持身体干燥。尾巴有一排刚毛能帮助它游泳。水鼩鼱在水中取食，分泌**毒液**咬死昆虫、小鱼和蛙。同时它也能在陆地捕食蠕虫、甲虫和蛴螬。

纹猬
Hemicentetes semispinosus

- 体长 约15 cm
- 体重 约280 g
- 分布 马达加斯加

纹猬有点像鼩鼱和刺猬的杂交产物。因为它们既有**尖刺**又有皮毛。它们主要以热带雨林中草和落叶下面的蠕虫和蛴螬为食。

欧鼹
Talpa europaea

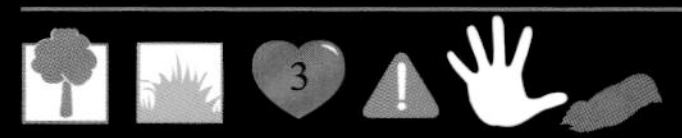

- 体长 约16 cm
- 体重 约125 g
- 分布 欧洲和亚洲北部

这种鼹鼠皮毛柔软，能够随意躺卧，这就意味着它在**穴道**中既可以前行也可以倒退。它在打洞的时候，将扒出的土壤堆成鼹鼠丘。这种鼹鼠以掉入洞穴中的蠕虫和其他土壤动物为食，经常先将猎物的头一口咬掉，然后**存储**起来以后再吃。

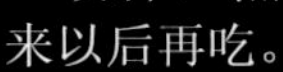

俄罗斯麝鼹
Desmana moschata

- 体长 约21 cm
- 体重 约220 g
- 分布 欧洲东部到亚洲中部

这种麝鼹拥有一条长尾，相当于头部加上身体的长度。长尾左右摆动，像**船桨**和方向舵一样推动它游动并控制方向。

大食蚁兽
Myrmecophaga tridactyla

- 体长 120 cm
- 体重 39 kg
- 分布 中美洲和南美洲

大食蚁兽体色主要为灰色，并兼有黑色和白色的条纹，毛长而粗硬，有一条异常**蓬松的尾巴**。它用趾关节及弯曲的趾行走，步行时，前肢靠带弯爪的内向趾背着地，这样它的**长爪子**才不会挡到路。它就这样在自己的活动区域内日夜徘徊，搜寻食物和活动。

你能看到我的肩章吗？

雄性加纳饰肩果蝠肩膀处有一块不同的毛皮斑块，它们因此而得名（肩章是军人佩戴在军服肩上的饰物）。

加纳饰肩果蝠
Epomops buettikoferi

▼ 骨骼
这副蝙蝠的骨骼显示了它的前后肢和长指是如何形成翅翼结构的。

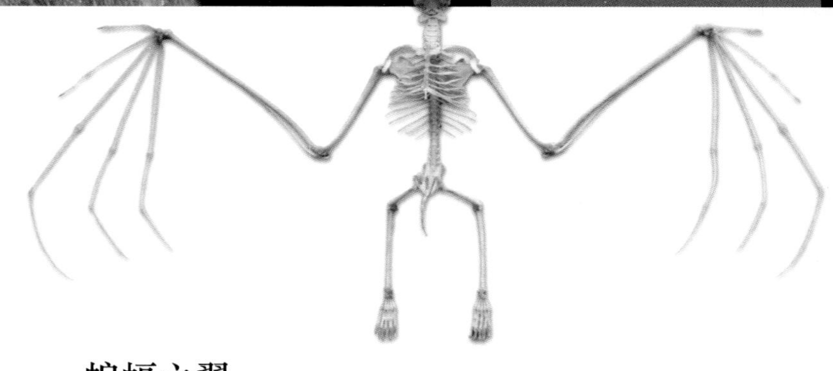

蝙蝠

蝙蝠属于翼手目，翼手目包括大蝙蝠亚目和小蝙蝠亚目。大蝙蝠以水果为食，通常又称为果蝠。多数小蝙蝠以昆虫为食。蝙蝠通常在夜间外出觅食。白天，它们会寻找一个地方，用脚趾紧紧抓住，倒挂着睡觉或歇息。

蝙蝠之翼

蝙蝠是唯一真正能够飞翔而不是滑翔的哺乳动物。它们的翼是双层皮膜，从体侧延展至各肢4个长指。蝙蝠的拉丁文 *Chiroptera*，意即“翼手”。

小知识

■ **大蝙蝠** 这些蝙蝠依靠眼睛和鼻子寻找食物。它们的眼睛很大，因此能够在黑暗中辨认物体。很多大蝙蝠常见于热带地区，那里有种类丰富的水果供它们食用。它们经常成群结队，长距离飞行以寻找食物。

■ **小蝙蝠** 大部分小蝙蝠以昆虫为食，但是也有一些会捕食蜥蜴、蛙和鱼类。吸血蝠吸食动物的新鲜血液。小蝙蝠的视力很差，依靠回声定位系统（详见34页）寻找食物。它们生活在温带和热带地区。

► 最大 马来大狐蝠（*Pteropus vampyrus*）是最大的蝙蝠之一，它的翼展约有1.5米。

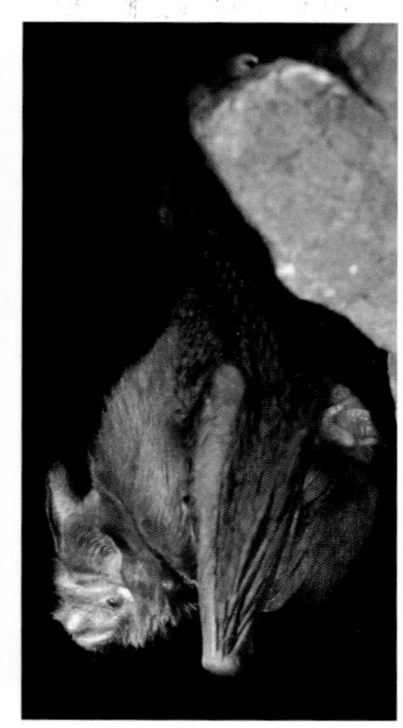

◄ 最小 凹脸蝠（*Craseonycteris thonglongyai*）是世界上最小的蝙蝠，重约2克，长仅3厘米。

锤头果蝠
Hypsignathus monstrosus

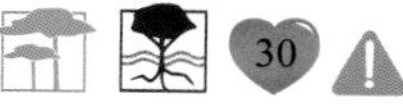

- 体长 20 – 30 cm
- 体重 约326 g
- 翼展 约90 cm
- 分布 中非

这是在非洲发现的最大的蝙蝠。它们栖居于**热带丛林**中高高的树上以躲避陆地天敌的袭击。它们以**大唇蝙蝠**而闻名，因为雄性的嘴唇很大。它们能通过厚嘴唇发出巨大的发情叫声，在每年某个时间的晚上能听到丛林里传来这样的响声，雌性会被吸引循声而来并悬挂在雄性的枝头旁。

艾氏管鼻蝠
Murina eleryi

- 体长 6.5cm
- 体重 4g
- 翼展 20cm
- 分布 越南北部

艾氏管鼻蝠长着**毛茸茸的金色皮毛，**体型很小。它的鼻孔位于伸出鼻腔的两根鼻管末端，因此而得名。它生活在蝙蝠聚集的丛林地区，以昆虫为食。

牙买加果蝠
Artibeus jamaicensis

- 体长 约9 cm
- 体重 约46 g
- 翼展 约45 cm
- 分布 墨西哥到玻利维亚及巴西

它栖息于洞穴和建筑物中，也能利用树叶**搭建"帐篷"**。它沿着树叶中脉轻轻地咬过去，两侧叶片就会塌下，形成一个屋顶，它就在下面睡觉。与其他种类不同的是，这类果蝠单独觅食。

科摩罗黑狐蝠
Pteropus livingstonii

- 体长 约30 cm
- 体重 约600 g
- 翼展 约1.5 m
- 分布 科摩罗岛

果蝠有时也被称作**狐蝠**。科摩罗黑狐蝠只能在远离非洲东海岸的科摩罗列岛的两座小岛上找到。它是**极度濒危**动物，据估计现在仅存400只左右。它们以一雄多雌群居，并结群外出寻找食物。

黄毛果蝠
Eidolon helvum

- 体长 约18 cm
- 体重 约280 g
- 翼展 约76 cm
- 分布 非洲

大型果蝠的一种。以100, 000～1, 000, 000个个体形成聚集群。它们分成小群体，夜间出来觅食。**主要以水果为食，**但它们不会吃掉整个水果，而是吸食果汁将果肉吐掉。

◀ 颜色
黄毛果蝠因为其颈部和背部颜色而得名。它的身体下侧体色呈棕色或灰色。

蝙蝠的听觉

世界上的大多数蝙蝠都属于小蝙蝠亚目。它们比大蝙蝠小，生活在除北极和南极之外的每块大陆上。有时被称为食虫蝙蝠，它们具有良好的听觉，能令它们感知昆虫飞过的踪迹，同时也能帮助它们躲避黑暗中的障碍物。

灰大耳蝠
Plecotus austriacus

特殊的感官

小蝙蝠在黑暗中捕食，利用一种叫做回声定位的技能发现昆虫。很多蝙蝠都有特殊的器官，有些长着适于聆听的长耳朵，有些鼻子上长着被称为鼻叶的衍生物，能够定位声音。

回声定位 为了在黑暗中捕食昆虫，小蝙蝠会发出一连串咔哒声（这里以赤蓬毛蝠为例）。声音遇到物体会像回声一样反射回来，蝙蝠通过聆听回声就可以准确定位飞蛾的位置。当蝙蝠越接近猎物，回声就变得越密集。

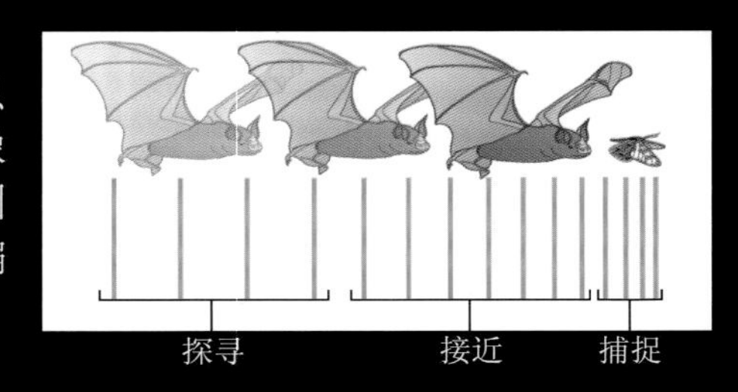

灰大耳蝠
Plecotus austriacus

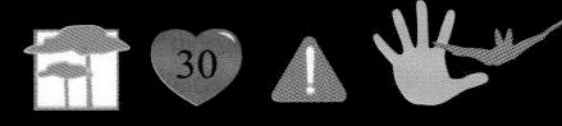

- 体长 约5 cm
- 体重 约14 g
- 翼展 约30 cm
- 分布 欧洲中部和南部，北非和亚洲西南部

这种长耳蝠喜欢居住在人类住所附近，在这里它们栖居于建筑物内。它们外出觅食，捕捉飞蛾、苍蝇和甲虫，并利用它们的大耳朵聆听猎物的方位。

普通伏翼
Pipistrellus pipistrellus

- 体长 3.5－4.5 cm
- 体重 5－8 g
- 翼展 19－25 cm
- 分布 欧洲

从**农场森林到城市建筑**，在广阔的环境中都能找到这种蝙蝠。它们是所有蝙蝠中体型最小、分布最广的种类。它们会**早早外出觅食**（有时会在日落前），捕捉飞蛾、蚊蚋和其他小昆虫，一只蝙蝠一晚上可以吃掉约3,000只昆虫。小蝙蝠出生于初夏，8月份离开栖息地。

汤氏大耳蝠
Corynorhinus townsendii

- 体长 约7 cm
- 体重 约20 g
- 翼展 约30 cm
- 分布 美洲北部

正如它们的名字所暗示的那样，这种蝙蝠有一对**巨大的耳朵**，当它们展开的时候，耳朵可以达到身体中部。它们会在夜间晚些时候出去觅食，而且几乎只吃飞蛾。雄性汤氏大耳蝠独自生活，而雌性则在哺育幼蝠的时候会群居生活。这种被称为育婴团的群体包含数百个个体，它们群居以抵御外敌。

捉住它！这只飞蛾是美味的晚餐。

灰大耳蝠的耳朵几乎和它的头和身体加起来一样长。这对于回声定位系统捕捉声音十分有效。

◀ 折叠起来　当这种大耳蝠冬眠的时候，它就会将它的耳朵折叠起来，塞到翅膀下面。

缨蝠

Rhynchonycteris naso

- 体长 约5 cm
- 体重 约5 g
- 翼展 约24 cm
- 分布 美洲中部

这种蝙蝠因其**长长尖尖的鼻子**而著称。它们喜欢倒挂在树干和树枝上。灰棕色斑纹的皮毛和小巧的体型赋予了它们很好的伪装，看起来像是长在树上的苔藓。缨蝠以小群栖居，有时会以均匀的间隔排成垂直的一列倒挂在树干上。

小菊头蝠

Rhinolophus hipposideros

- 体长 约4 cm
- 体重 4–10 g
- 翼展 约 23 cm
- 分布 欧洲、非洲北部到亚洲西部

菊头蝠有很多种，而小菊头蝠是其中最小的之一。它的身体比人类的大拇指还要小。菊头蝠长**有马蹄形鼻叶，**由裸露的褶皱皮肤形成。白天它们栖居于树洞、烟囱和洞穴中，夜晚出来寻找飞虫。在冬天，它们约以500只为一群冬眠。

吸血蝠

Desmodus rotundus

- 体长 约9 cm
- 体重 约50 g
- 翼展 约20 cm
- 分布 墨西哥到南美洲

吸血蝠是强劲的飞行者，它也可以将翅翼当作前腿**沿着地面快速行走**。它因饮食习惯而众所周知。它着陆在地面上，向着它的猎物诸如马或牛靠近。它咬掉动物的皮毛，切入皮肤，然后**吮舐新鲜血液**。它的牙齿极其尖利，能够在受害者毫无察觉的情况下轻松地切入皮肤。

灵长类动物

就像我们的近亲大型类人猿和长臂猿一样，人类也属于灵长类动物。这个类群还包括所有的猴和许多鲜为人知的物种，包括种类繁多的马达加斯加的狐猴和懒猴、婴猴以及树熊猴。

灵长类动物特征

所有的灵长类动物都是攀爬高手，有些几乎一生的时间都待在树上。它们拥有强壮的手臂和腿以及长长的能够紧紧抓住树枝的手指和脚趾。前置的眼睛能令它们精准地判断距离，这项技能有助于它们在树枝间腾跃。

快速学习者

幼年黑猩猩不但能通过观察成年黑猩猩的行为，同时也能从不断地尝试和错误中获得技能，它们通过大量的实践改善诸如捕捉白蚁的方法。

我正准备去钓鱼！

黑猩猩的食物多种多样。蚂蚁和白蚁可是美味的大餐，因为它们富含蛋白质。为了抓到它们，黑猩猩们利用剥了皮的小树枝和植物的茎干戳进白蚁的蚁冢内。只有最聪明的动物才拥有制作和使用工具的能力。

小知识

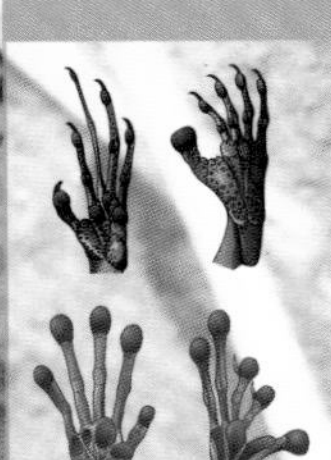

■ 指猴长而瘦削的手指能够精准地将虫蚋从树皮的小裂缝中掏出来。

■ 眼镜猴的手指、脚趾、手掌和脚掌能够完美地抓住光滑的树干和树枝。

■ 黑猩猩在地上行动与在树上一样自如。脚掌扁平宽大，适于行走。

贝氏倭狐猴
Microcebus berthae

- 体长 9-11cm
- 体重 24-38g
- 分布 仅生活在马达加斯加

它是世界上**最小**的灵长类动物。它生活在丛林中，主要在夜间活动，敏捷地在树间爬行，寻找昆虫、蜘蛛、蛙和其他小型动物。它还吃昆虫分泌的蜜露。爬行时，长尾巴用来保持平衡。白天，和那些抱团结队休息的狐猴不同，它喜欢躲在茂密的树叶里**独自睡觉**。

阿拉伯狒狒
Papio hamadryas

- 体长 60 – 75 cm
- 高度（加上四肢高度）约70 cm
- 体重 10 – 20 kg
- 分布 东非包括埃及、埃塞俄比亚、苏丹和索马里，以及阿拉伯半岛

阿拉伯狒狒大部分时间待在地面上，以草和其他能找到的动植物为食。它们组成叫做族群的**大群体**一起生活，一个大群会包含若干个小群，每群由一只强大、经验丰富的雄性统领。群体成员通过相互打理对方的皮毛以示友好。

赤吼猴
Alouatta seniculus

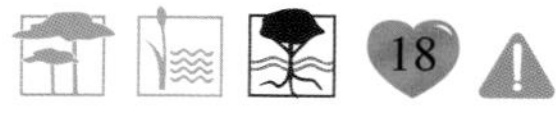

- 体长 60 – 90 cm
- 体重 5 – 10 kg
- 分布 南美洲北部

一种**树栖**猴，群居，主要以水果和树叶为食。赤吼猴以比其他动物都要**洪亮的吼叫声**而著称。它们早上会聚集在一起发出震耳欲聋的吼声合唱，好让其他群体知道它们的位置。它们的喉音可以传到3～5千米以外。

动物保护

很多野生灵长类动物濒临灭绝。它们的栖息地日渐消失，一些种类被非法捕猎。很多灵长类动物幼崽被带出森林当作宠物贩卖，同时它们还被广泛用于医学研究。

◀ 猕猴社会　多数灵长类动物都是社会化群居动物，群体成员经常通过相互理毛来增进彼此间的联系并获得喜爱。

倭黑猩猩
Pan paniscus

- 体长 70 – 83 cm
- 体重 30 – 60 kg
- 分布 中非

这种**极度聪明和社会化**的类人猿，因为它们黑色的皮肤和**直立行走**的习惯而与黑猩猩区分开来。倭黑猩猩是有组织的群居动物，主要在白天活动，寻找水果、树叶和小型动物为食。它们大部分时间都花费在互相理毛、拥抱和交配等社交活动中。

新大陆 旧大陆

新大陆和旧大陆都有猴子。新大陆猴包括蜘蛛猴、松鼠猴、狨，等等。旧大陆猴包括狒狒、猕猴、山魈。它们都栖息在丛林中，并且是爬树好手。

鼻子和尾巴

新大陆猴的鼻子扁平，鼻孔向外侧开口。旧大陆猴的双侧鼻孔紧凑且开口向下。新大陆猴长着能完全卷曲的尾巴，而旧大陆猴的尾巴则不能缠卷。旧大陆猴与猿的亲缘关系比新大陆猴更近。

◀ 杂技演员
像所有的蜘蛛猴一样，倭蛛猴(*Ateles chamek*)能在林冠之间以令人难以置信的速度荡行。它长长的卷尾相当于"第五只手臂"帮助它行进。

日本猴
Macaca fuscata

- 体长 约95 cm
- 尾长 约10 cm
- 体重 约14 kg
- 分布 日本

日本猴**群居生活**，通常群中的雌性数量多于雄性，比例约为3:1。雌性终生留在群中，其所生的雌性幼猴则继承母亲在群中的等级或地位，世代相传。

▼ 北方之魂
和其他灵长类动物（不包括人类）相比，日本猴居住在最北方。厚重的毛皮帮助它们抵御寒冷的冬季。有时它们也会泡温泉来保持温暖。

小知识

- 从墨西哥向下穿过美洲中部到阿根廷都能找到新大陆猴的踪影。
- 旧大陆猴栖居在非洲的大部分地区、亚洲的南部和东部。

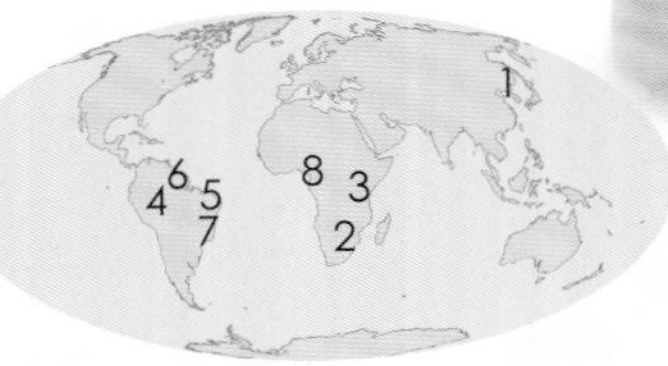

图中数字对应图标中的数字显示猴类分布区域

南非狒狒
Papio ursinus

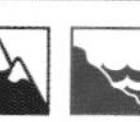
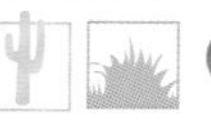

- 体长 约82 cm
- 尾长 约84 cm
- 体重 约30 kg
- 分布 非洲南部

这是**体型最大**的狒狒，它大部分时间都在陆地上度过。雄性的体型是雌性的两倍，并且长有两颗大犬牙。南非狒狒食物种类丰富，包括水果、坚果、青草、草根、昆虫和其他小型哺乳动物。夜晚，它们在领地内常驻的几个地点选取一个栖息，在**树上或峭壁上**睡觉。

奇庞吉猴
Rungwecebus kipunji

- 体长 90cm
- 尾长 110cm
- 体重 16kg
- 分布 非洲东部

这种**稀有**的猴子在坦桑尼亚的一小片地区被发现，仅存约1100只。它具有灰褐色的皮毛，头顶有一个**与众不同的冠子**。尽管它们生性害羞，行动诡秘，但成年奇庞吉猴仍旧会发出响亮的"呜吠"叫声，来和种群中的其他成员交流。

松鼠猴
Saimiri sciureus

- 体长 约32 cm
- 尾长 约42 cm
- 体重 约950 g
- 分布 南美洲的西部到中部

松鼠猴以**大群群居**，有时一个群体能够达到200多个个体。它们的食物范围广泛，包括水果、坚果、浆果、树叶、种子、花、昆虫和小型动物。

普通狨
Callithrix jacchus

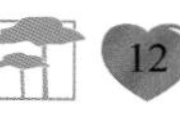
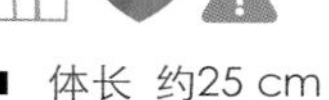

- 体长 约25 cm
- 尾长 约35 cm
- 体重 约350 g
- 分布 巴西

普通狨在灵长类动物里较为独特，因为它们长着**爪状指甲**，而不是真的指甲。这种爪状指甲能够帮助它们垂直地依附在树干上，四爪并用可以在树枝上奔跑。这种狨既吃水果、昆虫，也食树液。

黑帽卷尾猴
Cebus apella

- 体长 约42 cm
- 尾长 约49 cm
- 体重 约4.5 kg
- 分布 南美洲的北部、中部和西部

这种聪明的猴子主要以水果为食，但它们也吃坚果、蛋、昆虫和其他小型动物。它们以**善用工具**而著称，例如用石头砸开坚硬的坚果。它们群居生活，每个猴群数量可达20只，它们在树间**跳跃和攀爬**，幼猴经常到地面玩耍。

金狮狷
Leontopithecus rosalia

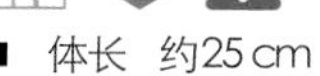

- 体长 约25 cm
- 尾长 约37 cm
- 体重 约800 g
- 分布 南美洲东部

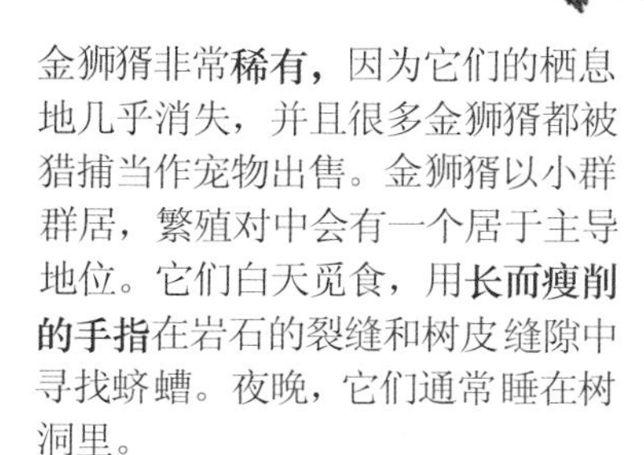

金狮狷非常**稀有**，因为它们的栖息地几乎消失，并且很多金狮狷都被猎捕当作宠物出售。金狮狷以小群群居，繁殖对中会有一个居于主导地位。它们白天觅食，用**长而瘦削的手指**在岩石的裂缝和树皮缝隙中寻找蛴螬。夜晚，它们通常睡在树洞里。

山魈
Mandrillus sphinx

- 体长 约81 cm
- 尾长 约9 cm
- 体重 约37 kg
- 分布 中非西部

山魈因其**鲜红色或蓝色的鼻子**而很容易辨认。雄性要比雌性大得多，它们是世界上最大的猴子。这种猴子**混合结群生活**，群中包含一只领头的雄性山魈，每群最多可达250只。它们大部分时间生活在陆地上，寻找野果、种子、蛋和小型哺乳动物。

妈妈和宝宝
雌性狒狒的主要工作就是照顾小狒狒。它背着小狒狒，为它理毛，直到它们能够独立地外出觅食，这时候它们一般有12~18个月大。

独特的狒狒

狒狒的祖先遍布整个非洲大陆，但是现在，只有在长满野草的埃塞俄比亚高地才能发现它们的踪迹。狒狒是唯一的草食灵长类动物，它们一点一点地啃着草叶、草茎、草种和草根。这样的扯咬咀嚼要花费很长的时间：一天中有高达60%的时间用来进食，这比其他任何猴子所花的时间都要长。

我的宝宝喜欢**骑在我背上。**

大约从3个月大起，小狒狒就像骑马一样骑在妈妈的背上。一只雌性狒狒通常一胎只生一个宝宝，一生中大约会生育四五个。它们把大部分的时间和精力都用来照顾小狒狒们。

狮尾狒

Theropithecus gelada

- 体长 70–74 cm
- 尾长 70–80 cm
- 体重 约20 kg
- 分布 埃塞俄比亚、非洲

狮尾狒是狒狒的近亲，**雄性和雌性狮尾狒胸前都有一块三角形的亮粉色肤斑，**斑块边缘由白色毛发勾勒出来，因此它们有时候又被称为粉胸狒狒。雄性狮尾狒背部垂挂厚厚的长鬃毛，尾巴很长，尾段有一簇厚实的毛簇。

打架

雄性狒狒很少打架，但是一旦打起来则会很凶狠，它们用长而尖利的犬牙狠狠撕咬对方的血肉。幸运的是，大多数冲突远在爆发之前就解决了。恢复和平常用的方式是用愤怒的瞪视和以掌击地来吓退入侵者。

和平相处 狒狒不是领地概念特别强烈的群体，不同的家庭经常会在一起吃草。400个个体组成的群体也很常见。群体里的每个家族由一个成年雄性、包含3～5个雌性的妻妾群和它们的后代组成。成年狒狒之间通过相互理毛来加强彼此间的联系，但是雌性狒狒之间的亲密友谊才是家族团结一致的根本。

类人猿

类人猿并不是猴！类人猿没有尾巴，而大部分猴都有尾巴。类人猿可以手脚并用地在树枝间荡行，而猴却不能。类人猿分为两大科，分别是小型类人猿（长臂猿）和大型类人猿（猩猩、大猩猩和黑猩猩）。

树上的生活

类人猿主要生活在热带丛林中，大部分是素食者。像多数灵长类动物一样，它们也是攀爬好手，它们的长臂和善于抓握的手非常适合在树间荡来荡去。所有的大型类人猿都在濒临灭绝的物种名单上，因为它们的丛林之家正日益遭到砍伐。

我们能在这儿待上一整天。

猩猩大部分时间都待在树上。和其他大型类人猿比起来，它们有着较长的手臂和更为柔韧的关节，因此它们能更轻松地在树枝间荡来荡去。

▲ 幼猿

雌性猩猩在树梢上生产。当雌性猩猩费力地四处攀爬时，小猩猩则紧紧依附在妈妈身上，在8岁之前，小猩猩一直和母亲生活在一起。

► 善于抓握的手

像人类一样，所有类人猿的大拇指都能转动并碰触到其他手指。这被称为对生拇指，意味着它们能够捡拾并抓握物体。

小知识

■ **大型类人猿** 大型类人猿分为6种。它们是两种猩猩、两种大猩猩、黑猩猩和倭黑猩猩或称矮黑猩猩。它们以聪明和能用手抓握东西的能力而著称。

■ **小型类人猿** 小型类人猿或长臂猿有14种。它们有长长的手臂，能用手像钩子一样从一个树枝荡到另外的树枝。这种移动方式称作摆荡。长臂猿能够以每小时15千米的速度在树间行进。

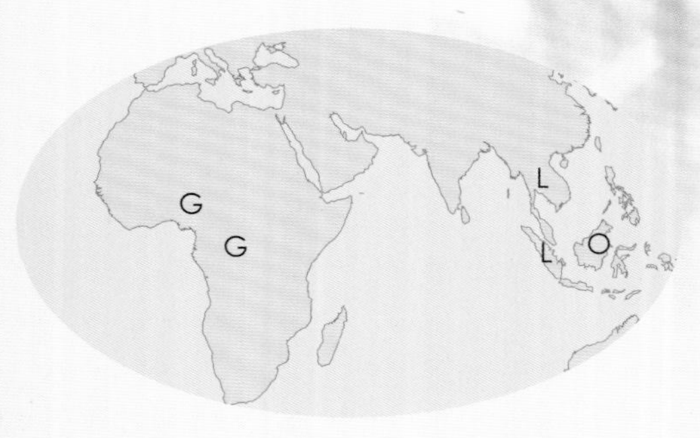

O 猩猩　G大型类人猿　L 小型类人猿

■ **分布** 猩猩仅栖居在印度尼西亚和马来西亚的苏门答腊岛及婆罗洲的丛林中。其他大型类人猿生活在非洲西部和中部的丛林中。小型类人猿则生活在亚洲南部和东南部。

西部大猩猩

Gorilla gorilla

- 体高 约1.8 m
- 体重 约180 kg
- 分布 中非

大猩猩是**最大**的类人猿。也许它们看起来很凶猛，但实际上在未受到威胁的情况下它们非常害羞安静。雄性大猩猩比雌性更具有进攻性，它们站立着用拳头**击打胸部**来显示自己的力量。大猩猩四肢并用行走，双手弯曲，指关节着地。它们在丛林中以小群群居生活，主要以植物的茎干、树叶和浆果为食。

婆罗洲猩猩

Pongo pygmaeus

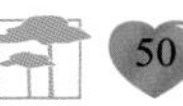

- 体高 约1.4 m
- 体重 约80 kg
- 分布 婆罗洲、马来西亚

婆罗洲猩猩**鲜红色**的毛皮使它们很容易辨认。猩猩在马来语中意即“**森林之子**”，这种大型类人猿大部分时间都独自待在树梢上。白天，它们寻找食物，例如水果、树叶、花蜜，有时候也吃小蜥蜴和幼鸟；晚上，它们则栖息在用树枝织成的平台上。

合趾猿

Symphalangus syndactylus

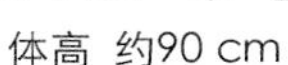

- 体高 约90 cm
- 体重 约15 kg
- 分布 东南亚

合趾猿是最大的长臂猿，有着令人吃惊的**响亮吼声**。雄性合趾猿有时候会和雌性一起“歌唱”。雌性的叫声像在咆哮，而雄性的声音则接近**尖叫**。它们的二重唱在1千米以外都能听到。

白掌长臂猿

Hylobates lar

- 体高 约65 cm
- 体重 约5.5 kg
- 分布 亚洲南部和东南部

这种长臂猿几乎不会下到丛林地面上来。它们整天待在树上，从一个树枝**摆荡**到另外一个树枝，在自己的领地内活动。一只雄性和一只雌性长臂猿一般都会**白头偕老**。它们会与自己的后代一起生活，直到后代离开家庭去寻找各自的伴侣。

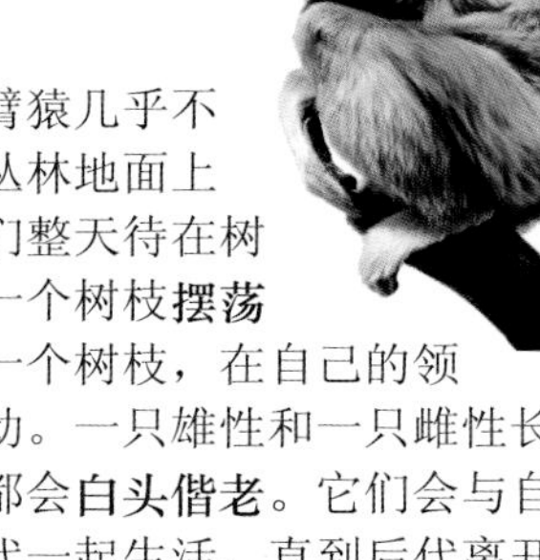

黑猩猩

Pan troglodytes

- 体高 约1 m
- 体重 约60 kg
- 分布 非洲西部到中部

黑猩猩是所有动物中**最聪明的**，也是少数会使用**工具**的动物之一，它们能用石块砸开坚果，用小棍从巢穴中钓到蚂蚁或白蚁。它用牙齿撕掉树皮，将木棍捅进蚁冢，使蚂蚁蜂拥而上，接着将爬满蚂蚁的木棍拔出，用双唇舔舐吃掉蚂蚁。黑猩猩生活的群体组织严密，成员最多可达120只，幼年黑猩猩和妈妈一起住行，直到10岁。

北白颊长臂猿

Nomascus Leucogengs

- 体高 约64 cm
- 体重 约9 kg
- 分布 东南亚

北白颊长臂猿出生时长着黄色皮毛，随着它们的成长，**颜色会逐渐发生变化**。雄性脸颊为白色，躯体变为黑色，雌性则变为棕色或灰色。北白颊长臂猿以**家族群居**，但如果遇到一个好的觅食地点，它们也会加入别的家族。它们以花芽、嫩叶和野果为食。水果必须是成熟而多汁的。

原猴类灵长动物

什么是原猴？这个词意即“在猴子之前”，它们是最原始的灵长动物。就像猴子和类人猿一样，它们适于树上生活，手和足十分善于抓握。原猴包括狐猴、婴猴和懒猴。

▲ 长长的手指
指猴(*Daubentonia madagascariensis*)生活在马达加斯加。它用长长的中指轻轻敲击树皮，然后贴耳细听树皮下昆虫的行迹声音。如有虫响，它就用牙齿撕掉树皮，再用手指将猎物抠出。

我喜欢跳舞和跳跃。

维氏冕狐猴（*Propithecus verreauxi*）是一种特殊的狐猴，除了生活在树上，很多时候也生活在陆地上。它能腾空飞快地跳跃行走，看起来如同翩翩起舞，小猴则紧紧地抓着妈妈的后背。

搭便车
当它们长到一定大的时候，小维氏冕狐猴就骑在妈妈的背上。更小一点的狐猴宝宝则紧紧地抓着妈妈的腹部，因为这里更安全一些。

小知识

- **狐猴，**如这只生活在马达加斯加或附近的科摩罗群岛的黑狐猴(*Eulemur macaco*)，大部分狐猴都比其他原猴体型大，它们长有长手臂和长口鼻。
- **婴猴，**如这只婴猴（*Galago senegalensis*），生活在非洲撒哈拉沙漠南部及其附近群岛上。它们有一条蓬松浓密的尾巴，能发出像小孩似的哭叫声。
- **懒猴，**如这只懒猴(*Loris tardigradus*)，在亚洲东南部和南部能找到它们的身影。它们的近亲树熊猴生活在非洲中部和西部。懒猴四肢交替移动前进，永远紧握树枝而从不跳跃。

粗尾婴猴
Otolemur crassicaudatus

- 体长 约40 cm
- 尾长 约49 cm
- 体重 约2 kg
- 分布 非洲中部、东部和南部

这是**最大的婴猴**。它是夜行动物，长着巨大的耳朵和眼睛，便于在黑暗中寻觅昆虫。它能在瞬间用手捕捉猎物，还能用它的牙齿刮取树胶和树液。

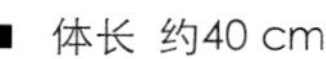

环尾狐猴
Lemur catta

- 体长 约46 cm
- 尾长 约62 cm
- 体重 约3.5 kg
- 分布 马达加斯加南部

和多数狐猴不同的是，环尾狐猴**白天活动**，并在地面取食。它们用双手采集花、水果和树叶。它们是**群居动物**，群中个体数量可达25个，由雌性领导猴群。

塞内加尔婴猴
Galago senegalensis

- 体长 约16 cm
- 尾长 约23 cm
- 体重 约250 g
- 分布 非洲西部

大大的耳朵和眼睛以及浓密的尾巴使它成为婴猴中的典型代表。利用**长长的后腿**，它能跳到5米高。除了具备敏锐的嗅觉、听觉和视觉，它还拥有**良好的触觉**，甚至能用双手捕捉飞舞的昆虫。

小金熊猴
Arctocebus aureus

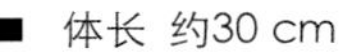

- 体长 约30 cm
- 尾长 约1 cm
- 体重 约475 g
- 分布 非洲西部

小金熊猴是夜行动物，大部分独居生活。它的**手与众不同**，长着两个长手指和两个短手指（其中一个仅比肥厚的肉质手掌长不了多少）。它是**攀爬高手**，在树间缓慢行动以寻食昆虫，用双手将昆虫从嫩枝和树叶上取下来，也以水果为食。

白足鼬狐猴
Lepilemur leucopus

 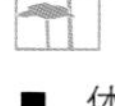

- 体长 约30 cm
- 尾长 约25 cm
- 体重 约600 g
- 分布 马达加斯加南部

这种狐猴**吃大部分种类的树叶**。它在林中树干间跳跃行进，而不是在树枝间跳跃，它的手指和脚趾上长着厚厚的肉垫能帮助它紧紧地抓握。雌性狐猴和它的子女们以小群群居生活，而**雄性独自生活**。每个雄性都有自己的领地，允许一到两个雌性居住，它们严密地守卫着自己的地盘。

树上的生活
白足鼬狐猴大部分时间都生活在树上，并在夜间觅食。

啮齿动物

除了南极，啮齿动物遍布全世界，主要分3大类：像松鼠一样的啮齿动物；像豚鼠一样的啮齿动物；像老鼠一样的啮齿动物。它们的名字来源于拉丁文*rodere*，是“咬啮”的意思。所有的啮齿动物都用它们长长的门齿啃咬食物和其他东西。

▲ 产仔
水豚是世界上最大的啮齿动物，通常一年生产一窝，约5个幼崽。多数小型啮齿动物能繁殖更多的子女。家鼠一年能产仔多达120个（分几窝来完成）！

小知识

- **像松鼠一样的啮齿动物** 拥有长须和一条蓬松的尾巴。松鼠型啮齿动物种类繁多，生活方式多样，生活于很多不同的生境中。
- **像豚鼠一样的啮齿动物** 生活在非洲、美洲和亚洲。多数种类具有一颗硕大的头颅、结实的身体、短尾和纤细的腿。豚鼠是几内亚猪的远祖。
- **像老鼠一样的啮齿动物** 长着尖脸和长须。多数种类体型小，夜行性。世界各地都有它们的踪迹。

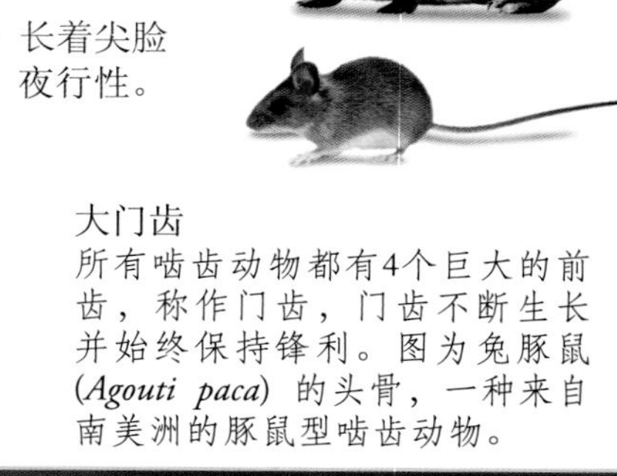

大门齿
所有啮齿动物都有4个巨大的前齿，称作门齿，门齿不断生长并始终保持锋利。图为兔豚鼠(*Agouti paca*)的头骨，一种来自南美洲的豚鼠型啮齿动物。

良好的感官

多数啮齿动物都具有优秀的嗅觉和听觉。它们长着触觉灵敏的须。通过发达的感官，它们能寻找出路，寻觅食物并时刻警惕捕食者。睡鼠等夜行性动物长着大大的眼睛以便于在黑暗中视物。

我需要增肥。

睡鼠从十月到次年四月处于冬眠状态。它准备在窝中蜷缩起来之前，要不断进食来使体重达到平时的两倍，以储存足够的脂肪来过冬。

树栖者 榛睡鼠(*Muscardinus avellanarius*)住在树上。白天它在由青草和树皮编织而成的窝里睡觉。夜间出来寻找食物，主要以花、水果和坚果为食。

褐家鼠

Rattus norvegicus

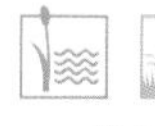
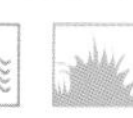

- 体长 约28 cm
- 体重 约575 g
- 分布 除极地以外的全球范围

这种**聪明的**哺乳动物几乎什么都吃，并几乎在任何环境下都能生存。它们一大群一大群地生活在人类附近，因为这里更容易获得食物。野生褐家鼠为人类所**痛恨**，因为它们不仅传播疾病还偷食粮食。

小林姬鼠

Apodemus sylvaticus

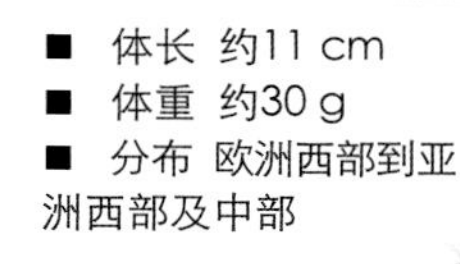

- 体长 约11 cm
- 体重 约30 g
- 分布 欧洲西部到亚洲西部及中部

小林姬鼠行动敏捷迅速。它主要生活在林地和田野中，在很多不很潮湿的**栖息地**都能发现它的踪迹。其食物随着季节的变化而变化——冬天吃种子、春天吃幼芽、夏天吃毛虫和蛴螬、秋天吃水果和菌类。多数小林姬鼠居住在代代相传的**地下洞穴里**。

绒毛丝鼠

Chinchilla lanigera

- 体长 约38 cm
- 体重 约800 g
- 分布 南美洲西南部

毛丝鼠经常被当作**宠物**饲养，但是一些野生的毛丝鼠仍然生活在安第斯山脉中。毛丝鼠披着**厚重松软**的皮毛，在寒冷的夜里能帮助它们御寒。它们在黎明和夜晚非常活跃。

美洲花鼠

Tamias striatus

- 体长 约16.5 cm
- 体重 约125 g
- 分布 加拿大东南部到美国中部和东部

这种**大胆**好奇的小动物经常出现在人们的野餐地点，它们居住于此，并不惧怕人类。一般以**种子、浆果和坚果**为食，但这鲁莽的小生物也喜欢吃三明治！

长爪沙鼠

Meriones unguiculatus

- 体长 约12.5 cm
- 体重 约60 g
- 分布 亚洲东部

野生沙鼠生活在炎热的**干燥地区，**主要以种子为食。它们从食物中获取身体所需的大部分水分。像其他沙漠哺乳动物一样，沙鼠的**脚上覆有毛发以**防止炎热的地面灼伤身体。它们生活在地下洞穴中，在这里躲避烈日，贮藏食物，繁育后代。

南非豪猪

Hystrix africaeaustralis

- 体长 约80 cm
- 体重 约20 kg
- 分布 非洲中部到南部

这种啮齿动物最显著的标志是皮肤上长有**长刺，**这种刺被称为刺羽，覆盖着豪猪的后背和体侧。尾巴上的刺较短。刺羽很容易竖立起来，如果侵袭者被刺中鼻子，它就会受伤！

黑毛山绒鼠

Lagidium viscacia

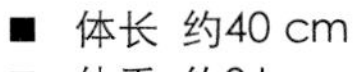

- 体长 约40 cm
- 体重 约3 kg
- 分布 南美洲西部

松软**如羊毛般的毛皮**和长长的耳朵使山绒鼠看起来像一只兔子，而实际上它是毛丝鼠的近亲。它们大约50只为一群生活在安第斯山脉的岩石中。雄性山绒鼠在洞穴的入口处**站岗，**当危险来临时就会向其他伙伴发出警告。

啮齿动物的世界

啮齿动物是哺乳动物中最大的一个类群，有1,800多种。因其巨大的数量，啮齿动物对人类意义重大。有的种类成为人类喜爱的宠物，有的种类影响着生态环境，而有些种类则造成破坏、传染疾病。

普通田鼠 *Microtus arvalis*

非洲刺毛鼠 *Acomys cahirinus*

裸滨鼠 *Heterocephalus glaber*

小林姬鼠 *Apodemus sylvaticus*

马岛仓鼠 *Hypogeomys antimena*

小家鼠 *Mus musculus*

北美灰松鼠 *Sciurus carolinensis*

金色中仓鼠 *Mesocricetus auratus*

豚鼠 *Cavia porcellus*

北美飞鼠 *Glaucomys sabrinus*

褐家鼠 *Rattus norvegicus*

黑线毛足鼠
Phodopus sungorus
黄喉姬鼠
Apodemus flavicollis
黑家鼠
Rattus rattus
埃及小沙鼠
Gerbillus perpallidus
美洲花鼠
Tamias striatus
长爪沙鼠
Meriones unguiculatus
老挝岩鼠
Laonastes aenigmamus
绒毛丝鼠
Chinchilla lanigera
欧鼾
Myodes glareolus
水豚体长可达130厘米。小毛足鼠（最小的啮齿动物之一）仅有约4厘米长。
最大的啮齿动物
水豚
Hydrochoerus hydrochaeris
小毛足鼠
Phodopus roborovskii

建筑师河狸

一只北美河狸通过啃咬树干能将一棵树伐倒！它们伐倒足够的树木，拖来树枝建筑水坝拦截河流。河狸为什么要这么做呢？因为水坝形成了一个湖泊，河狸就把家建在其中：一个天然居所。入口在水下，有效阻止陆地侵袭者的进入。真是一个奇妙的建筑杰作。

我马上就要**建好**它了。

河狸在夏天开始修筑水坝。河狸家族一起劳动，它们用树枝搭建成形，然后在上面覆盖泥巴和石块。这项工程必须在冬天前完成，届时它们就能在黑暗庇护所中隐居了。

北美河狸

Castor canadensis

- 体长 约88 cm
- 体重 约26 kg
- 分布 加拿大和美国

河狸以树叶、嫩枝和树皮为食。秋天，它们啃倒小树，将其咬成小段，储存在居所附近。这样它们就有了足够的树皮。河狸以家族群居生活，雌雄相伴终身。

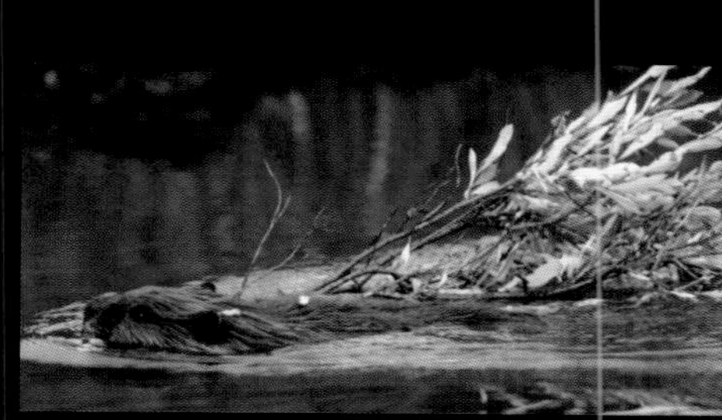

▲ 建筑的耐久性
河狸的水坝和居所非常结实，可以持续使用许多年。事实上，使它们放弃住所的唯一原因是附近的食物供应耗尽。在几年以后，新的家庭可能会迁居到此并修缮旧坝和居所，开始新的生活。

▲ 壮观的建筑
河狸的水坝高约3米。根据河狸所要阻断的溪流大小，水坝可能长达500多米。它们在很大程度上改变了周围景观。

河狸的牙齿

河狸长着坚固的、便于咬切木头的上门齿。门齿是橙黄色的，宽约5毫米，长约25毫米。像所有的啮齿动物一样，这些门齿不断地生长，因此只要有需要，河狸就可随时咬断树木。

生活的适应性
河狸非常适于水中的生活。它有浓厚的防水毛皮，一条扁平的大尾扮演着桨和舵的角色，还长有带蹼的后爪。

我的身体和你一样温暖。

像所有的哺乳动物一样，鲸和海豚是温血动物，这就是说它们通过自身热量，使血液维持在恒定的温度。与此相反的是，鱼类是冷血动物。

鲸和海豚

鲸和海豚看起来像大型的鱼，大多数成年的鲸和海豚体表没有毛发，它们长着鳍状肢，没有手臂和腿，然而它们依然属于哺乳动物。它们用肺呼吸，分泌乳汁哺育幼崽。它们还有肚脐！

◀ 鲸在水下时闭合它们的呼吸孔。浮出水面进行下一次呼吸前，会释放出肺里的空气，形成水柱。

呼吸孔

没有一头鲸、海豚或鼠海豚能在水中呼吸。它们呼吸空气，但并不通过鼻子和嘴。它们利用头顶的一个孔（或两个孔）进行呼吸，这个孔被称为“呼吸孔”。

宽吻海豚
Tursiops truncatus

▶ 鲸和海豚可自主选择什么时候进行呼吸，这就意味着它们不能睡觉。但是它们能关闭一边的大脑，两边大脑交替进行休息。

小知识

大小比较

■ **种的数量**：84种，其中71种齿鲸，13种须鲸。最大的是蓝鲸，最小的是赫氏矮海豚。

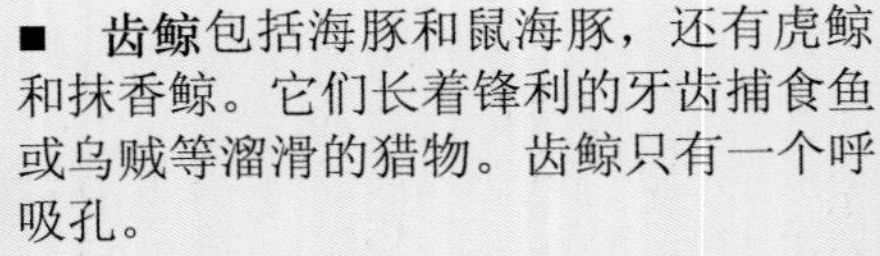

齿鲸

■ **齿鲸**包括海豚和鼠海豚，还有虎鲸和抹香鲸。它们长着锋利的牙齿捕食鱼或乌贼等溜滑的猎物。齿鲸只有一个呼吸孔。

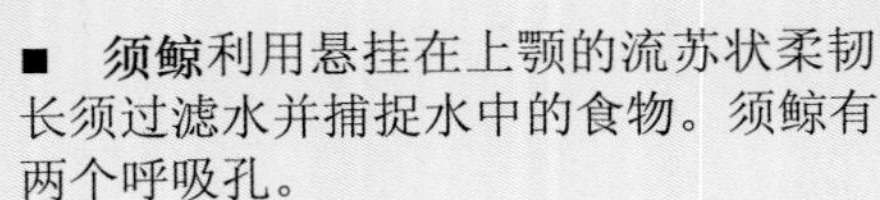

■ **须鲸**利用悬挂在上颚的流苏状柔韧长须过滤水并捕捉水中的食物。须鲸有两个呼吸孔。

须鲸

■ **分布** 每片海域中都有这两类鲸中至少一种鲸的身影。很多种类分布广泛，既生活在热带也生活在温带。

北回归线
赤道
南回归线

极地　温带　热带

蓝鲸
Balaenoptera musculus

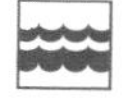  

■ 体长 20－30 m
■ 体重 100,000－160,000 kg
■ 食物 磷虾
■ 分布 全世界（除地中海、波罗的海、红海、阿拉伯湾）

蓝鲸是世界上**最大的动物**，体重相当于35头大象的重量。它大口一张，能吞下数以千计的磷虾（形似小虾的动物），它发出的声音是世界上最大的。

北露脊鲸
Eubalaena glacialis

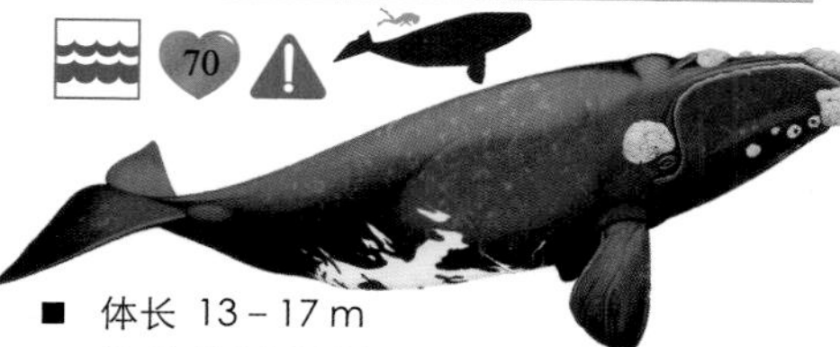

■ 体长 13－17 m
■ 体重 约90,000 kg
■ 食物 浮游生物
■ 分布 世界范围内的温带和近极地海域

大型鲸类中**最濒临灭绝**的一种，这种"海洋巡洋舰"只在海水表面寻找浮游生物而从不下潜。而这可能造成它与船只相撞的潜在致命灾难。

灰鲸
Eschrichtius robustus

■ 体长 13－15 m
■ 体重 14,000－35,000 kg
■ 食物 海洋无脊椎动物
■ 分布 北太平洋（温带和热带）

灰鲸的饮食习惯与众不同（除过滤取食外）。它先铲起巨量的泥沙，然后吃掉过滤出的海星、蟹和蠕虫。它是哺乳动物中**迁徙距离最远**的动物，在冬季从北极迁移到墨西哥湾。

真海豚
Delphinus delphis

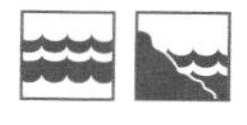  

■ 体长 2.3－2.6 m
■ 体重 约80 kg
■ 食物 鱼和乌贼
■ 分布 世界范围内温带和热带海域

真海豚是**群居**动物，常常聚在一起窃窃私语。它们在波浪中跳跃、翻滚，骑行时发出的鸣叫声在邻近的船上都能听到。集大群行动，有时能多达数千头。

宽吻海豚
Tursiops truncatus

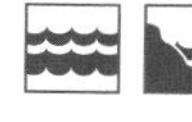   

■ 体长 1.9－4 m
■ 体重 约500 kg
■ 食物 鱼类、软体动物和甲壳动物
■ 分布 全世界（不含极地地区）

宽吻海豚广泛分布于除两极寒冷海域以外的**各大海洋**中。它能跃出水面高达5米，落下时溅起壮观的水花。它的食物范围广泛，从软体动物到硬壳蟹无所不吃。

亚马孙河豚
Inia geoffrensis

 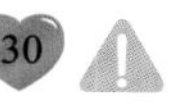 

■ 体长 2－2.6 m
■ 体重 100－160 kg
■ 食物 鱼、蟹、江河龟
■ 分布 南美洲（亚马孙和奥里诺科河盆地）

这种游速缓慢、**小眼睛**的河豚用它特有的长长的喙部拨弄河床的泥巴，寻找藏在其中的小鱼和蟹。它能来个持续一两分钟的小小下潜。通常独自生活或成对生活。

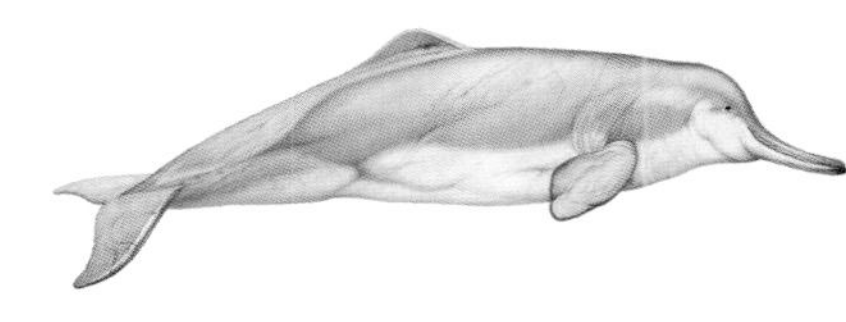

一角鲸
Monodon monoceros

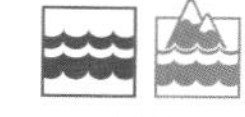   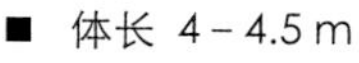

■ 体长 4－4.5 m
■ 体重 800－1,600 kg
■ 食物 鱼、软体动物和甲壳动物
■ 分布 北冰洋

一角鲸生活在北冰洋的冰川中，比其他哺乳动物更靠近**遥远的北方**。只有雄性一角鲸长着剑一样的长牙，用以和其他雄鲸互相较量。它们有力的唇和舌能够将猎物吸入口中。

白腰鼠海豚
Phocoenoides dalli

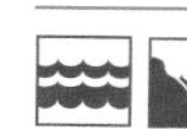   

■ 体长 2.2－2.4 m
■ 体重 170－200 kg
■ 食物 鱼和乌贼
■ 分布 北太平洋（温带和热带海域）

一种友善而好奇的鼠海豚，它们经常浮出水面靠近船只玩高速船首乘浪。并且它们真的能够高速冲刺！游速可达每小时55千米，是鲸、海豚和鼠海豚中**速度最快**的。

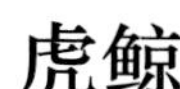

虎鲸
Orcinus orca

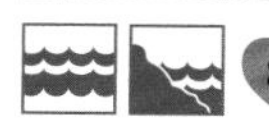 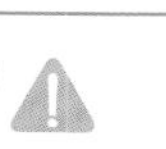 

■ 体长 最长9 m
■ 体重 最重10,000 kg
■ 食物 多种多样，包括鱼、海生哺乳动物、龟和鸟
■ 分布 全世界

这种聪明的喜爱群居的鲸**生来就是为了捕猎**。它们结实、有力，行动迅速，长着一副令人畏惧的牙齿。捕食各种各样的猎物，包括其他鲸。

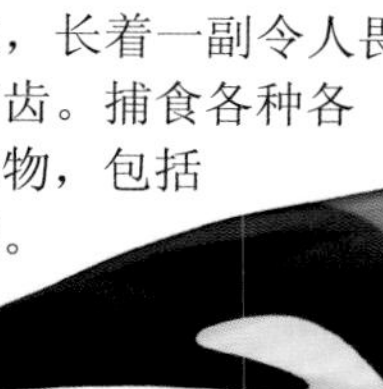

赫氏中喙鲸
Mesoplodon hectori

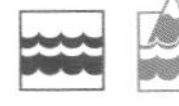

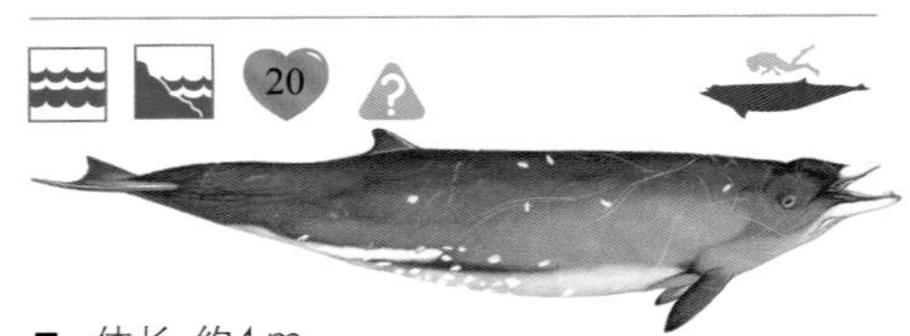

- 体长 约4 m
- 体重 约1,000 kg
- 分布 南半球温带海域、北太平洋

它是喙鲸中**体型最小的成员之一**，有一个相对较短的喙。这种鲸生活在深海中，很难见到。它们吞噬海水，吸食其中的深海乌贼和鱼。

弓头鲸
Balaena mysticetus

- 体长 约19.8 m
- 体重 约100,000 kg
- 分布 北极和亚北极海洋

弓头鲸的上颌极度弯曲，或成弓形，它的名字由此而来。它**硕大的头部**占据了全身体重的1/3，长长的鲸须是鲸中之冠，能达4.6米长。弓头鲸皮肤下有一层25～50厘米厚的鲸脂，能帮助它们在**冰冷**的北极海域中维持体温。

抹香鲸
Physeter macrocephalus

- 体长 约20 m
- 体重 约57,000 kg
- 分布 全世界

抹香鲸是最大的齿鲸，也是世界上**最大的食肉动物**。雄性抹香鲸的体型是雌性的2倍。雌性抹香鲸和它们的子女生活在一起，年幼的雄性抹香鲸通常群体生活，在成年后会变得**更加独立**。

因为**鲸油，我们被人类猎杀。**

抹香鲸的头中储藏着蜡状油，这能帮助它们控制身体漂浮，在使用回声定位过程中能更好地捕捉声音。抹香鲸因其宝贵的鲸油和身体其他部位而遭到人类的捕杀，被列为濒危物种。

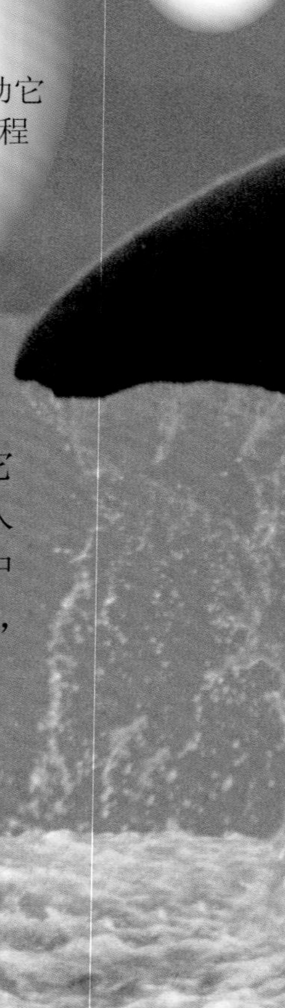

深海潜水者

抹香鲸能在水下停留近两个小时。它们可能是下潜深度最深的鲸，能潜入水面3,000米以下。当它们潜入水中时，心跳速率降低，皮肤的供血暂停，而血液则流向其他重要器官中。

座头鲸
Megaptera novaeangliae

- 体长 约14 m
- 体重 约30,000 kg
- 分布 全世界（不包括地中海、波罗的海、红海和阿拉伯湾）

这种须鲸是**名副其实的有声动物**。雄性会发出各种各样的声音“唱歌”。歌声能持续30分钟，吸引雌性到来，警告其他雄性离开，或成为侦察其他鲸所用的一种声呐形式。座头鲸的**鳍肢长度位于鲸中之首**。鳍肢就像翅膀一样帮助它们在水中乘风破浪。

港湾鼠海豚
Phocoena phocoena

- 体长 约1.83 m
- 体重 约90 kg
- 分布 北太平洋、北大西洋、黑海

最常见的鼠海豚，在其生活的水域中数量非常多。它们喜欢浅海，多数时间待在海岸附近。有时也会**游进港湾**，名字由此而来。它们以海床中的鱼和甲壳动物为食，用它的牙齿捕食猎物。

塞鲸
Balaenoptera borealis

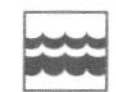

- 体长 约16 m
- 体重 约40,000 kg
- 分布 全世界（不包括地中海、波罗的海、红海和阿拉伯湾）

塞鲸是**须鲸**的一种。它吃浮游生物、小乌贼和鱼等在内的各种食物。它们通常**5头**为一群行动。潜水深度不超过300米，在水中停留时间不超过20分钟。

尾旋
抹香鲸在准备潜入海中的时候会将尾巴高高举到空中。这能帮助它们就位，有力的尾部推动鲸潜入海中。

哺乳动物

鲸目动物的世界

世界上有100多种不同的鲸和海豚。它们的体型大小不一，从体长1.3米的赫氏矮海豚到世界上最大的动物——蓝鲸。这种巨大的生物能长到30米长，如果搁浅在岸上，沉重的身体会把内部器官全部压碎。

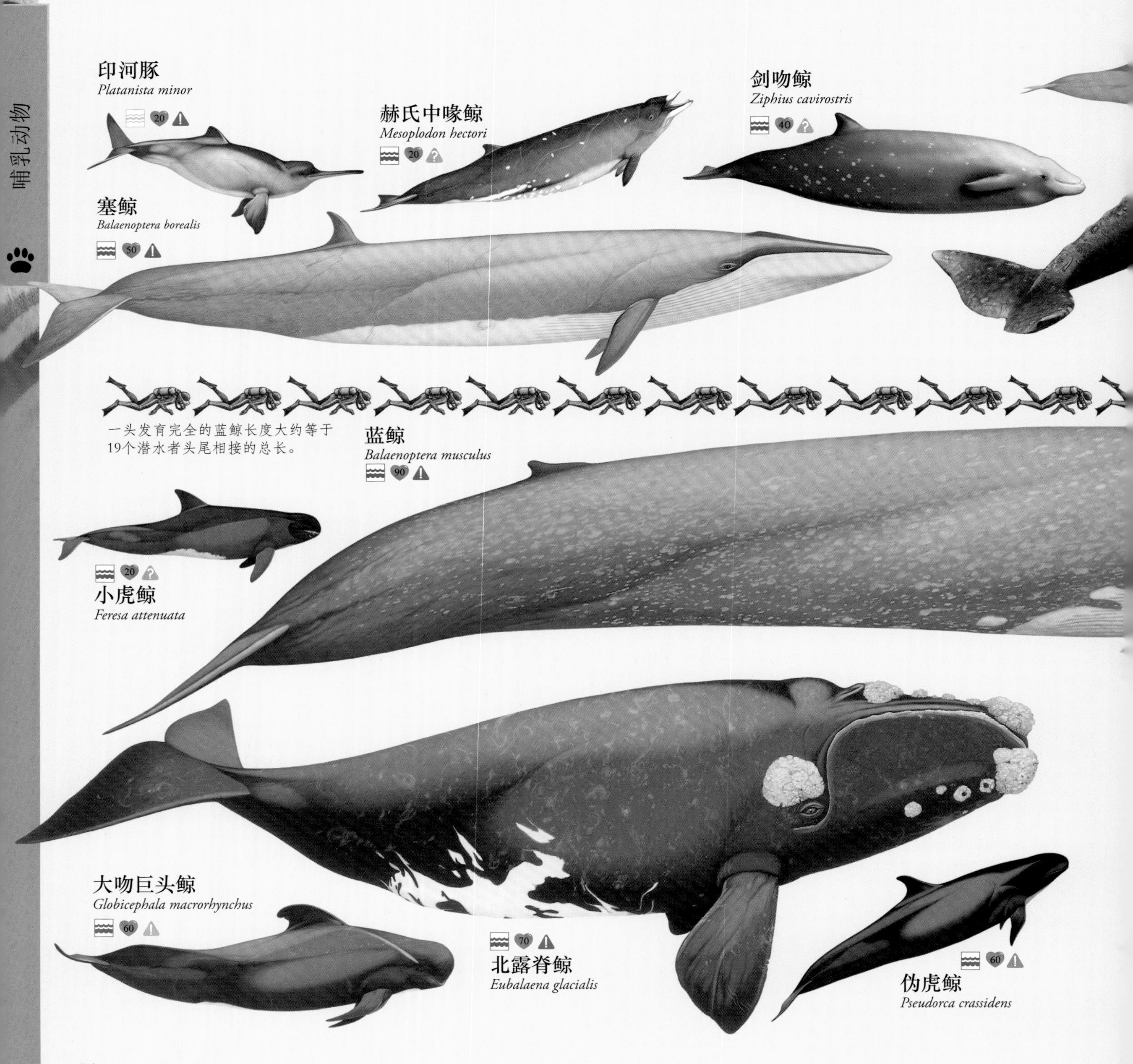

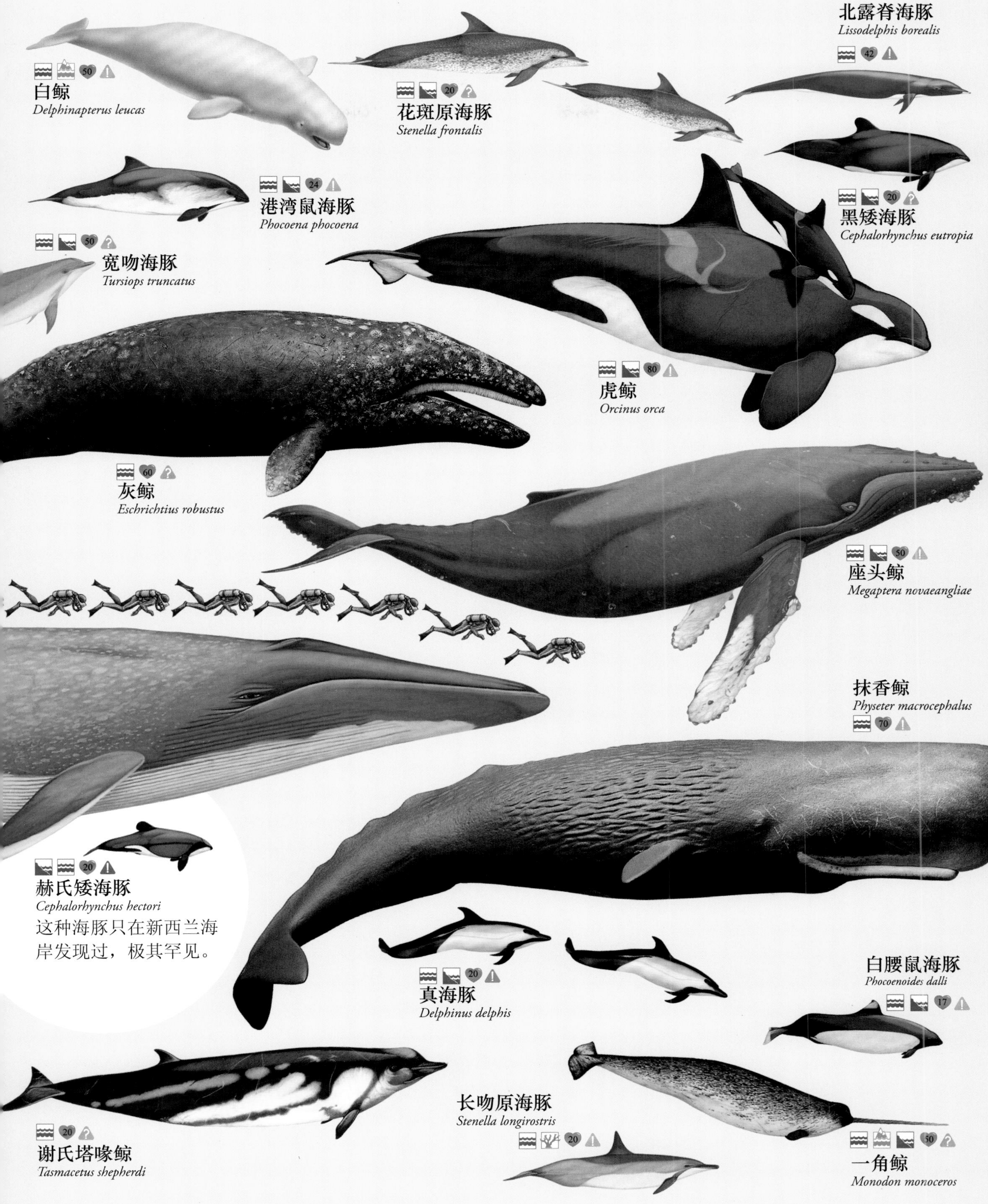
50
白鲸
Delphinapterus leucas
20
花斑原海豚
Stenella frontalis
北露脊海豚
Lissodelphis borealis
42
24
港湾鼠海豚
Phocoena phocoena
20
黑矮海豚
Cephalorhynchus eutropia
50
宽吻海豚
Tursiops truncatus
80
虎鲸
Orcinus orca
60
灰鲸
Eschrichtius robustus
50
座头鲸
Megaptera novaeangliae
抹香鲸
Physeter macrocephalus
70
20
赫氏矮海豚
Cephalorhynchus hectori
这种海豚只在新西兰海岸发现过，极其罕见。
20
真海豚
Delphinus delphis
白腰鼠海豚
Phocoenoides dalli
17
20
谢氏塔喙鲸
Tasmacetus shepherdi
长吻原海豚
Stenella longirostris
20
50
一角鲸
Monodon monoceros

母鲸和仔鲸

雌性座头鲸通常一胎只生一头仔鲸，在出生的第一年母亲喂养并保护它们的孩子。仔鲸吸吮母亲的乳汁，直到6个月大它们能自己寻找食物为止。幼鲸发育迅速，一年体长就能增长两倍。

座头鲸

Megaptera novaeangliae

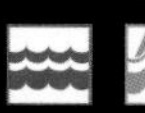   

- 体长 约14 m
- 体重 约30,000 kg
- 食物 小鱼、磷虾
- 分布 全世界（不包括地中海、波罗的海、红海和阿拉伯湾）

座头鲸巨大的鳍肢能达到体长的1/3。它是**须鲸**的一种，以滤过长长鲸须板的小鱼为食。

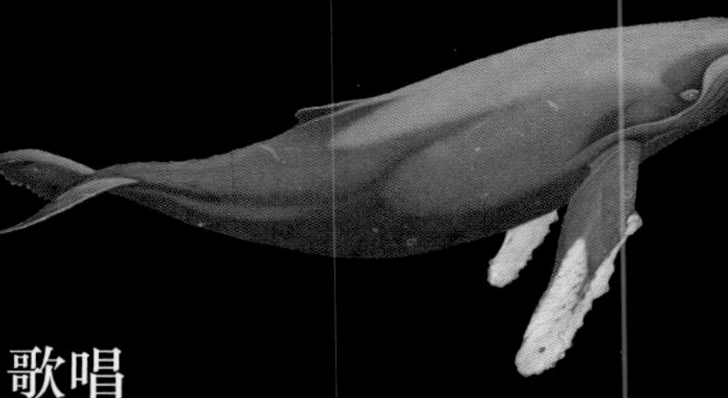

歌唱

座头鲸是一种聒噪的鲸，雄性真的能歌唱。现在还不清楚它们为什么会唱歌，可能是为了吸引雌性并警告其他雄性对手离开。这种声音还有助于它们侦察其他鲸。歌声能持续30分钟左右。

▲ 捉鱼 一小群座头鲸聚集在一起将鱼团团围住，使其陷入它们喷出的水泡所编织的“网”中。这种方式很有效。

迁徙

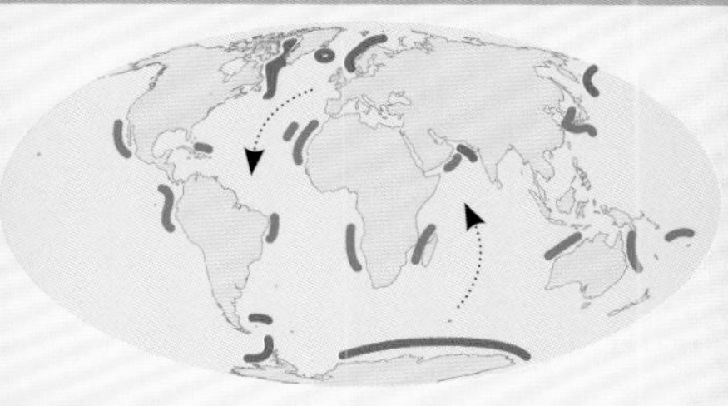

■ 座头鲸要经历一次长途迁徙，夏季在极地附近的凉爽海域，这里有充足的食物，冬季迁往温暖的热带和亚热带海域，在这里雌性座头鲸产下幼崽，而雄性则寻找伴侣。

海豚的交流

海豚是一种社会性动物，群居生活，它们的群被称为海豚群。群的大小不同，少则几只，多则数千只。海豚通过鸣叫、发出咔哒声、哭喊等“语言”彼此进行交流。这样的语言还能帮助它们相互辨认、定位和互助。

快！有人遇到麻烦了。

当海豚听到痛苦的叫声时，它们就会循声寻找丢失的伙伴或亲人。如果一只海豚生病了，其他伙伴就会推着它浮出水面进行呼吸。

群体协作
在鱼类资源丰富的海域，像这样由真海豚(*Delphinus delphis*)组成的海豚群就较大。它们会相互合作来捕鱼。

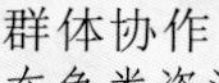

海豚的语言

海豚间的交流仍在研究中，但是科学家相信海豚有一套复杂的语言体系。它们能回应同伴的鸣叫和咔哒声，在玩耍、捕猎或侵袭者靠近时发出响声。它们还能发出许多不同的声音。

看着我
宽吻海豚(*Tursiops truncatus*)也许是最友善的海豚。它们甚至能和人类交流，有时会到近海岸向人们索要食物。它们经常在船只和游泳者附近戏水。

海豚聆听从猎物身上返回的声音，越靠近猎物，回声传回得越快。

▲ 寻找猎物
海豚利用一种叫做回声定位的技术来寻找食物。它们发出声音，声音接触到猎物后返回，从而锁定猎物所在的位置。

动物保护

一些海豚被人类猎杀取肉，还有些被虎鲸和大型鲨鱼吃掉。更有数以千计的海豚被商业捕鱼船所捕获，因此海豚的数量锐减。现在很多渔网都设计成了对海豚无害的样式。

犬科动物

狗和狐被划分在以肉为食的食肉动物中。它们天生是捕猎高手，具有追踪气味的良好嗅觉、适于奔跑的健壮四肢和撕咬猎物的锋利牙齿。

赤狐
Vulpes vulpes

宠物狗源自狼，包括一些小型狗，如梗犬和吉娃娃。狗在约12,000年前初次被驯化。早在公元前1,000年，狗就被用于保护和放养畜群，如绵羊。4,000年前狗传到澳大利亚。澳洲野犬（上图）即由此而来，现在它们生活在野外。

北极狐

Alopex lagopus

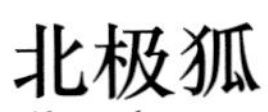

- 体长 46–67 cm
- 尾长 25–43 cm
- 体重 2–9 kg
- 分布 北极

这种小型狐非常适应严寒的环境，它们长着浓密的皮毛，是**哺乳动物中保暖性最好的皮毛**。这种不受风寒侵袭的安逸生活倚赖它们先进的身温调控系统和保温的脂肪层。它们捕猎小型哺乳动物，如旅鼠和北极野兔。雌雄北极狐共同照看它们的孩子，一个巢穴能容纳几代北极狐同堂居住。

▸ 夏装
在夏季，为了与生存环境相融合，北极狐的体毛变得更暗更单薄。

非洲野犬

Lycaon pictus

- 体长 76–112 cm
- 尾长 30–45 cm
- 体重 15–35 kg
- 分布 非洲

这种犬的拉丁名意为“彩绘狼”，这是源自它引人注目的**彩色斑纹毛皮**。非洲野犬约10只为一群生活。成年野犬全都帮助看护幼崽，但每群中只有一对负责繁殖后代。它们**合作狩猎**，能击倒像角马和斑马这样的大型动物。这种犬因为疾病和被猎杀而濒临灭绝。

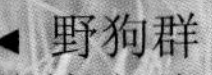

◂ 野狗群
雄性非洲野犬会和它们的家庭待在一起。这对于社群性哺乳动物来说并不常见。

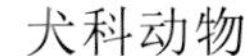

我们是小赤狐。

赤狐一胎最多能产下12个幼崽。幼崽出生后就待在位于地下的土穴中，直到四五周大。父母共同照顾小赤狐。

▼ 有益的锻炼

当小赤狐可以爬出巢穴时，就在地上翻滚玩耍，彼此打来打去。这有助于它们学习长大后捕猎所需的技能。

郊狼

Canis latrans

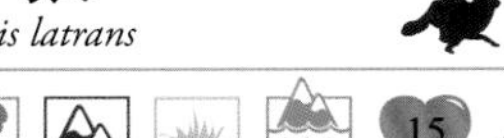

- 体长 75 – 100 cm
- 尾长 25 – 40 cm
- 体重 7 – 21 kg
- 分布 北美洲到中美洲北部

郊狼因其**嗥叫**而出名，深夜郊狼的嗥叫声回荡在四野，是为了告知邻近的郊狼它所在的位置和领地。郊狼通常独自寻找食物。**几乎所有的东西**——蛇、老鼠、野果和死去的动物都是它们的食物。它们也在垃圾中翻找美味的食物。当雌性郊狼在安全的巢穴中生产小狼时，雄性郊狼就外出为它们觅食。

狼

Canis lupus

- 体长 150 – 200 cm
- 尾长 35 – 56 cm
- 体重 20 – 60 kg
- 分布 北美洲、欧洲东部、亚洲

犬科家族**数量最大**的动物，狼曾经遍布北半球的每个角落。而现在只能在遥远荒凉的地方找到它们。狼**群居生活**，一群包括一对成年狼和它们的几代家庭成员。狼群有着严格的等级制度，所有的成员都明确地知道它们在群中的地位。

亚洲胡狼

Canis aureus

- 体长 70 – 105 cm
- 尾长 20 – 30 cm
- 体重 7 – 15 kg
- 分布 非洲北部和东部至欧洲东南部、亚洲

一对亚洲胡狼**终生**生活在一起，共同承担照顾后代的责任。当狼崽长大后，会有一两只小胡狼留下和父母共同生活一年，并帮助照看新生儿。它们猎杀小动物，也吃死去动物的腐肉，例如狮子吃剩的动物尸骨。有时它们也会**掩埋肉块**以防止其他动物抢食。

为寒冷而生！

一个非常奇怪的事实是，北极熊最大的烦恼是如何来保持凉爽！它们是所有熊中生活区域最靠近北方的，虽然生活在冰天雪地之中，但大多数的北极熊仍感觉热。这是因为北极熊中空的毛发、黑色的皮肤以及厚厚的脂肪层都有助于储存太阳热量，它们构成了一个有效的保温系统。

北极熊在雪地中打滚来降温。它们的毛皮是天然的隔热层，温度达到10°C以上，它们就会觉得太热了。

北极熊
Ursus maritimus

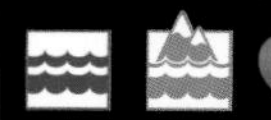

- 体高 2 – 3.4 m
- 体重 400 – 680 kg
- 速度 游速约10 km/h
- 分布 北极、加拿大北部

雄性北极熊是**世界上最大的海生食肉动物**，尽管一头小熊刚诞生的时候比一小包糖重不了多少。它们的主要食物是环斑海豹，有时也捕猎海象、白鲸、一角鲸和海鸟，它们还吃动物的腐肉。

动物保护

北极熊的总数量据估计在20, 000头，全球气候变暖日益威胁着它们的生命。在加拿大北部，每年春天都有大量的冰层融化，迫使北极熊在捕食小海豹储藏脂肪之前，不得不向更远的岛屿移居。

冰上家园

北极熊生活在北极的冰架边缘。在行走时，无法收缩的爪子能抓紧冰面，像冰锥一样扎进冰里（这有点像穿了一双嵌入式雪靴）。

▲ 爪子做短桨
北极熊是杰出的游泳选手。它们用前爪划水，可以潜水长达两分钟。但是由于气候变暖，冰面熔化，北极熊不得不在浮冰间游很长的距离。有时，它们也会因体力不支而溺水。

熊科动物

世界上一共有 8 种熊。熊是大型食肉动物，它也吃很多其他食物。大熊猫几乎可算食草动物。在需要的时候，熊行动迅速，并能直立，这使它们看起来更魁梧。

我正在玩耍。

小熊出生时没有毛发，生活不能自理。出生后头两三年和妈妈生活在一起，直到它们能照料自己为止。母熊严密地保护着它们，并教会它们生存的技能。

不要惊吓到它们

熊具有良好的嗅觉，然而视觉和听觉都不灵敏。这就意味着它们很容易受到惊吓，这样它们就会变得很危险。它们的手掌巨大而有力，长着长长的爪子，一下就能拍死其他动物。

◄ 冬眠
冬季，熊在洞穴、树洞或它们自己挖掘的巢穴中冬眠。小熊诞生在晚冬时节，第二年开春爬出洞穴活动。

棕熊仔

◄ 犬齿
熊有着强有力的下颌和牙齿，能吃各种不同的食物。如图中这颗棕熊的犬齿，极适于食肉，熊还长着适合磨碎植物纤维的牙齿。

动物保护

大多数熊都是濒危动物。人类砍树盖房、开发农田或大量伐林导致它们的生存环境日益被破坏。人类对熊的猎杀也是造成熊数量减少的原因。

小知识

■ 熊生活在欧洲、亚洲、北美洲、非洲南部部分地区。它们生活在各种各样的环境中。从北极的浮冰（见64页北极熊）到草原、沙漠和山脉，但是多数熊生活在北半球的丛林中。它们更乐于生活在靠近水源的地区，方便饮水和捕食（例如鱼）。

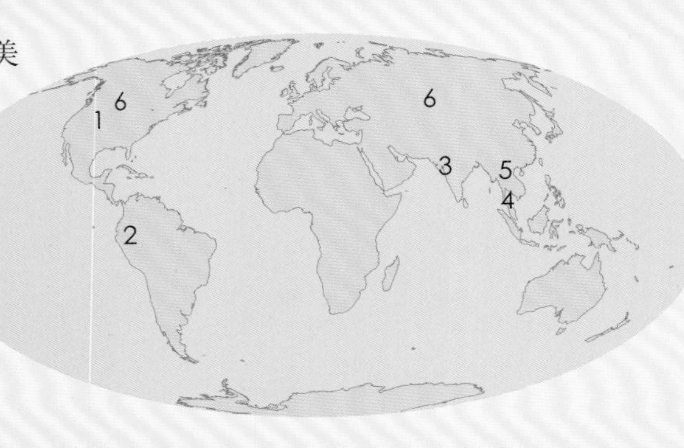

图中的数字对应图标中的数字显示熊科动物分布区域

美洲黑熊
Ursus americanus

  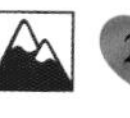  

- 体长 约1.8 m
- 体重 约300 kg
- 分布 北美洲

美洲黑熊是北美洲熊中体型**最小**和最为常见的一种。它是**爬树高手**，在受到惊吓时会爬到树上。母熊在小熊很小的时候就开始教它们爬树。黑熊非常聪明，能学会在各种环境下生存。多数黑熊都会在冬季冬眠，这取决于它们生活环境的天气状况和食物的多少。

眼镜熊
Tremarctos ornatus

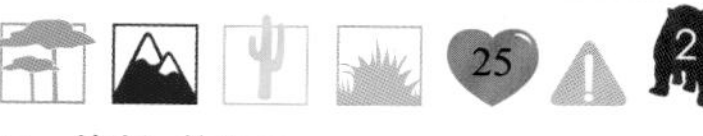

- 体长 约2 m
- 体重 约175 kg
- 分布 南美洲西部

眼镜熊眼睛周围的灰白色毛皮赋予了它眼镜熊的名字。它是南美洲唯一的熊科动物。大部分时间都在丛林中**睡觉和吃东西**。它将树枝掰弯以便采摘水果。

懒熊
Melursus ursinus

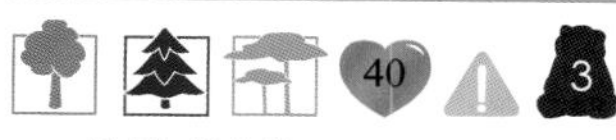

- 体长 约1.8 m
- 体重 约145 kg
- 分布 亚洲南部

懒熊喜欢吃蚂蚁和白蚁。它撕开蚁冢，把嘴抿成管状，吸食昆虫，发出响亮的声音。它还能将鼻孔闭合以防止蚂蚁爬进鼻道。

马来熊
Helarctos malayanus

- 体长 约1.4 m
- 体重 约65 kg
- 分布 亚洲西南部

马来熊**长长的舌头**非常适合舔噬洞中的蛴螬和蜂蜜。它会让蚂蚁爬满爪子然后一舔而净。它的**皮肤松弛**，如果不幸被老虎捉住，它能在松垮的皮囊中调转身体向后咬去。

亚洲黑熊
Ursus thibetanus

 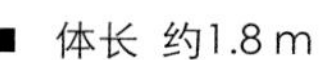

- 体长 约1.8 m
- 体重 约200 kg
- 分布 亚洲东部、南部和东南部

亚洲黑熊因其前胸的白色新月形斑纹又被称为**月亮熊**。它是爬树高手，在树上度过大部分时间，采食水果和坚果。它也从蜂巢中取**蜜**吃。亚洲黑熊通常在夜间觅食，或者在没有危险的白天活动。

棕熊
Ursus arctos

  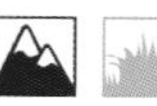 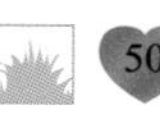  

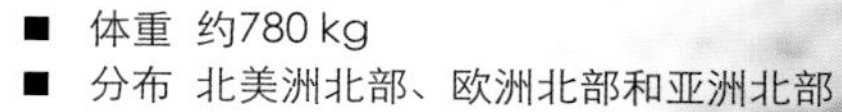

- 体长 约3 m
- 体重 约780 kg
- 分布 北美洲北部、欧洲北部和亚洲北部

世界上有几种不同的棕熊，分别居住在不同的地区。**科迪亚克棕熊**是最大的棕熊，住在阿拉斯加的科迪亚克岛。灰熊生活在北美洲，被叫做**灰熊**的原因是它皮毛尖呈白色，使其看起来体色呈灰色。棕熊不善爬树，喜欢在地面活动。它们吃各种食物（包括其他的熊），并且经常在鲑鱼溯河回游的时候捕食它们。

保护大熊猫

大熊猫是世界上最珍稀的动物之一。现仅存约1,600只野生大熊猫。大熊猫几乎只吃竹子，它们生活在中国中西部地区。

我们是圈养繁殖的。

约有150只大熊猫生活在动物园或被保护的自然环境中，但是只有1/3的圈养繁殖熊猫幼崽能活过6个月。

母爱无限
当大熊猫幼崽4个月大的时候，它们就有了足够的力气，能在妈妈的左右奔跑和爬树。熊猫妈妈会经常和它们调皮的孩子滚成一团。

大熊猫

Ailuropoda melanoleuca

- 体长 1.5－2 m
- 体重 70－160 kg
- 分布 中国中西部

当大熊猫出生几周以后，毛皮才会出现黑色和白色的斑纹。刚出生时，它是一个粉红色的小生灵，长仅8厘米左右，体表覆盖着白色的毛发。毛发逐渐发育成浓厚的脂油性毛皮，帮助它在中国中部零度以下的冬季御寒。成年大熊猫有着强劲的爪子和牙齿，这是它们每天食用38千克竹子保持身体健康的武器。

▲ 特殊的“拇指”
大熊猫的前爪上各有一个骨质突起。这对仿真“大拇指”可以活动，在它们享用美味多汁的绿色植物时，能帮助脚趾一起牢牢抓住竹子的茎。

► 雌性大熊猫
一般一胎能产下一到两个眼睛不能感光、无助的幼崽，但通常只有一个幼崽能够存活下来，并且它需要母亲的悉心照料。大熊猫幼崽要和母亲一起生活到3岁大。

动物保护

为了保护这种特殊的熊不会灭绝，中国政府将大熊猫列为国家一级保护动物，并制定了50余条特殊的保护条例，建立了十几个以大熊猫为主的自然保护区。

猫科动物

所有的猫科动物都是食肉动物，其中大部分猫科动物只吃肉。由于有着灵敏的听觉和视觉、柔软的肌肉、锋利的牙齿和爪子，因此它们都是优秀的猎手。每种猫科动物的猎食目标由它的体型、力量、速度和耐力决定。

可爱的猫科动物

尽管它们是捕猎专家和杀手，但猫科动物还是人们最为喜爱的动物之一。圆圆的脸颊、明亮的眼睛和美丽的软毛使它们看起来颇为可爱。不幸的是，美丽都是有代价的，多数猫科动物因它们的毛皮而被猎杀。

▲ 适应性超强的猫科动物 在美洲北部、中部和南部的绝大多数地区都能找到美洲狮（*Puma concolor*）的身影，它们能生活在不同的环境中。它们还有很多别名，诸如美洲金猫和山狮。

动物保护

偷猎者、牧民和筑路工人都威胁着野生猫科动物的生存。栖居环境的破坏使它们的情况更糟糕。有些猫科动物已经灭绝，很多则濒临灭绝。动物保护者正密切监测着它们的数量，并尽力阻止偷猎行为。

小知识

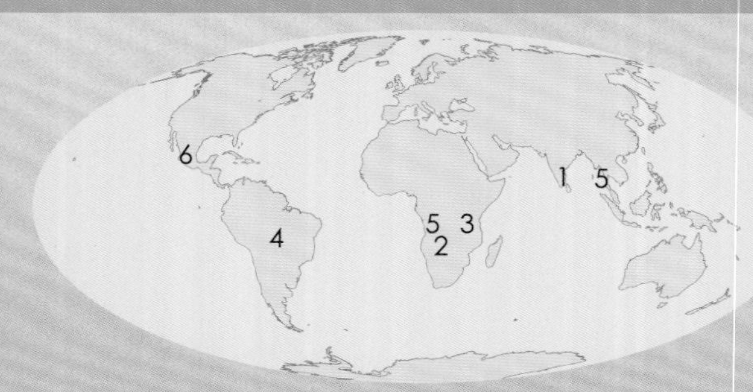

图中的数字对应图标中的数字显示猫科动物分布区域

■ **猫科动物**
猫科动物大约有38种。野生猫科动物分布在欧洲、亚洲、非洲和美洲的山脉、森林、草原和沙漠中。大多数猫科动物都是攀爬高手，有些还是优秀的游泳健将。

大小比较

我厚厚的毛皮是很好的绝缘体。

在寒冷的冬季，东北虎长长的毛帮助它们保暖，毛皮颜色也会变浅，有助于它们隐身在雪地中。

► 濒危动物
东北虎（*Panthera tigris altaica*）是现存最大的猫科动物，是极危动物，在野外极其罕见。

虎
Panthera tigris

26

- 体长 约2.8 m
- 体重 约260 kg
- 速度 约55 km/h
- 分布 亚洲南部和东部

尽管虎的体型**很大**，但它仍能悄声地潜近猎物。它通常在夜晚觅食，猛地扑向鹿或野猪等猎物。虎的条纹在宽度和数量上呈现多样化，**没有哪两只虎的毛皮是完全一样的**。

狞猫
Caracal caracal

17

- 体长 约91 cm
- 体重 约19 kg
- 速度 约55 km/h
- 分布 非洲、亚洲西部和西南部

狞猫有着长长的腿，它能**弹跳**到空中，用前爪抓到低飞的鸟儿。它还吃其他动物，如啮齿动物、野兔，甚至小羚羊。狞猫大部分时间生活在陆地上，但它是**爬树高手**。

猎豹
Acinonyx jubatus

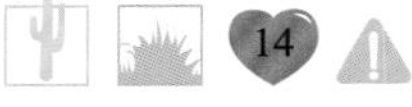

14

- 体长 约1.5 m
- 体重 约72 kg
- 速度 约100 km/h
- 分布 非洲、亚洲西部

猎豹**因其速度而闻名**。它是世界上奔跑速度最快的陆地动物，仅用10～20秒就能达到最高时速。它是**社群性动物**，小猎豹在两岁前和妈妈生活在一起。猎豹兄弟们可能会继续生活在一起。

虎猫
Leopardus pardalis

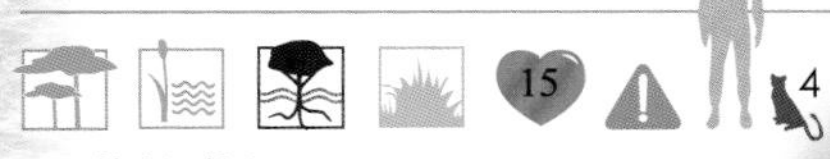

15

- 体长 约1 m
- 体重 约16 kg
- 分布 美国南部到中部、南美洲

独自生活的虎猫有很强的适应性。它生活在各种环境中，吃各种不同的食物。它最喜爱的食物是小型啮齿动物，但它也吃蜥蜴、鱼、鸟、蛇，甚至乌龟。它显著的斑点皮毛使它成为**最易被猎杀**的猫科动物之一，是濒危动物。

豹
Panthera pardus

20

- 体长 约1.9 m
- 体重 约90 kg
- 分布 非洲、亚洲南部

比起速度，豹捕猎时更依赖其**隐蔽性**。它能杀死比它体型更大更有劲儿的动物，如角马和羚羊。所有的豹都有斑点，包括黑豹，如图所示，它长着**暗黑的皮肤和毛发**。

短尾猫
Lynx rufus

30

- 体长 约1.1 m
- 体重 约15.5 kg
- 分布 加拿大南部、美国、墨西哥

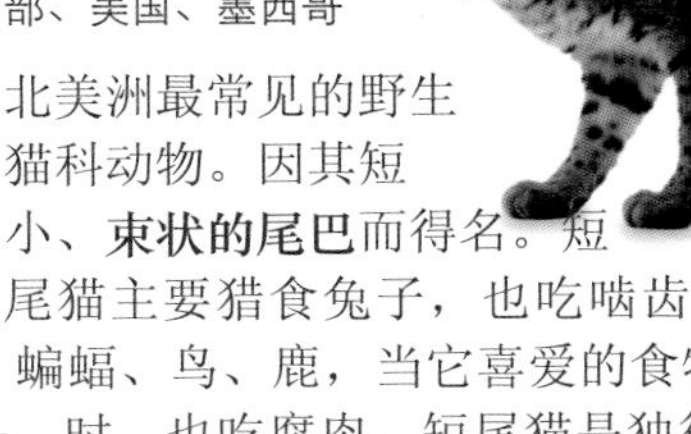

北美洲最常见的野生猫科动物。因其短小、**束状的尾巴**而得名。短尾猫主要猎食兔子，也吃啮齿动物、蝙蝠、鸟、鹿，当它喜爱的食物缺乏时，也吃腐肉。短尾猫是独行性**隐居**动物，一般在黄昏和黎明时出没。

狮的群体协作

狮是唯一群居性生活和狩猎的猫科动物。它们组成的群体称作“狮群”，每群包括4～35头狮。狮群共同狩猎，能捕获比它们体型更大的动物。捕猎主要是由雌性成员来完成的。

共同狩猎
狮群中的雌狮共同狩猎，伏击如斑马、羚羊和野牛等大型动物。它们潜伏在离猎物30米远的地方，然后分散开将猎物包围起来。

狮

Panthera leo

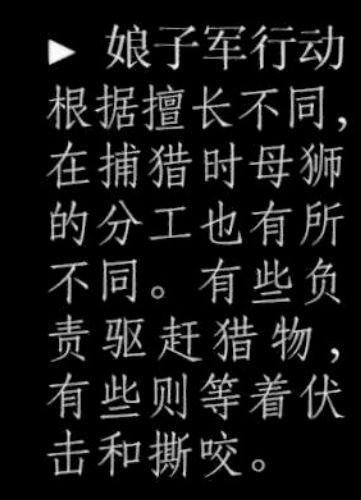

- 体长 1.7－2.5 m
- 体重 150－250 kg
- 分布 非洲（撒哈拉以南）、南亚（吉尔森林、印度西部）

狮是大型猫科动物中最具有社群性的动物，它们形成**最大的团队工作群**。多数狮子生活在非洲，它们的体色能很好地融入枯草丛生的平原，让**猎物很难察觉到**它们的靠近。体型较小的亚洲狮生活在印度的吉尔森林中。

► 娘子军行动
根据擅长不同，在捕猎时母狮的分工也有所不同。有些负责驱赶猎物，有些则等着伏击和撕咬。

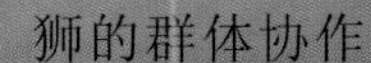

嘘！慢点来。

母狮皮毛水亮，强壮有力。它们不像雄狮一样脖子上长有鬃毛，鬃毛会阻碍捕猎。它们缓慢地匍匐靠近猎物，然后出其不意地快速出击咬死猎物。

► 男士率先享用
在母狮成功杀死猎物后，雄狮就会过来共同享用战利品。尽管雄狮不事生产，但它通常首先享用美味。在狮群中，雄狮扮演领地守护者的角色，通过在领地内散步、咆哮并将气味留在树上的方式来守卫领地。

谁吃残羹冷炙?
如果没有任何母狮为雄狮捕猎，那么雄狮则会从土狼等其他猎手的口中夺食。它会耐心等待一群土狼艰苦地杀死猎物，然后将土狼威吓走，独自享用美食。一旦它吃饱后，秃鹫就会俯冲下来撕扯残骸上的余肉。

猫科动物的世界

从小型宠物猫到体长等同于一辆小汽车的虎，野生猫科动物大小各有不同。但所有的猫科动物都是娴熟的猎手，有着相似的行动和捕猎方式，以隐蔽的行动和耐心围捕猎物。

25
加拿大猞猁
Lynx canadensis

17
狞猫
Caracal caracal

15
虎猫
Leopardus pardalis

26
最大的猫科动物
虎
Panthera tigris

虎通常在夜晚捕猎，但毛皮的色彩在白天为它提供了有效的伪装。

13
最小的猫科动物
黑足猫
Felis nigripes

12
薮猫
Leptailurus serval

家猫
Felis catus
15

12
渔猫
Prionailurus viverrinus

生存游戏

游戏是学习的好方法。当小哺乳动物翻滚在一起彼此追逐时，它们同时也在学习捕猎和战斗技巧，这对它们今后的生存至为重要。它们学习协调性和控制力，从中吸取经验，这些都有助于今后它们独立生活。

掌权
小雄狮成年后就要离开家庭，等到足够强壮，就要为掌管自己的狮群而战斗。一旦成了新的狮王，它们只承认自己的后代，杀死前任狮王的幼狮。

获取经验

小狮子不断地翻滚、跑跳、追逐，在自己玩耍并学到有用技能的同时，也建立了在自己家庭的“位序”。在可控的安全环境下，它们也不断地懂得什么样的风险是可以承受的，如何躲避不必要的危险。

► 去捕鱼
小熊崽跟随妈妈左右，复制妈妈的行为进行学习。小棕熊最重要的一课是学习捕鱼。当母熊捕捉三文鱼时，小熊模仿妈妈的行为，直到完全学会独自捕鱼。

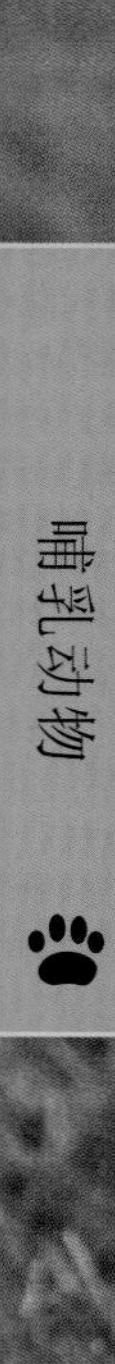

缩回爪子，孩子们，它们太锋利了。

像多数猫科动物一样，狮能缩回爪子。当它们玩耍时，小狮子会缩回爪子且不露出牙齿。但真的捕猎时，狮子会跳到猎物身上，咬断它们的脖子。

摸索窍门
小虎崽喜欢彼此或和父母扭成一团。通过这种方式，它们能学习如何感知其他动物的力量，而不会有因判断失误导致受伤的危险。这种打斗的玩耍方式对于虎崽掌握使对方窒息的力度也是一个好机会。

小知识

- 年幼的狮子至少在16个月大时才能完全独立。雌狮和狮群生活在一起，而雄狮则离群生活。
- 小虎崽在5～6个月大时开始参与捕猎冒险。从1.5～3岁大时都与虎妈妈待在一起。
- 小棕熊和母亲生活在一起直到2～4岁。当它们离开时，母熊通常会组建一个新家庭。

鼬和它的近亲

鼬属于鼬科动物。它们的近亲包括水獭、獾和貂。很多鼬的体型都很小，但却非常强劲，是凶猛的猎手。它们生活在除澳大利亚、新西兰和南极以外的任何地区。

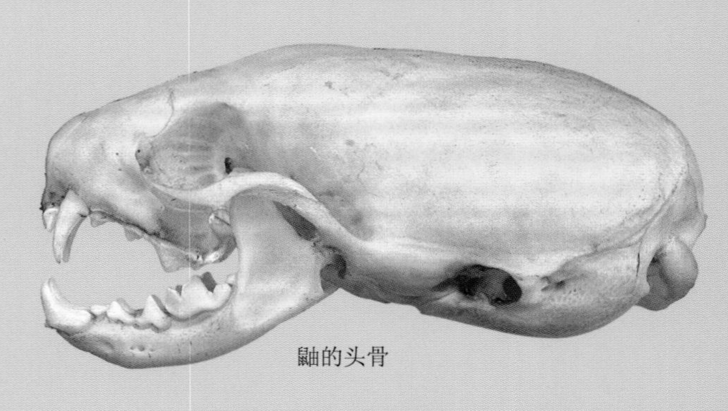

鼬的头骨

▲ 猎手的头
鼬的头几乎和它的脖子一样宽，能让它通过狭小的洞穴。像其他食肉动物一样，它也有锋利的犬齿，能迅速咬住田鼠或老鼠等猎物的后颈令其毙命。

松貂
Martes martes

共同的特征

大部分鼬科动物都有着修长柔软的身躯，短腿和长尾。它们每只脚上都有5个不能伸缩的弯曲足趾。它们有着灵敏的嗅觉，便于捕猎。多数鼬特别是紫貂，因其柔软浓密的皮毛而被人类猎杀。

小知识

- **陆生或生活在陆地上的鼬科动物，**包括鼬、黑足雪貂和白鼬。
- **树生或生活在树上的鼬科动物，**包括欧洲松貂和美洲貂。
- **半水生鼬科动物，**包括欧洲水貂和鸡鼬，它们生活在水源附近。
- **完全水生鼬科动物，**包括巨獭、海獭和河獭。它们大部分时间都生活在水里。
- **穴居鼬科动物，**包括獾、蜜獾和貂熊。它们住在洞穴里。

▶ 敏捷的猎手
松貂是优秀的爬树高手，经常在树上猎食。但更多时候在陆地上捕猎，以小型啮齿动物、鸟、昆虫和水果为食。

伶鼬
Mustela nivalis

- 体长 约24 cm
- 体重 约250 g
- 分布 北美洲、欧洲到亚洲北部、中部和东部

伶鼬是体型**最小**的鼬科动物。它小到可以追逐老鼠时钻进鼠洞。每天要吃多达体重1/3重量的食物，因此它**夜以继日**地捕猎。它看起来有点像白鼬，只是没有**黑色**的尾巴尖。

欧洲獾
Meles meles

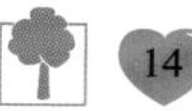

- 体长 约90 cm
- 体重 约34 kg
- 分布 欧洲到亚洲东部

和大部分鼬科动物不同，獾是群居性动物。它的洞穴叫做**獾洞**，由隧道和地洞构建而成。它夜间猎食，**食性很杂**，从蠕虫到鸟通吃。

鸡鼬
Mustela putorius

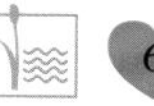

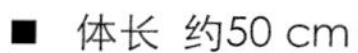

- 体长 约50 cm
- 体重 约1.5 kg
- 分布 欧洲

鸡鼬可能是雪貂的祖先。它是**游水高手**，能在水中捕鱼吃，但它更喜爱小型哺乳动物、爬行动物和鸟。当它遭到威胁时会**释放出一股强烈的气味**阻止敌人靠近。

貂熊
Gulo gulo

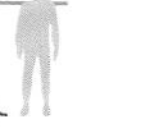
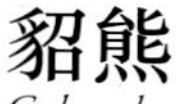
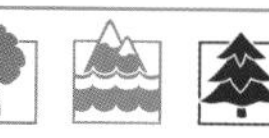
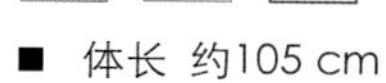

- 体长 约105 cm
- 体重 约32 kg
- 分布 加拿大、美国西北部、欧洲北部到亚洲北部和东部

这种长得像熊的动物是**凶猛的**猎手，它长着能压碎猎物骨头的强壮爪子。它也被叫做**贪吃的家伙**，这个词我们多用来形容贪婪的人。

巨獭
Pteronura brasiliensis

- 体长 约1.4 m
- 体重 约32 kg
- 分布 南美洲北部和中部

就体长而言，巨獭是**最大**的鼬科动物。它用嘴捕食鱼和蟹。10只左右的巨獭群居在河边的**洞穴**中。

▼ 强健的泳者
巨獭的爪子和脚上有强健的蹼，能帮助它们捕捉在河床上缓慢游动的鱼。

海獭的家

海獭是唯一一种终生生活在海里的水獭。它的食物包括鱼、蟹、软体动物和海胆，它锋利的牙齿足以咬碎猎物的硬壳。海獭是群居性动物，海獭群分为雄性群和雌性群两种。

我喜欢在海中**仰泳**。

海獭大部分时间都背朝下漂浮在海中。它们将爪子露出水面，以仰游这种姿势吃东西和睡觉，海獭妈妈漂浮在水面上喂养小海獭。

安全的庇护所
巨藻是海藻的一种，在巨藻中能发现栖息的海獭。海獭在睡觉时将自己固定在巨藻上。海獭妈妈在捕鱼时，也会用巨藻将海獭宝宝裹在身上以保安全。

海獭
Enhydra lutris

- 体长 约1.3 m
- 体重 约28 kg
- 分布 北太平洋

和多数海洋哺乳动物不同，海獭没有皮下脂肪来为它保温。**厚密的体毛**能圈住一层空气，使它的皮肤保持干燥。事实上，海獭指甲盖大小的皮肤上所长的毛发数量相当于人类头部的所有毛发数量。

▲ 使用工具
海獭会使用工具来撬开贝壳和海胆。在仰面漂浮时，它把石块放在肚子上，将贝壳在石块上敲开。

受保护物种

海獭一度因为它们的毛皮而遭到猎杀，某些地区的海獭几近灭绝。现在海獭是被保护的动物，某些地方的海獭数量正日渐增加。人们正努力将它们转移到安全地区。

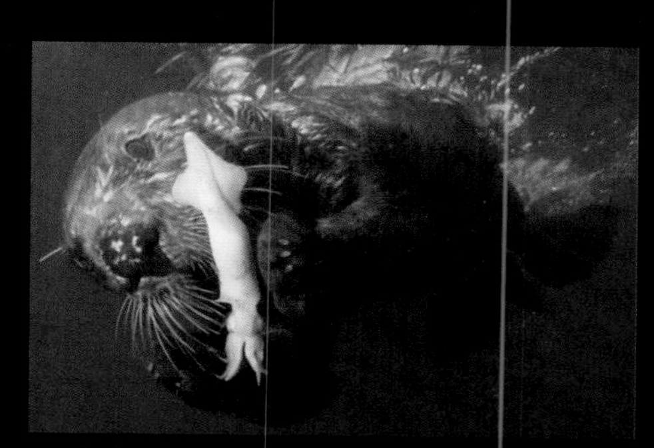

▲ 在水下
这种优秀的游泳健将有一条如舵一般强壮扁平的尾和像鳍一样的后脚。它跃入水中在海床寻觅食物，容量巨大的肺能允许它在水底停留几分钟。

灵猫和它的近亲

这种像猫的动物属于两个科（灵猫科和獴科），共有70种，包括灵猫、獴和果子狸。它们中的大部分都是凶猛的猎手，有些独居生活，有些则在一个群体中协同工作。

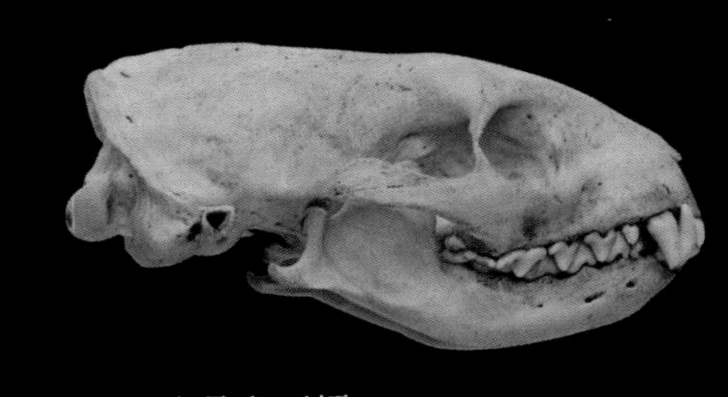

▲ 头骨和下颌
这是埃及獴（*Herpestes ichneumon*）的头骨。长长的面颊是这一科动物典型的特征，尽管与猫和土狼是近亲，但它具有更多牙齿，更适于扑咬。

身体

灵猫和它的近亲们都有着修长的身体，短腿和一条长尾。它们皮毛浓厚，点缀着斑点或条纹。尾下有味腺，如有敌人靠近，有些灵猫则会释放出气味难闻的体液。

我是爬树高手。

这种长着斑点的斑獛是爬树高手。夜晚，在鸟儿休息不太可能逃脱的时候，它们出来捕食。它们也寻找蛋、啮齿动物、昆虫和小型爬行动物吃。

像猫一样
大斑獛（*Genetta tigrina*）长得有一点像猫。它的口鼻部更尖一点，并且在不使用爪子时可以部分地缩回。

小知识

■ 亚洲东南部的斑林狸（*Prionodon pardicolor*）的尾巴用来保持平衡，在爬树时还有刹车功能。

■ 分布在亚洲东南部的熊狸（*Arctictis binturong*）是唯一长着卷尾的食肉动物。

■ 隐肛狸（*Cryptoprocta ferox*）是居住在马达加斯加岛上的最大的食肉动物。

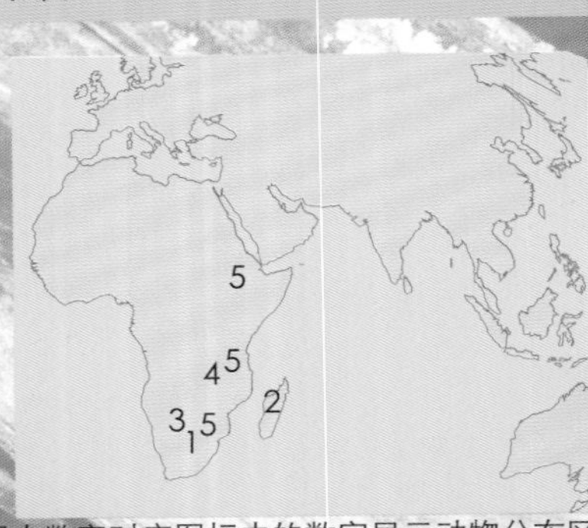

图中数字对应图标中的数字显示动物分布区域

笔尾獴
Cynictis penicillata

1

- 体高 约33 cm
- 尾长 约25 cm
- 体重 约800 g
- 分布 非洲南部

笔尾獴有时候也被称为**赤獴**，它常与细尾獴共享一个洞穴。它们过着群居生活，数量可达20个个体，群中包含一对**繁殖对**及它们的后代和其他近亲。

马岛缟狸
Fossa fossana

2

- 体长 约45 cm
- 尾长 约25 cm
- 体重 约2 kg
- 分布 马达加斯加

这种**害羞的夜行动物**在林地上猎捕小动物为食。它能将脂肪储存在尾巴中，为食物匮乏的冬天做**准备**。

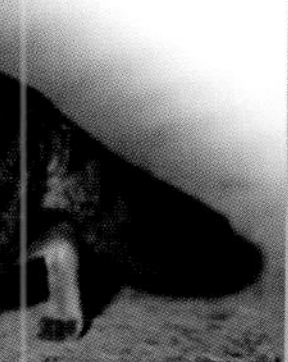

细尾獴
Suricata suricatta

3

- 体长 约35 cm
- 尾长 约25 cm
- 体重 约975 g
- 分布 非洲南部

细尾獴居住在洞穴中。它们常会占领地松鼠的旧洞，用长长的前爪挖掘，将洞穴扩大。它们的爪子在寻觅昆虫、蜘蛛、草根或块茎时也异常灵敏。这些**社群性生物**组成多达30个个体的群体。当群体外出觅食时，某些个体就会**充当哨兵**，如有天敌靠近就会发出警告。群体会扑入洞中避难。

缟獴
Mungos mungo

4

- 体长 约45 cm
- 尾长 约23 cm
- 体重 约2.5 kg
- 分布 非洲

从白蚁到鸟蛋，缟獴的食物多种多样，但它们却以独特的**攻击蛇**的方式而闻名。浓密的皮毛保护它们不被蛇咬到，而且它们对**毒蛇咬伤具有部分免疫力**。

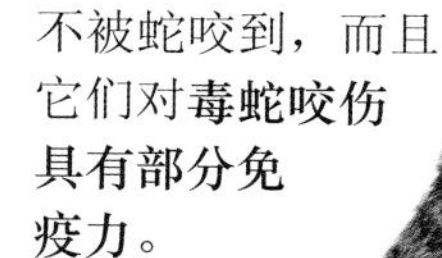

侏獴
Helogale parvula

 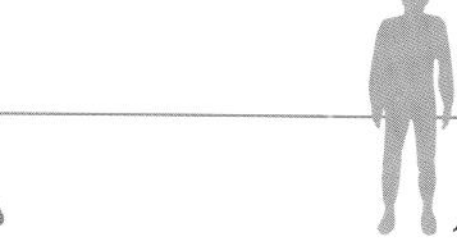

5

- 体长 约28 cm
- 尾长 约19 cm
- 体重 约350 g
- 分布 非洲东部和南部

正如它的名字所暗示的一样，它是**最小的獴**。它们以2～20个个体为一群生活，共同捕食昆虫、蜥蜴、蛇、鸟、蛋和老鼠。雌獴一胎最多可产6仔，**整个族群**帮助抚养它们。

排哨
成年细尾獴时刻保持警惕，准备预警。

海豹和海狮

这些海洋哺乳动物属于鳍足类动物。它们大部分时间生活在海洋中，在陆地上不能自如行动，但它们会挪动到岩石海岸或沙滩上进行繁殖。所有的种类都长有皮毛和长胡须。

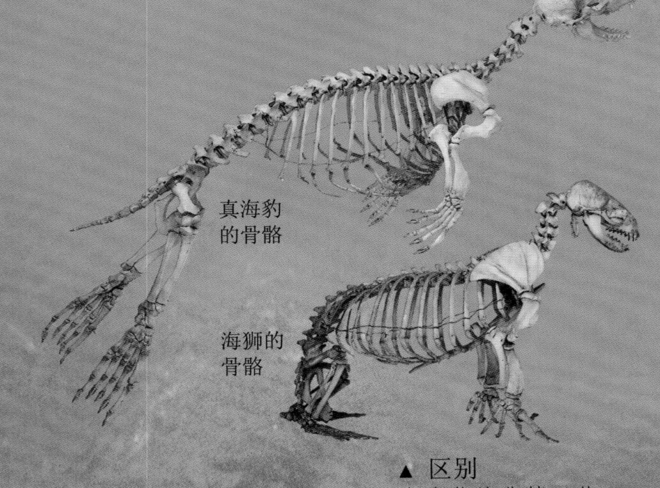

▲ 区别
真海豹的背鳍只能指向后方，而海狮在陆地上移动时则可向前摆动背鳍。

水生哺乳动物

海豹和海狮有一层皮下脂肪，能帮助它们保暖。它们没有腿，但长着鳍肢，在潜水时它们能关闭耳朵和鼻孔。大大的眼睛有助于它们在水下清楚地视物。

▲ 族群
在交配季节，几千只南非海狗聚集到海岸，形成繁殖群。

北象海豹
Mirounga angustirostris

小知识

■ **种的数量**：鳍足目动物分为3科36种。其中真海豹19种，耳海豹（海狮和海狗）16种，海象1种（见86～87页）。

■ **主要特征**：它们都是食肉动物。海豹和海狮主要以鱼、磷虾等小型甲壳动物为食。

真海豹没有外露的耳，包括髭海豹（*Erignathus barbatus*）（左侧上图）、灰海豹和斑海豹。耳海豹有一对外露的小耳朵，包括加州海狮（*Zalophus californianus*）（左侧下图）和南非海狗。

游泳健将
海豹和海狮流线型的体线和强有力的鳍肢使它们成为天生的游泳行家。它们在水中敏捷而优雅。

加州海狮
Zalophus californianus

- 体长 约2.4 m
- 体重 约390 kg
- 分布 美国西部

像所有的海狮一样，加州海狮在陆地上能用鳍肢**支撑起身体**。它们是速游高手，游速能达到每小时40千米。它们是**杂技演员**，有时候会在海上冲浪并跃出水面。

北海狮
Eumetopias jubatus

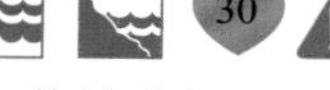

- 体长 约3.5 m
- 体重 约1,100 kg
- 分布 北太平洋海岸

这是**体型最大**的海狮，雄性海狮的体重可达到雌性的3倍。雄海狮凶狠好斗，互相争战夺取配偶。因其被人类捕杀，并且食物由于人类过度捕捞而减少，因此被列为**濒危物种**。

灰海豹
Halichoerus grypus

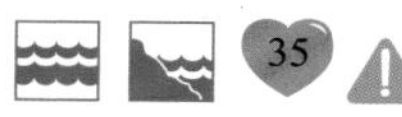

- 体长 约2.5 m
- 体重 约310 kg
- 分布 北大西洋、波罗的海

小灰海豹出生时身披**白色软毛**。3周内，它们就会褪下这层皮毛，换上灰色外套。这种海豹的拉丁文名称意为“鹰勾鼻海猪”，雄性的鼻子尤其长和弯。

斑海豹
Phoca vitulina

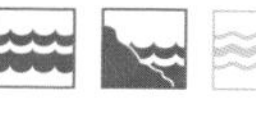

- 体长 约1.9 m
- 体重 约170kg
- 分布 北大西洋和北太平洋海岸

又称港海豹。斑海豹是**分布最广**的鳍足目动物。斑海豹不像其他海豹那样组成大的群体，尽管它们也在岩礁、淤泥滩和沙滩上休息。它们不会游到距离岸边20千米以外的海域。

南象海豹
Mirounga leonina

- 体长 约6 m
- 体重 约5,000 kg
- 分布 南极和亚南极水域

雄性南象海豹的体重是雌性体重的4～5倍。雄性南象海豹都有一个**大鼻子**，看起来有点像大象鼻子。交配季节，在争抢雌性的战斗中，它们的鼻子就会**膨胀**起来，并向竞争对手发出吼声。

南极海狗
Arctocephalus gazella

- 体长 约1.7 m
- 体重 约130 kg
- 分布 南极和亚南极水域

海狗除了像其他海豹一样披着短毛外，还长着一层**细软的内层绒毛**，这能让它们保持干燥和温暖。雄性海狗在交配季节先来到岩石岛屿，**为争夺领土而战**。当雌性海狗来到时，约5个雌性分享1个雄性。

常见
南极海狗是最常见的海狗之一。

南非海狗
Arctocephalus pusillus

- 体长 约2.3 m
- 体重 约360 kg
- 分布 非洲南部、澳大利亚东南部、塔斯马尼亚岛

南非海狗大部分时间都待在海里，它们不会游离海岸很远。海狗妈妈会连续几天在海上捕食，并**定时返回饲喂小海狗**。当妈妈外出时，小海狗们就会**一起玩耍**。

海象
Odobenus rosmarus

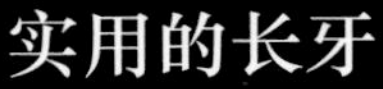

- 体长 约3.6 m
- 体重 约2,000 kg
- 分布 北极水域

海象和海豹、海狮同属一目，即鳍足目。它能潜入水下10～50米，用胡须和口鼻摄取食物。它在水下能停留10分钟。

实用的长牙
海象是唯一长着长牙的鳍足目动物，雄性海象的长牙几乎可达1米长。事实上，长牙是过度生长的犬齿。在交配季节，雄性海象把它们的长牙当作争夺繁殖地点的武器。

日光浴

当海象沐浴阳光时，皮肤会变成粉红色，好像被晒伤了。这是动脉扩张将血液输送到皮肤表面的结果。血液流向皮肤细胞，并吸收太阳热量，这也是它们保持体温的一种方式。

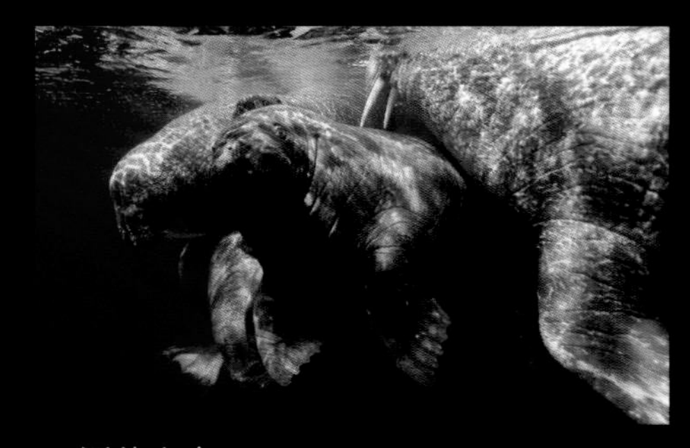

▲ 团体安全

母海象是小海象的守护者。事实上，所有的成年海象都帮助保护小海象免受捕杀。它们游泳时形成一个紧密的团体，将小海象小心地护卫在中间。

我是海象

海象生活在北极水域。它们是虎鲸的猎物，因此它们更喜欢待在浅水域，并在岸上交配。海象是社群性动物，当数百头海象组成大群体在陆地和冰川上活动时，空间就会变得十分拥挤！

冰人

这头海象在加拿大东北部的浮冰上休憩。厚厚的皮毛和脂肪帮助它保持体温。它还能收缩体表周围的血管以减少热量散失。

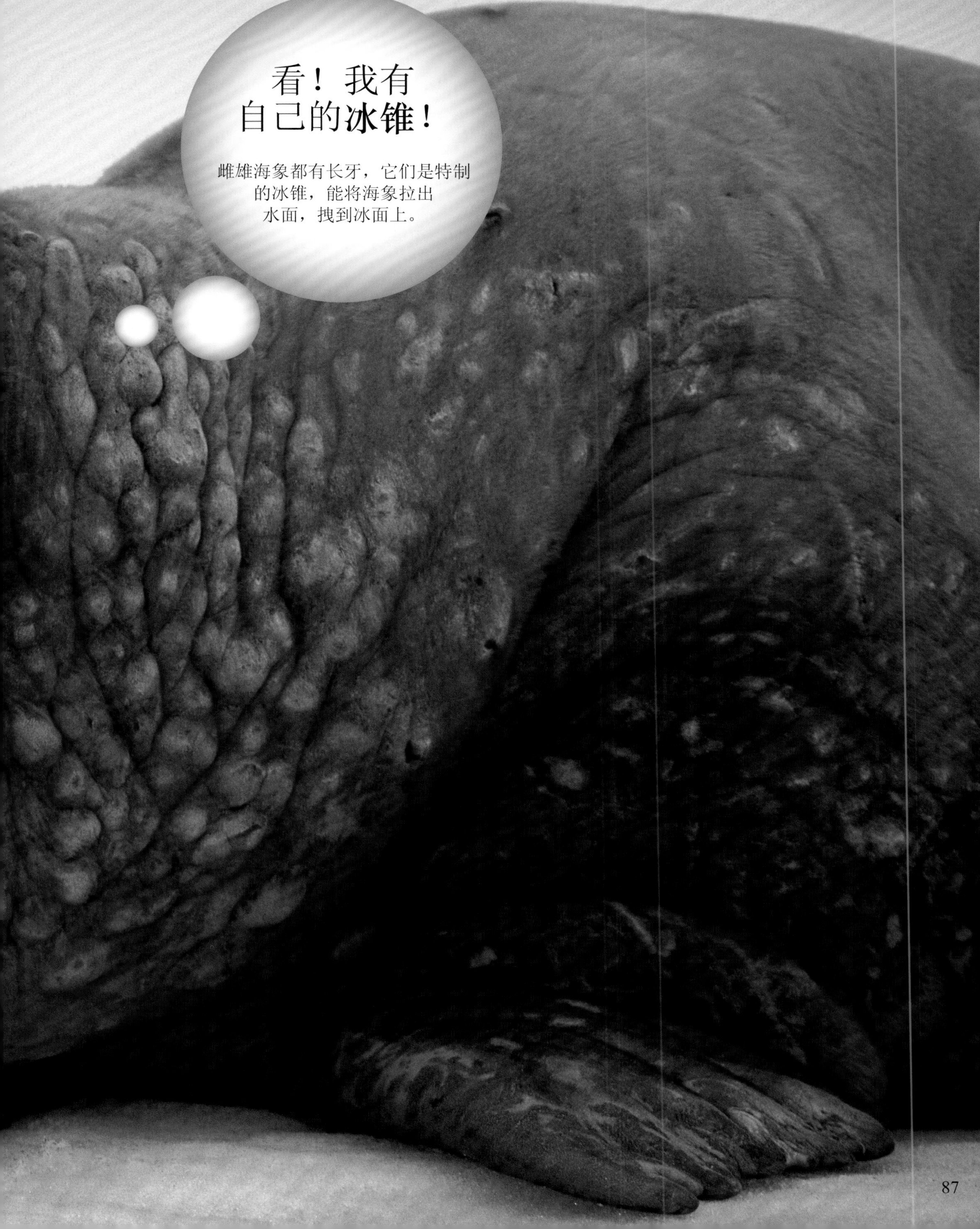

看！我有自己的**冰锥**！

雌雄海象都有长牙，它们是特制的冰锥，能将海象拉出水面，拽到冰面上。

象

这些巨型动物是最大的陆生哺乳动物。它们长有长而灵活的鼻子、弯曲的白色长牙和巨大的蒲扇般的耳朵，这些特征使大象一眼就能够被辨认出来。但很多人不知道的是，象有3个不同的种，一种生活在亚洲，另外两种则来自非洲。

小知识

- **科**：象科
- **种的数量**：3
- **主要特征**：与众不同的大鼻子被当作它的“第五条腿”、雄性象的上门牙延伸形成长而弯曲的长牙、扇形的大耳朵、厚实而有褶皱的皮肤。

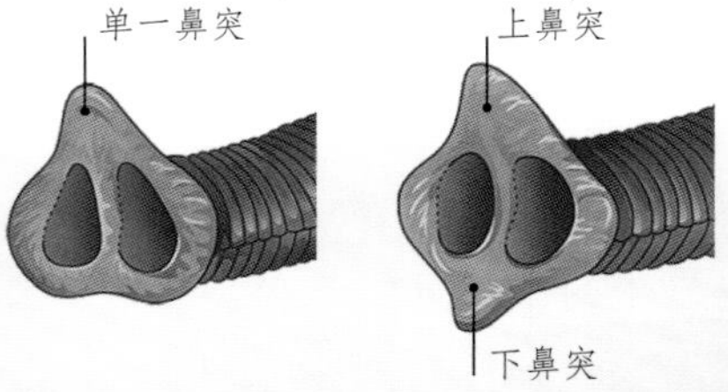

单一鼻突　上鼻突　下鼻突

亚洲象或印度象　非洲象

打招呼

大象们站在一起，将它们的长鼻子缠在一起来彼此问候。在象群中，这种相互接触的感觉很重要。

亚洲象
Elephas maximus

- 头至体长 5.5 – 6.4 m
- 肩高 2.5 – 3 m
- 体重 雄性约 5,400 kg；雌性约 2,700 kg
- 分布 亚洲南部和东南部

亚洲象比起它们的非洲表亲来小很多。只有雄性象长有可见的长牙。亚洲象的数量正在**急剧减少**。包括被捕捉的亚洲象，世界上现存不到60, 000头。

相比它的非洲表亲，亚洲象的耳朵要小一点。

非洲草原象
Loxodonta africana

   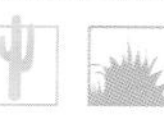   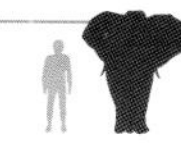

- 头至体长 5.5 – 7.5 m
- 肩高 2.4 – 4.0 m
- 体重 雄性约 6,300 kg；雌性约 3,500 kg
- 分布 撒哈拉以南的非洲大陆

非洲草原象是**世界上最大的陆地哺乳动物**。这些巨人在非洲稀树大草原上漫步，寻找树皮、树枝、树叶和草。一头成年大象一天需要摄食约160千克。

刚果象
Loxodonta cyclotis pumilio

- 头至体长 2.4 – 2.8 m
- 体重 1,800 – 3,200 kg
- 分布 非洲中部的刚果盆地

一些动物学家认为这些小型象属单独的种，但它们是**森林象**，可能因为**食物受限**等环境压力造成它们的体型很小。

非洲森林象
Loxodonta cyclotis

- 头至体长 5.5 – 7.5 m
- 肩高 1.6 – 2.8 m
- 体重 雄性约 6,000 kg；雌性约 2,700 kg
- 分布 非洲中部和西部

这些大象比它们稀树大草原里的近亲要小一些，并且**耳朵也更圆一些**。它们的长牙相对更直而且向下生长，或许是为了更适于它们穿越密实的低地丛林。有时候，当它们在丛林边缘漫步时，就有可能碰到非洲象。

非洲森林象的长牙是黄色的。

大象家族

大象一直让我们深深地为之着迷。在动物界，这种巨型哺乳动物的脑是最大的。它们的聪慧加上强大的力量，使它们毫无疑问地成为被人类利用的役使动物。同时，由于土地竞争与象牙交易，人类也是大象最大的敌人。

我不能让你离开**我的视线。**

一群雌性大象和幼象组成了母象群。在大象家族中，母象不但要照顾自己的孩子，每头母象还要帮助抚养其他幼象长大。

家庭生活
同一家族中的母象群由有亲缘关系的雌象和它们的孩子组成。母象和它的孩子紧密地待在一起。

▲ 伸长鼻子
大象能用后腿站起来，够到高枝上那些特别鲜嫩美味的绿叶。

▲ 宝贵的水源
非洲稀树大草原中部的一个小水坑能吸引来自遥远荒野的动物。因为炎热而干渴的大象最爱在水潭里乘凉。

动物保护

所有的大象都是濒危动物。在亚洲和非洲的部分地区，人们和大象争抢土地。而最大的伤害则来自于1989年全球象牙贸易禁令颁布前，当时大象被大规模捕猎。买卖象牙现在在多数国家都是被严格控制的，被查获的象牙也被当众烧毁，但是偷猎者仍然在进行黑市交易。

儒艮和海牛

海牛和儒艮是海牛目哺乳动物目前仅存的动物。它们尾巴扁平，前肢像船桨一样，没有后肢。它们是唯一完全食草的海洋哺乳动物。一头成年海牛每天要吃掉相当于它身体重量9%的食物。

我一点儿也不急。

海牛是体型大、行动缓慢的动物。它们的体内含有很多气体，这是由它们吃的植物所散发的。这使它们能浮在水面上，但它们的骨骼很重，这又能让它们待在水下。

完全水生动物

海牛目动物一生都生活在水中，从不会上岸。海牛可以潜入深海，在浮出水面呼吸前，能在水中停留15分钟。而儒艮只能潜水约1分钟。

海牛的肤质坚硬，厚达5厘米。下面是一层薄薄的兽脂。因为海牛生活在温带海域中，因此它们不需要过多的脂肪。

北美海牛

Trichechus manatus

- 体长 约4.5 m
- 体重 约600 kg
- 分布 美国东南部到南美东北部、加勒比海

海牛生活在靠近海岸的**浅水区**及附近的河流和淡水湖中。雌海牛每两年才生**1头小海牛**。母海牛和小海牛经常互相“咬住”来帮助维系彼此间的联系。

▲ 儒艮
儒艮的尾端是新月型的，或呈爪锚状，有点像鲸的尾巴。它上下拍打尾巴推进自己在水中游进，同时靠尾巴控制方向。

▲ 海牛
海牛的尾巴呈圆形，有点像河狸的尾巴。游泳时，海牛的尾巴大约每分钟扇动30下。

动物保护

世界上目前仅存130,000头海牛目动物。过去，人们为了获取它们的肉、皮和油脂而大量捕杀它们。而现在，很多海牛被船只的螺旋桨伤害或杀死，因为它们常常贴着水面睡觉，很难被发现。

素食家

儒艮（*Dugong dugon*）等海牛目动物在海床上吃草。它们用灵活的上唇收集海草和其他植物，然后用口腔里坚硬的牙床压碎食物，最后在吞咽前用牙齿嚼碎食物。

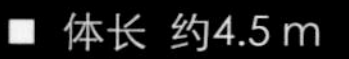

马、驴和斑马

马分为4种，分别是普氏野马、驴、斑马和家马（包括矮种马）。马被称为“奇蹄”动物，因为它们每只脚上只有一个足趾。自然环境下，它们生活在开阔的野外，并要对掠食者时刻保持警惕。

动物保护

普氏野马非常罕见。现存的大部分都生活在动物园里，有些有望被重新放生到蒙古野外的大自然中。因为不断被捕猎以及栖居地的减少，非洲野驴和山斑马也面临着灭绝的危险。

荒野狂奔

很多马群和矮种马生活在野外。它们是家马的后裔。包括北美的野马、澳大利亚野马和法国卡马尔格的白马。很多品种的矮种马生活在英国。

▼ 集合
在美国，很多野马群每年都会聚集一次。这些马聚集在畜栏里。有些继续留下来作为骑乘的家马。剩下的则回归野外，奔跑生活。

小知识

■ **马** 所有的家马和半野生马以及矮种马都属同一种。普氏野马属不同的种。它是唯一真正的野马。

■ **斑马** 斑马分3种，分别是细纹斑马、普通斑马和山斑马。不同种及不同个体身上的条纹图案不尽相同。

■ **驴** 野驴有3种，分别是亚洲野驴（或野驴）、西藏野驴和非洲野驴。非洲野驴是驯养家驴的祖先。

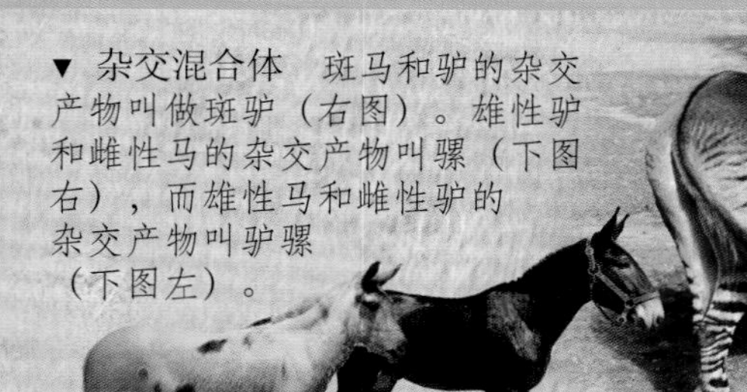

▼ **杂交混合体** 斑马和驴的杂交产物叫做斑驴（右图）。雄性驴和雌性马的杂交产物叫骡（下图右），而雄性马和雌性驴的杂交产物叫驴骡（下图左）。

非洲野驴
Equus africanus

- 体高 约1.3 m
- 体重 约230 kg
- 速度 约70 km/h
- 分布 非洲东部

非洲野驴生活在**炎热、干燥、遍布岩石的沙漠地区**，从草到多刺的灌木，所有能找到的植物都是它们的食物。即使不喝水它们也能坚持几天时间。野驴**群居生活**，成员最多可达50头。

普通斑马
Equus quagga

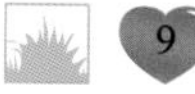

- 体高 约1.3 m
- 体重 约385 kg
- 速度 约55 km/h
- 分布 非洲东部和南部

又被称为常见斑马或平原斑马，普通斑马是唯一**腹部下方也有条纹**的斑马。它们分布广泛，包含几百头斑马的马群是很常见的。马群由很多家族团体组成。

普氏野马
Equus caballus przewalskii

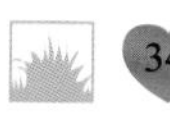

- 体高 约1.4 m
- 体重 约300 kg
- 速度 约60 km/h
- 分布 蒙古

这种野马是19世纪80年代被**一个探险家**在蒙古发现的。一些野马被带到欧洲保存物种。现在世界上只有少量的普氏野马群生活**在动物园中**。

驴
Equus asinus africanus

- 体高 约1.2 m
- 体重 约260 kg
- 速度 约50 km/h
- 分布 世界范围内驯养

驴经常被当作役使动物或宠物。它们身体强壮，只吃很少的食物，喝很少的水，就能**负重**长途跋涉。**不同种的驴体型大不相同**，小型驴体高不足90厘米，而法国普瓦图驴则高达1.5米。

山斑马
Equus zebra

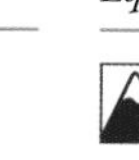
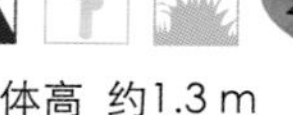

- 体高 约1.3 m
- 体重 约390 kg
- 速度 约55 km/h
- 分布 南非

这种斑马是攀爬高手，**坚硬、尖锐的马蹄**能帮助它们爬上居住的悬崖和岩石斜坡。这种斑马与其他斑马另一个不同之处在于它们的喉部下方有一处褶皱皮肤，称作**喉袋**。

细纹斑马
Equus grevyi

- 体高 约1.5 m
- 体重 约450 kg
- 速度 约64 km/h
- 分布 非洲东部

这是斑马中**体型最大**的一种。它的群体性不像其他斑马那样强，不会形成固定的马群。雌性斑马和小马驹**自由漫步**，寻找草和其他植物。但它们生活在雄性统领的领地内。

▲ 差异
细纹斑马可以通过它们又圆又大的耳朵辨认出来。它的鼻子上还有V型标志。

野化家马
Equus caballus

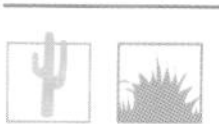

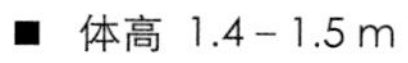

- 体高 1.4 – 1.5 m
- 体重 317 – 454 kg
- 速度 约64 km/h
- 分布 北美野外

这种野马是16世纪被带到美洲的西班牙马的后裔。它与所有**家马**和矮种马同属一个种，分别有不同的颜色。图中这匹马是**亮枣色**的。

长颈鹿和獾㹢狓

大多数人都听说过长颈鹿，但是却很少有人知道长颈鹿的小亲戚獾㹢狓。它们都生活在非洲，但却分布在不同的地方。长颈鹿一小群一小群地漫步于稀树大草原和开阔林地中，而獾㹢狓则单独行动，隐身于热带雨林中。

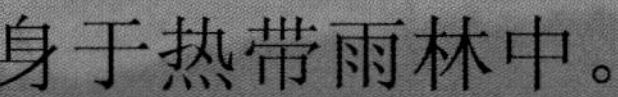

我的斑纹都一样吗？

长颈鹿的皮肤图案各有不同。有一些是清晰的栗色斑块（上图左），有一些是黑色斑块（上图中），还有一些是小小的黄色模糊斑块（上图右）。

长角的头
长颈鹿长着一对小触角，叫做长颈鹿角，外覆皮肤。小长颈鹿刚出生时触角是柔软的，随着年龄增长触角会逐渐变硬。

长颈鹿

Giraffa camelopardalis

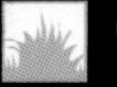

- 体高 约5.5 m
- 体重 约1,900 kg
- 速度 约56 km/h
- 分布 非洲

长颈鹿用它那长长的**暗黑色舌头**和薄薄的可活动的嘴唇，从树梢上摘取树叶和新芽。高大的雄性长颈鹿为**避免与雌性长颈鹿争夺食物**，会选择从更高的树上取食叶子。

脖颈大战

长颈鹿因其长长的脖子而成为世界上最高的动物。雄鹿在争夺母鹿的斗争中，使用脖子作为武器。在这场“脖颈大战”中，雄鹿们卡住彼此的脖子，脑袋经常撞到一起。胜利者赢得与母鹿交配的权利。

◀ 高低次序
长颈鹿的前腿比后腿要长很多。因此当长颈鹿在水坑里喝水时，需要叉开前腿。它们的前腿非常强壮，长颈鹿使用它们攻击捕食者。长颈鹿踢一脚甚至能杀死一头狮子。

▶ 条纹皮肤
由于腿上和臀部上显眼的黑白相间的条纹，所以獾㹢狓看起来更像是斑马而不是长颈鹿。像长颈鹿一样，獾㹢狓也长着长长的脖子，摘吃柔软的嫩枝、树叶和多汁的嫩芽。獾㹢狓内向害羞，条纹帮助它们躲藏在非洲中部的雨林中。事实上，它们如此害羞，以至于人们直到1901年才发现它们。

犀牛

犀牛共有5种，生活在非洲稀树大草原和亚洲的湿地草场。它们是大型、笨重的动物，只有大象和河马比它们大。它们的视力很差，但是灵敏的听觉和嗅觉弥补了这点。

所有的犀牛都喜欢快活地在泥沼中打滚。这能帮助它们降温并保护皮肤。黑犀看起来呈黑色，是因为泥浆在皮肤上干燥凝结的缘故。

犀角

犀牛根据种的不同，分别有一或两只角。犀角并非骨质成分，而是由毛发状的被称为角蛋白的物质构成。角蛋白也是人类头发和指甲的组成成分。它们的角“高居”在头顶上，而不属于头骨的一部分。

▼ 两只角
白犀有两只角。前角比后角长，用来挖掘水源和植物。

我愿意与妈妈待在一起。

小犀牛被称作小犀牛犊。雌性白犀通常每2～4年生一只小犀牛。小犀牛在出生后3天，就可以跟在妈妈身边奔跑。

印度犀
Rhinoceros unicornis

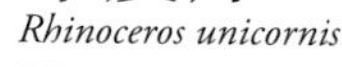

- 体长 约3.8 m
- 体重 约2,200 kg
- 分布 尼泊尔和印度北部

最大的亚洲犀牛。印度犀只有一只角。它们吃树木和灌木，但是喜欢在开阔地而非在森林中进食。它光滑**无毛**的皮肤上有许多小结节，皮肤下垂形成沉重的褶皱，使身体看起来就像披了一件盔甲。

动物保护

现存的5种犀牛都面临着灭绝的危险。爪哇犀现存不到50头，而黑犀的消失速度比其他任何哺乳动物都要快。人们为获得犀角而捕杀犀牛是它们灭绝的主要原因。于是，一些生态环境保护者将犀角切下来，使它对偷猎者失去价值。但这并没有阻止稀有犀牛数量的剧减，因此这种做法已不再实行。

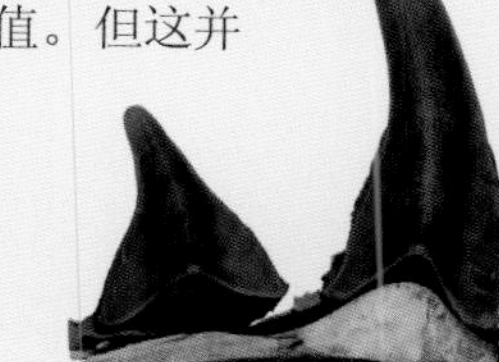

白犀
Ceratotherium simum

- 体长 约4 m
- 体重 约2,300 kg
- 分布 非洲东部和南部

白犀的颜色并不是真正的白色，而是灰色。它长着**又宽又直的嘴巴**，这是吃草的理想工具。

爪哇犀
Rhinoceros sondaicus

- 体长 约3.5 m
- 体重 约1,400 kg
- 分布 亚洲东南部

这种犀牛只有一只角，有些雌性犀牛没有角。像印度犀一样，它只有耳朵和尾尖上有毛发。这是世界上**最罕见**的大型哺乳动物之一。

苏门答腊犀
Dicerorhinus sumatrensis

- 体长 约3.2 m
- 体重 约800 kg
- 分布 亚洲南部和东南部

这是**最小**的犀牛。也是**毛最多**的犀牛，身上覆盖着粗糙、又短又硬的毛发。苏门答腊犀生活在坡地森林中，它们在那里摄食嫩枝、树叶和水果。它有两只角，前角可以长到90厘米长。

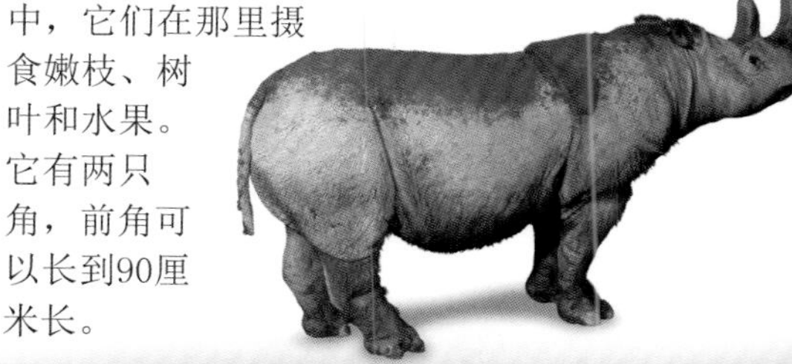

黑犀
Diceros bicornis

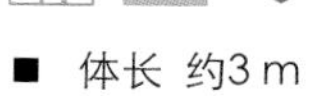

- 体长 约3 m
- 体重 约1,300 kg
- 分布 非洲东部和南部

与白犀不同的是，黑犀以树木和灌木为食。它长着**尖锐的上唇**，这样它就能卷起嫩枝和嫩芽送进嘴巴中咬断。黑犀有时又被称作尖吻犀。它比白犀更好斗，常常不警告就发动进攻。像其他犀牛一样，**相比这种体型它的速度算是快得惊人了**，瞬时爆发后速度能达到每小时40千米，这相当于奥林匹克短跑运动员的速度！

好斗的河马

河马是非洲体型最大的哺乳动物之一，也是非洲大陆上最危险的动物之一。雄性的体重高达3,048千克。它们是急脾气，一旦被惹怒，将带来致命的危险。永远不要太靠近一头河马。

龇出它们的牙齿
河马长着硕大的脑袋和巨大的颌骨。下颌上有两颗匕首一样锋利的牙齿。这些剃刀形状的尖牙可长达30厘米，在战斗中这是致命的武器。

河马

Hippopotamus amphibius

- 体高 约1.5 m
- 体长 约5 m
- 体重 3,000–4,500 kg
- 分布 非洲

河马不能通过出汗来调节体温，因此它们整天泡在河流和小溪中，通过打滚来降温。它们还通过皮肤上的特殊腺体排出油性的红色体液，来避免受到非洲毒辣太阳的灼伤。到了晚上，它们离水出来吃草，在5千米左右的范围内寻找食物。

▲ 水下生活
河马长着蹼状脚，能游泳。当它们把脚放下时，蹼能帮助分摊身体的重量，这有利于它们沿着河床行走。它们可以在水下待上5分钟左右。

▲ 保持警戒
河马的眼睛、鼻孔和耳朵长在头顶上。这意味着在几乎完全没入水中时，它们仍可呼吸，并随时观察情况。当河马在水下时，可以闭合鼻孔和耳朵。

出其不意的杀手

在非洲，人们认为和其他野生动物相比，河马杀死的人更多。前一分钟，河马看起来还很平和温顺，后一分钟，它就变身杀人狂徒。河马通常游到小船下方，将船推翻使船员落水，然后用它们那巨大的、刀锋般的牙齿发动攻击。

骆驼和它的近亲

如果一头动物上唇裂开，背部有一到两个隆起的小丘，长腿，走路时踩着滑稽摇摆的脚步，那么它就是骆驼。骆驼如此走路是因为它们同时迈出左腿，又同时移动右腿，这种特殊的步法叫“同步”。有些品种是驯养驼，如美洲驼等，而如骆马等其他骆驼科动物则是野生的。

单峰驼

Camelus dromedarius

- 体高 1.8 – 2.3 m
- 体重 约690 kg
- 速度 约65 km/h
- 分布 非洲北部和东部，亚洲西部和南部

这种单峰的家养骆驼**在野外已经灭绝**。它吃各种各样的植物，包括盐生植物和多刺植物，还吃骨头及风干动物尸体上的腐肉。

▲ 口渴的生物
比骆驼小的骆马不适合干旱的环境，它们需要每天喝水。它们居住在南美洲的安第斯高山上。人们猎捕它们获取皮毛，因此它们几近灭绝。

▲ 古老的仆人
美洲驼土生土长于安第斯山脉，被驯养的历史可以回溯到几千年前。当地人（现在已经被全世界的人驯养）养殖它们以获取驼绒、驼肉及毛皮，美洲驼还被当作完美的驮畜，因为它们能在崎岖的山路上行走自如。

沙漠之舟
单峰驼十分适合沙漠生活：宽大的脚掌能够稳稳地站在流沙上，长长的睫毛将风沙阻挡在眼睛外，而当扬起沙尘暴时，它的鼻孔能紧紧关闭。它被当作负载工具的历史已有4,000多年了。

小知识

- 双峰驼有两个驼峰。在冬天，它们长出一身羊毛般的棕色外套，到了春天就会脱落。现在在亚洲东部仍然有少许野生双峰驼。

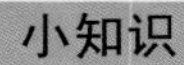

- 骆驼的脚上长着两个大大的、大小几乎一样的足趾，下面覆盖弹性极佳的肉垫。这个肉垫能将体重平均分配在整个脚掌上，从而稳稳站立。

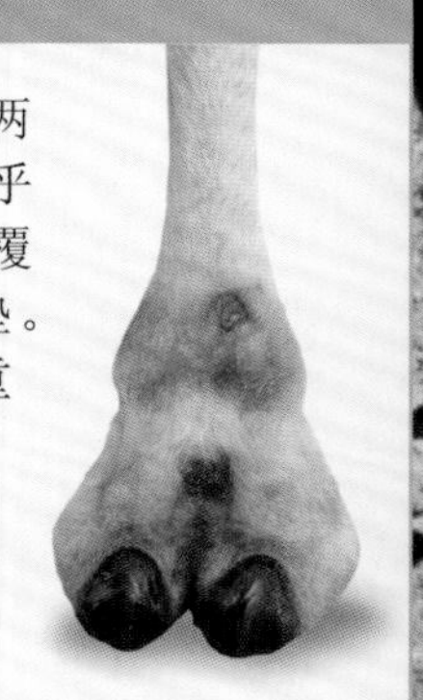

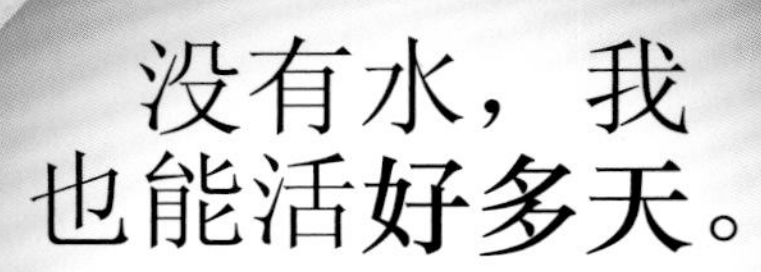

没有水，我也能活好多天。

单峰驼一次不但能喝50多升水，同时还能将水储存起来，这令它们即使在不喝水的情况下也能生存很长一段时间。为了保存水分，它们只排出少量的汗和尿液。

◀ 驼峰内充满脂肪，当食物供给不足时，这些储存的脂肪提供的能量是它们的力量源泉。

鹿

鹿有50多种，遍布世界大部分地区。它们是食草动物，生活在一定的栖息地内。它们最显著的特征是几乎所有的成年雄鹿都长有鹿角。

▶ 新的牧场
在北美，驯鹿被称作北美驯鹿。到了秋天，约500,000头驯鹿集合在一起形成一个大鹿群，慢慢向南方迁徙，躲避这里极度寒冷的气候。当春天来临时，它们再次聚集到一起返回北方。

驯鹿

Rangifer tarandus

15

- 体高 约1.2 m
- 体重 约300 kg
- 速度 60 – 80 km/h
- 分布 北美洲北部、格陵兰岛、欧洲北部到亚洲东部

在遥远的北方，驯鹿**厚厚的毛皮**帮助它们御寒保暖。它们脚上覆盖的皮毛，能使它们在冰面上站牢；脚很宽，能分担身体的重量，避免陷进雪里。驯鹿以草、树叶、嫩枝还有苔藓状的地衣为食。雌性驯鹿是**唯一长角的雌性鹿**。

斑鼷鹿

Moschiola meminna

12

- 体高 约35 cm
- 体重 约3 kg
- 分布 亚洲南部

斑鼷鹿是鼷鹿的一种。鼷鹿又被称为**鼠鹿**。它们不算真正的鹿，属于不同的科。它们没有鹿角，但是长有两颗向下的小獠牙。这种小型动物是**夜行动物**，喜欢单独行动。

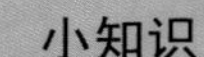

小知识

- 真正的鹿属于鹿科。鹿的另外两个科是鼷鹿科和麝科。
- 很多小鹿生下来时有白色斑点，这种伪装可以保护它们免受掠食者袭击。它们蜷缩起来，安静地待在高高的植被下面。
- 鹿角是由坚硬的骨质构成。秋天发情期后会脱落，到了第二年春天，又会长出来，通常每年都会长大一些。
- 鹿角刚长出来时覆盖着一层茸毛，这时的鹿角叫做鹿茸。鹿茸在发情期时会逐渐脱落。
- 鹿依靠两趾行走。趾间的味腺在地面上留下味道，好让其他鹿跟随而上。
- 鹿原产自亚洲、非洲、美洲和欧洲，后被引进到澳大利亚和新西兰。

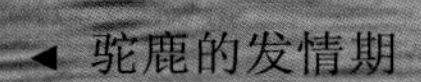

◀ 驼鹿的发情期
在交配季节的前期，即发情期，雄鹿们相互竞争与雌鹿的交配权利。它们相互咆哮，将鹿角扣在一起比试力量。

黄鹿
Muntiacus reevesi

- 体高 约55 cm
- 体重 约18 kg
- 分布 亚洲东部

雄性黄鹿长着短而尖的角，还有**两个短短的獠牙**。它们一般单独行动。这种鹿又被叫做吠鹿，当它们受到惊吓时，或在交配季节都会发出响亮的**吠叫声**。

驼鹿
Alces alces

- 体高 约2.3 m
- 体重 约825 kg
- 速度 约55 km/h
- 分布 阿拉斯加、加拿大、欧洲北部到亚洲北部和东部

这是体型**最大的鹿**，角能长到2米长。驼鹿吃嫩芽和树皮，到了夏天，经常会**趟过河流**和湖泊去吃水生植物。

白尾鹿
Odocoileus virginianus

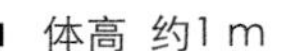

- 体高 约1 m
- 体重 约215 kg
- 速度 约64 km/h
- 分布 加拿大南部到南美北部

当白尾鹿遇到危险的时候，它翘起长而浓密的尾巴狂奔到安全的地方。**尾巴底部是白色的**，当它奔跑时，尾巴闪现的白光会警告鹿群中的其他伙伴：危险出现了。这种鹿吃各种各样的植物，这也是它们能在不同**森林生境**中生存的原因。

牛和羚羊

所有这些有蹄动物都属于同一科，即牛科。它们中一些体型巨大而多毛，另外一些则纤细而娇弱。它们中长着细长而纤弱四肢的成员，如跳羚和黑斑羚通常被称为“羚羊”。

▶ 幸存者
在几个世纪以前，由于人们过度捕杀，数以百万计的野牛就此消失。现存的野生牛群主要生活在保护区内，如怀俄明州的黄石国家公园。

小知识

长角的头部　这个科中所有的动物都长有尖锐的角，一般雌雄两性都有。它们的角不像鹿角那样分叉，而是常长成不可思议的弯曲或盘绕的形状。角的核心为骨质，外面裹着一层坚硬的被称为角蛋白的鞘。

■ 居住在沙漠的大羚羊长着笔直的有环状条纹的角，长达1.5米。

■ 转角牛羚的角形成“L”形，有明显的脊状突起，并弯向后方。

■ 亚洲水牛的角是这个群体中最宽的，宽度可达2米。

■ 黑斑羚只有雄性有角。角上有环状条纹，形状像竖琴，并有明显脊状突起。

美洲野牛

Bison bison

- 体高 1.5 – 2 m
- 体重 350 – 1,000 kg
- 分布 北美洲

野牛有时候也被叫做美洲野牛。这些大型动物成群漫步，白天的大部分时间都用来吃草和反刍。在一头雌性野牛的统治领导下，雌性野牛，或者说母牛带着它们的小牛组成群。而雄性野牛，或称公牛们，则另外成群，通常只有在交配季节它们才会接近母牛。公牛们通过惨烈的头对头的撞击来竞争母牛。

▲ 武装起来
野牛的活动范围可远达高山地区，那里的冬天十分寒冷。即使温度降到0℃以下，它们密实厚重的外套及粗而浓密的厚鬃毛也能帮助它们保持温暖。

跳羚

Antidorcas marsupialis

- 体高 70 – 87 cm
- 体重 30 – 48 kg
- 分布 非洲南部

当一只跳羚受到惊吓或者感觉兴奋时，它笔直的腿就会从地面弹起。这种跳跃被称作**“弹跳”**，跳羚能笔直跃起3米高。一只受惊的跳羚逃跑时可能会展开背上的皮肤褶皱，露出**长着白毛**的脊突。

野牦牛

Bos mutus

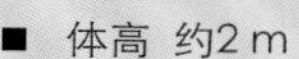

- 体高 约2 m
- 体重 重达1,000kg
- 分布 亚洲南部和东部

家养的牦牛在亚洲十分常见，但是野生牦牛却**十分罕见**。这些耐寒的动物生活于冰冷的、海拔很高的大草原地区，仅靠苔藓和地衣也能存活。为了抵御寒冷，它们穿着**双层外套**。外层是长毛外套，里面还有一层密实的衬层。

黑斑羚

Aepyceros melampus

- 体高 约90 cm
- 体重 40 – 65 kg
- 分布 非洲东部和南部

这种小型羚羊非常**灵巧**。它们能跃起很高，并快速奔跑以逃脱豹等猎食者的袭击。人们认为从它**后脚腺体**上散发的味道能帮助一群黑斑羚彼此保持联系。

麝牛

Ovibos moschatus

- 体高 1.2 – 1.5 m
- 体重 200 – 410 kg
- 分布 北美洲、格陵兰岛

麝牛仅能在北极地区找到。它们群居生活，由一头公牛和一群母牛组成。当牛群遭遇熊和狼等猎食者威胁时，麝牛会形成一个**防卫圈**，将小牛护在中央。

角马大迁徙

角马是牛科动物。大群角马漫步在非洲东部和南部平原上。在坦桑尼亚塞伦盖蒂国家公园，上百万的角马随着季节进行迁徙，从开阔的草场转移到草木繁茂的稀树大草原去寻找鲜草。

危险的旅程
迁移中的角马需要行进几百千米寻找鲜草。在穿越河流时，它们很容易遭到鳄鱼的袭击，鳄鱼以逸待劳，在那里等着它们。

角马
Connochaetes mearnsi

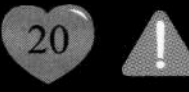

- 体高 1.5 – 2.4 m
- 体重 120 – 275 kg
- 速度 约80 km/h
- 分布 非洲东部和南部

角马又叫斑纹角马，**角长可达80厘米**。每年春天，在小角马出生之前，角马会去寻找最肥美的草场。这能催生雌性角马产奶，为小角马健康成长提供足够的营养。

▲ 迁徙中的角马能形成由25万头个体组成的群。

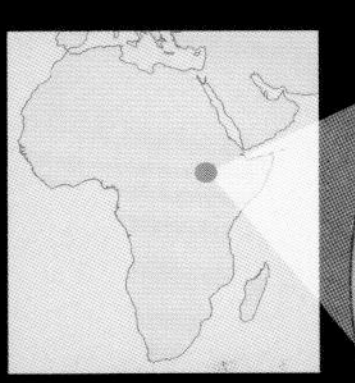
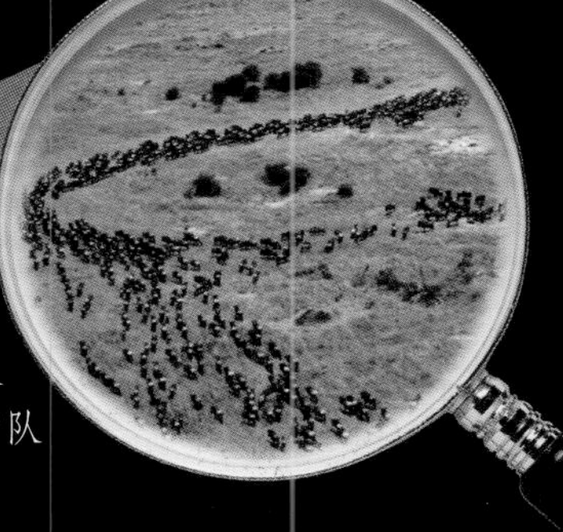

▲ 在坦桑尼亚塞伦盖蒂国家公园，角马迁徙的队伍长达40千米。

▲ 小角马在雨季出生。它们出生几分钟后就可以站立和奔跑。小角马必须和角马群待在一起，否则就可能沦为饥饿狮子的晚餐。

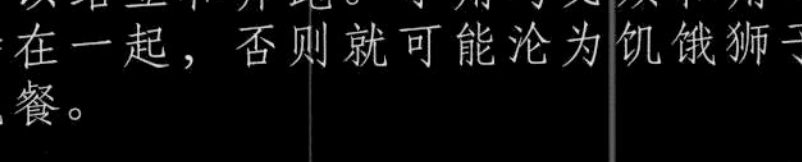

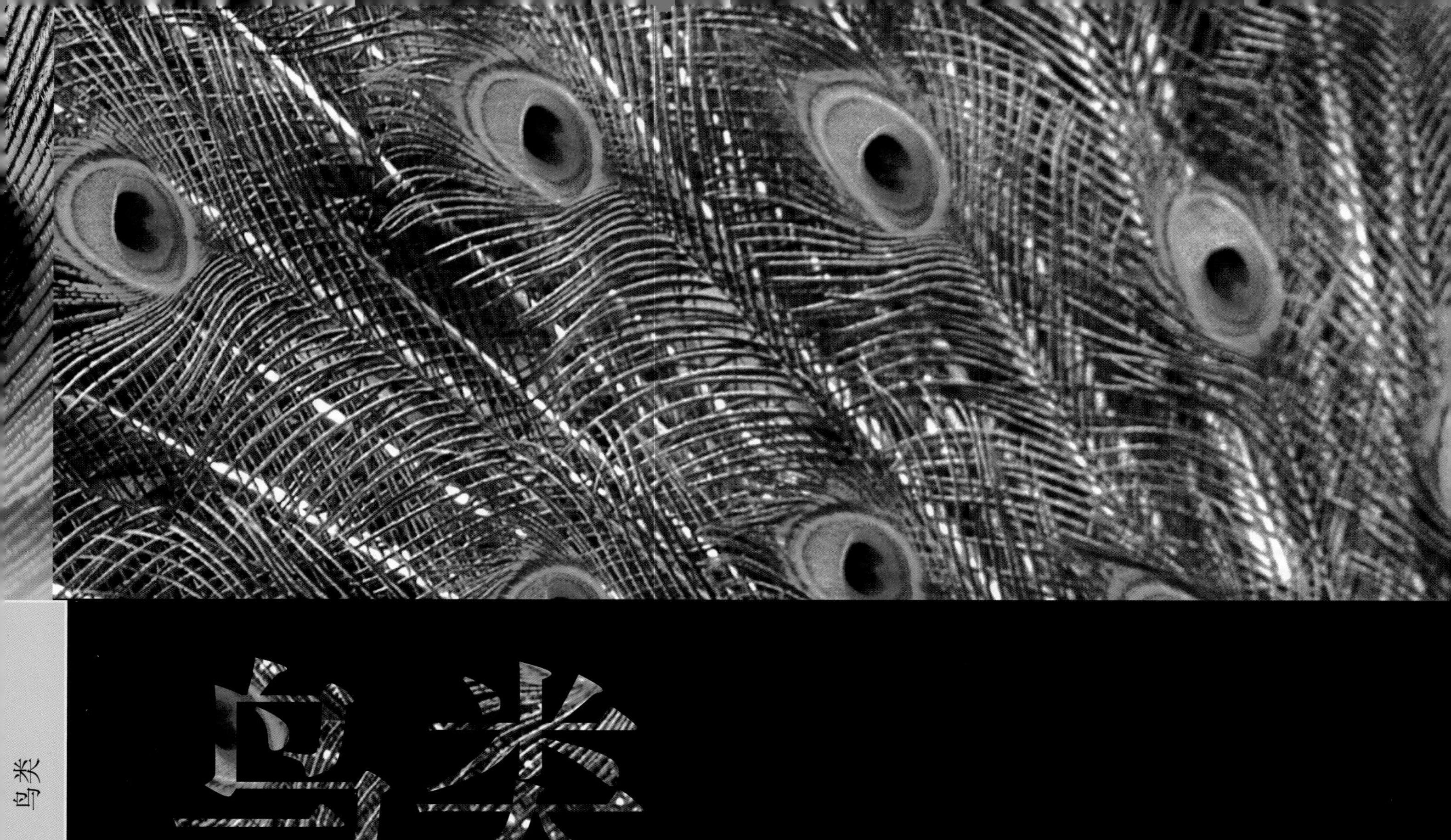

鸟类

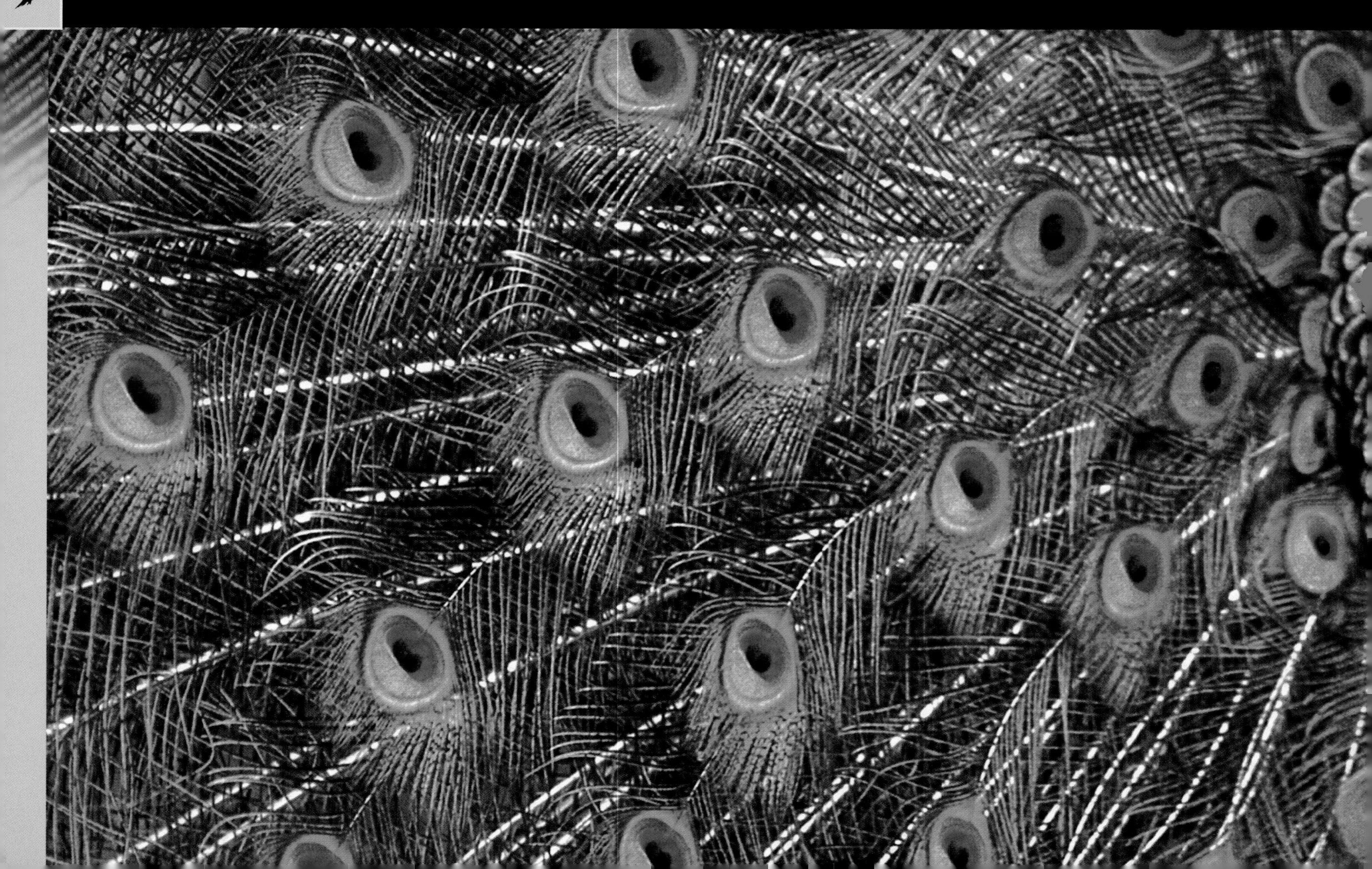

定义：**鸟类**是温血卵生动物，大部分都能飞行。它们的身体特征包括长有羽毛、有力的翅膀和中空的骨。

什么是鸟类？

鸟类是温血脊椎动物。与其他脊椎动物不同的是，它们长有羽翼和喙，而没有长着牙齿的颌。大部分都能飞行，身体结构也是特别为了适应飞行而生。

飞羽

绒羽

正羽

尾羽

蓝黄金刚鹦鹉
Ara ararauna

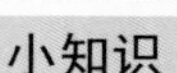

小知识

现存近10,000种鸟。按照相似性可大致分为以下几类：

- **无飞行能力的鸟**：如鸵鸟、美洲鸵、鸸鹋和企鹅。
- **水禽**：如栖息在海岸、河口或河堤的天鹅、鸭和鹅。
- **涉禽**：栖息在海岸和湿地附近的鸥和海雀。
- **猛禽**：如隼、秃鹫和鹰，它们是捕猎专家。
- **猫头鹰**：不同于猛禽的是，它们擅长在夜晚捕猎。
- **食水果和花蜜的鸟**：如巨嘴鸟和鹦鹉。
- **雀形目鸟，栖木鸟和鸣禽**：种类最多的鸟。

羽毛

羽毛的组成成分和哺乳动物毛发的成分相同，都是角蛋白，在保护鸟类免受水温和气温变化影响方面扮演着重要的角色。鸟类有4种不同类型的羽毛：绒羽、正羽、尾羽和飞羽。

▲ 绒羽很松软，可以形成温暖的隔热层。

▲ 正羽较小，为身体提供了光滑的表层。

▲ 尾羽非常精巧，用于飞行、掌握方向和展示。

▲ 飞羽是用来飞行的羽毛。它们长而坚硬，在飞翔时起提升作用。

活恐龙

现在很多科学家都相信鸟类和恐龙是近亲，因为一些恐龙看起来像是鸟类和爬行动物的混合体。

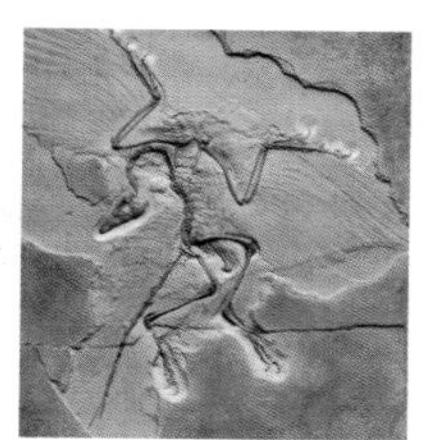

始祖鸟化石

◀ 已知最早的鸟类之一是始祖鸟，它跟鸽子大小相似，生活在1.5亿年前。

▶ 始祖鸟有长着牙齿的颌，爪子似的手指和长长的骨质尾巴，这些特征都与恐龙相似。但是它也长有羽毛。

鸟巢

大部分鸟筑巢，并在里面产卵。巢是由大量不同的材料筑成的。

草编巢

充满空气的骨骼

鸟的骨骼很轻，这有助于减轻体重，适于飞翔。实际上，很多种鸟的羽毛比它们的骨骼还重！

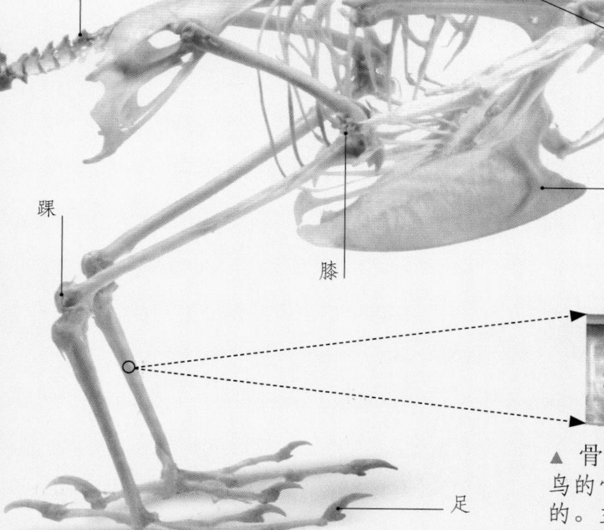

▲ 骨骼的内部

鸟的骨骼是为了减轻自身重量而设计的。主要由中空的骨构成，但内部有加固的支柱，如放大图所示。

卵和幼鸟

鸟类产下卵，将卵孵化成雏鸟。这些雏鸟依赖父母的喂食和保护。

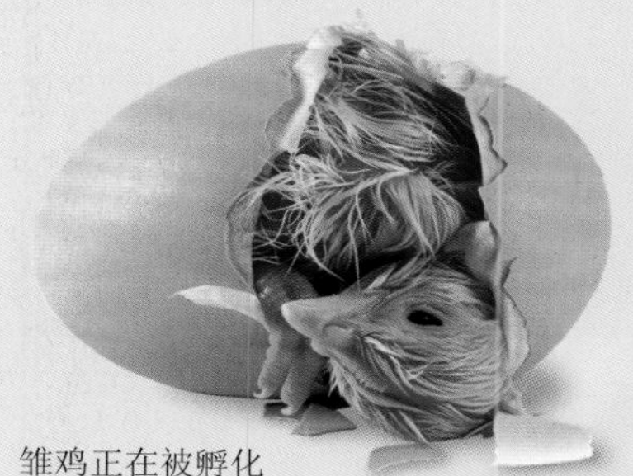

雏鸡正在被孵化

梳理羽毛

鸟类经常清理和收拾它们的羽毛，以使自己状态良好。它们将尾巴底部的腺体分泌出的油状物涂在羽毛上，起到防水的作用。

护理羽毛

喙的形状

▲ 雀类以种子为食，短锥形的喙可以使它更好地啄起掉落的种子。

▲ 蜂鸟细长的喙可以让它熟练地从花中吸出花蜜。

▲ 鹦鹉强劲锋利的钩形喙，可以让它更好地剥开坚果及剥掉果皮。

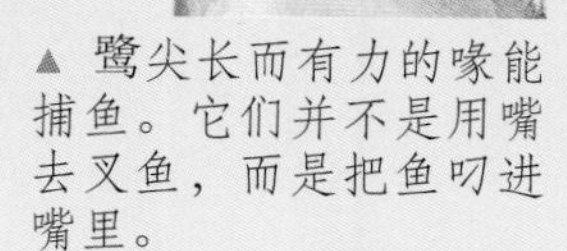

▲ 鹭尖长而有力的喙能捕鱼。它们并不是用嘴去叉鱼，而是把鱼叼进嘴里。

▲ 鹰用尖钩形的喙撕碎落入它们魔爪的猎物。

鸟的世界

世界上约有10,000种鸟，大小不同、颜色各异，生活在不同的生境中。它们虽然都有翅膀和羽毛，但并不是所有的鸟都会飞。在无飞行能力的鸟里，鸵鸟的腿强健有力，跑得飞快。企鹅则把它们的翅膀当做鳍状肢在水中快速游泳。

虎皮鹦鹉
Melopsittacus undulatus
红尾鵟
Buteo jamaicensis
仓鸮
Tyto alba
笑翠鸟
Dacelo novaeguineae
火簇拟啄木
Psilopogon pyrolophus
文须雀
Panurus biarmicus
欧亚鸲
Erithacus rubecula
凤头卡拉鹰
Caracara plancus
燕尾侏儒鸟
Chiroxiphia caudata
美洲红鹮
Eudocimus ruber
绿头鸭
Anas platyrhynchos
白盔林鵙
Prionops plumatus
最大的鸟
鸵鸟
Struthio camelus
最小的鸟
吸蜜蜂鸟
Mellisuga helenae
东非冕鹤
Balearica regulorum
王企鹅
Aptenodytes patagonicus
鸵鸟可高达280厘米。雄性吸蜜蜂鸟却只有6厘米长。
鸟类

鸟以群分

不是所有的鸟都能飞。这些大鸟是无飞行能力的鸟。它们长着小翅膀，体重却很重。然而，它们有强有力的双腿，能在乡间奔跑。但是，你如何区别鸸鹋和鸵鸟，又如何区分美洲鸵和鸸鹋呢？首先，它们来自地球上不同的地方。

我是最大的鸟。

鸵鸟是世界上最大的鸟。与其他鸟不同的是，它的每只脚上只有两个足趾。它们的腿强健有力，必要时还可以用脚踢开敌人。

鸵鸟喜欢群居，很少看到它们独行。和鸸鹋、美洲鸵一样，通常由雄鸵照看卵和雏鸟。

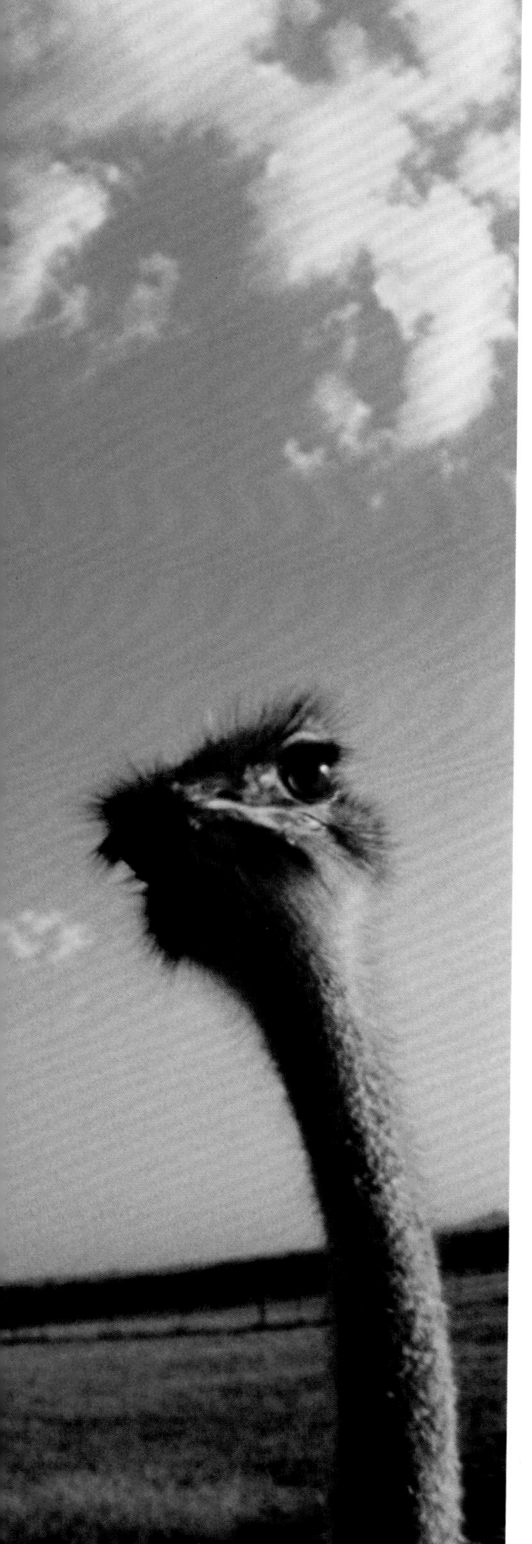

鸵鸟

Struthio camelus

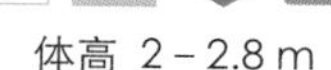

- 体高 2 – 2.8 m
- 体重 约160 kg
- 速度 约70 km/h
- 分布 非洲西部到东部（撒哈拉南部）、非洲南部

这是**世界上最大、最重**的鸟，同时也是鸟类中奔跑速度最快的。有力的双腿可使它一步能跑出5米远，一旦开跑，可以持续奔跑30分钟。它以植物（从中摄取水分）、昆虫和蜥蜴为食，也会吞下一些小石子来帮助消化。

美洲鸵

Rhea americana

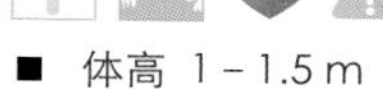

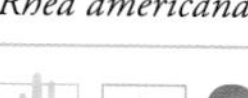

- 体高 1 – 1.5 m
- 体重 15 – 30 kg
- 速度 约60 km/h
- 分布 南美洲

美洲鸵**经常被错认作是美洲鸵鸟**，它们外表相似，但它只有鸵鸟大小的一半。美洲鸵大约 6 只为一群。它们以阔叶植物、种子、果实、昆虫、蜥蜴以及小蛇为食。一只雄鸵可与多达12只雌鸵交配，并只营一个巢供所有雌鸵产卵。

雄鸵负责看护卵以及随后孵化出的雏鸟。它们会攻击一切靠近雏鸟的物体，包括雏鸟的妈妈。

鸸鹋

Dromaius novaehollandiae

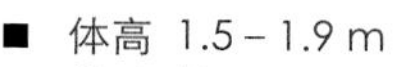

- 体高 1.5 – 1.9 m
- 体重 约60 kg
- 速度 约50 km/h
- 分布 澳大利亚

它是**澳大利亚最大的鸟**。鸸鹋**翅膀短小**，长着下垂的皮毛状羽毛。一群鸸鹋可容纳几十只成员。它们以浆果、种子和昆虫为食，且会从动物的粪便中啄食种子。

猛禽

大部分喜好肉食的鸟类都擅长捕猎。兀鹫是食腐动物，它将猎物舍弃给其他动物之后，会饱餐它们的残留物。猛禽捕食的目标视自身大小而定。有些猛禽的目标是昆虫或蠕虫，但有些猛禽的目标却是羊羔或幼鹿。

▶ 食物传递
雄性茶隼捕捉猎物，而雌性茶隼则将猎物带回家。雌隼向上飞到雄隼下方，这样雄隼就可以将食物丢进雌隼张开的嘴中。雌隼飞回去喂食小茶隼。

类群
目前猛禽（又叫肉食鸟）的数量刚过300种。它们大致可分为5类或5科。

- **雕、鹰、鸢、鹞和旧大陆秃鹫。**
- **鹫和新大陆秃鹫。**
- **鹗**
- **隼**
- **鹭鹰** 这个科很少见，因为它只有一个成员。

▶ 俯冲
隼在高空中锁定猎物，然后一个弯身俯冲下去。游隼的俯冲速度高达每小时250千米。

鸟类

小知识

- **主要特征**：大部分猛禽头较大，并有着视力优秀的大眼睛（有人认为它们可以看到4倍于人类所能看到的细节）。很多猛禽还拥有敏锐的嗅觉和超常的听觉。几乎所有的猛禽都有呈钩状强有力的喙和强壮的脚，长着用于猎杀的利爪。
- **大小**：最小的猛禽是分布在东南亚地区的小隼，体型相当于一只麻雀；体型最大的兀鹫体重达12.25千克，翼展宽达3米。

大小比较

游隼
Falco peregrinus

- 体长 34 – 50 cm
- 体重 0.5 – 1.5 kg
- 食物 其他鸟类
- 分布 全世界（除了南极洲）

游隼是世界上**行动速度最快的动物之一**，也是最大的隼之一。雌性游隼的大小大约是雄性的两倍，但是二者行动同样迅捷，是高效的猎手。它们追逐猎物，然后俯冲过去。游隼是最常见的隼。

金雕

Aquila chrysaetos

 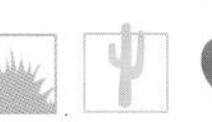 

- 体长 75－90 cm
- 体重 3－6.5 kg
- 食物 鸟类、爬行动物和小型哺乳动物
- 分布 欧洲、北美洲、亚洲、非洲北部

宽达2～3米的翼展令人印象深刻，能帮助这只庞大的鸟在天空中优雅地翱翔，时刻准备向它瞄上的任何猎物俯冲。通常只能在距离很远的地方看到它，很少能近距离面对。它的名字源自颈上的**金褐色羽毛**。

宽大的翅膀

巨大的利爪

蛇鹫

Sagittarius serpentarius

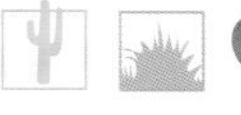  

- 体长 1.3－1.5 m
- 体重 2.5－4.5 kg
- 食物 蛇、昆虫及小型啮齿动物
- 分布 非洲中部和南部

与其他猛禽不同的是，蛇鹫长着令人惊异的长腿。它**飞快地奔跑**，追踪猎物，用脚踩踏住猎物，将它的利爪刺进猎物的身体里。

安第斯神鹫

Vultur gryphus

- 体长 1－1.3 m
- 体重 11－15 kg
- 食物 刚死掉的动物（腐肉）
- 分布 南美洲西部

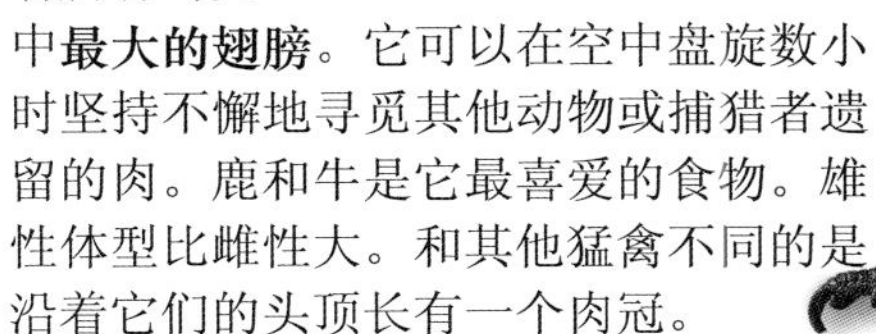

这种黑色的大型兀鹫有着所有鸟类中**最大的翅膀**。它可以在空中盘旋数小时坚持不懈地寻觅其他动物或捕猎者遗留的肉。鹿和牛是它最喜爱的食物。雄性体型比雌性大。和其他猛禽不同的是沿着它们的头顶长有一个肉冠。

苍鹰

Accipiter gentilis

- 体高 48－70 cm
- 体重 1－1.5 kg
- 食物 鸟类、爬行和小型哺乳动物
- 分布 欧洲、北美洲、墨西哥、亚洲

苍鹰是**勇敢狡猾**的猎手。它常常隐藏在树上，随时准备扑向毫无防备的猎物。如果捉到的是一只大乌鸦或野兔，它会非常满意。

凤头卡拉鹰

Caracara plancus

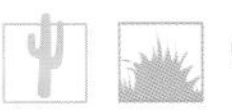 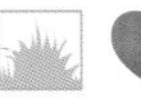  

- 体高 49－59 cm
- 体重 0.8－1.5 kg
- 食物 刚死掉的动物（腐肉）以及昆虫和小型鸟类
- 分布 美国南部、加勒比海和南美洲

凤头卡拉鹰主要以其他动物吃剩的残留物为食。它们还从别的鸟那里**偷取食物**，突袭鸟巢，并啄食路过的昆虫。

非洲白背兀鹫

Gyps africanus

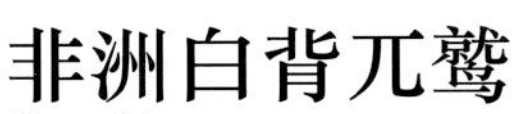

 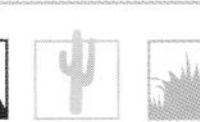  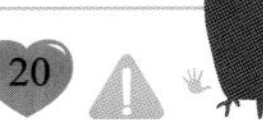

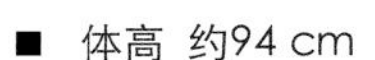

- 体高 约94 cm
- 体重 4－7 kg
- 食物 刚死掉的动物（腐肉）
- 分布 非洲中部和南部

尽管它的体型很大，但却比其他食腐动物要**胆小得多**。它会耐心等待别的动物邀其共享新鲜尸体，在分享这块肉之前，它会先将肉块推到一边。

鹗

Pandion haliaetus

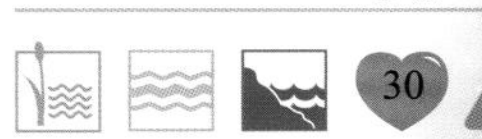

- 体高 1.5－1.7 m
- 体重 1.5－2 kg
- 食物 鱼类
- 分布 全世界（除了南极洲）

鹗简直就是**为了捕鱼而生**。它耐心地盘旋在湖泊、河流上空，等待猎物游近水面。然后闪电般地用脚牢牢抓住猎物。它的爪子能移动，抓住鱼的两侧，脚掌上的小刺帮助抓紧猎物。

白头海雕

Haliaeetus leucocephalus

20

- 体长 71 – 96 cm
- 体重 3 – 6.5 kg
- 食物 鱼类、腐肉、小型动物和鸟类
- 分布 北美洲

白头海雕是大型猛禽，翼展长达2.5米。它以白色的头颈、褐色的身体和白色的尾羽而著称，但这身羽衣在长到5岁以后就不再发育了。**雌性白头海雕较雄性要大。**

▲ 营巢

白头海雕结对生活。它们在树上或地上筑造一个很大的巢，之后会在每年回巢时增添更多的材料。每年产1～3枚卵，雌雄共同哺育后代，但最终并非所有的雏鸟都能活下来。

▲ 捕鱼为食

白头海雕会为了食物而战。有时对于它们来说窃取其他鸟的食物，比自己捕食要容易。这种情况通常发生在食物比较匮乏的冬天。

白头海雕

这种雕的名字源于它的白头，其实它并不是秃顶，它的头和颈部覆满羽毛。它因成为美国国鸟（1782年）而闻名，1940年开始被北美确定为保护动物。它的拉丁名意为“海雕”。

捕鱼时刻

白头海雕是为捕鱼而生。敏锐的视觉让它在烈日下依然能发现鱼在哪儿，因为它的眼睛上有一个骨质突起，能遮挡刺眼的阳光。一旦鱼被抓住就没有逃命的机会了。当它用长长的前爪牢固地抓住鱼时，每只脚上的后爪也随之刺进鱼的身体里。这是致命的一抓！

▲ 白头海雕能抓起相当于它体重一半的猎物。如果鱼的重量太沉，它也不会放弃猎物，它会以巨大的翅膀为桨游到岸边。然而，有时被捕获的鱼实在太大，雕也可能被拖进水中溺死。

安静的猫头鹰

这种鸟类都掌握着在夜间狩猎的技能。尤其是它们柔软的羽毛，可以使它们几乎悄无声息地俯冲向毫无戒心的猎物，尖钩状的喙和锋利的爪子能让它们快速抓住猎物并将其杀死。

▲ 照料
猫头鹰的父母都很细心。幼鸟在1～5岁期间都是在洞穴或树洞中由父母照顾，雄性外出捕食，雌性守候在周围。

◀ 难消化的物质
猫头鹰通常把猎物整个吞下，之后把无法消化的毛皮、骨头以及爪子以团状回吐出来。

猫头鹰的头骨

这幅猫头鹰头骨图显示出它的眼窝是多么的巨大。大眼睛可以帮助猫头鹰在夜晚视物。然而猫头鹰无法转动它的眼球。如需要看旁边甚至后方时，它不得不转动整个头部，在动物世界中这是一种很少见的本领。

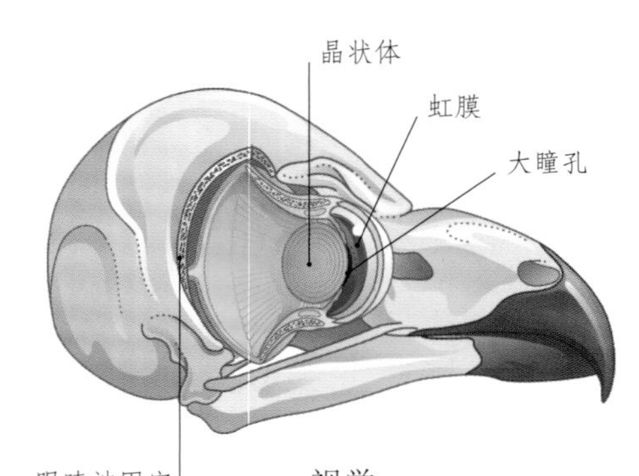

▲ 视觉
猫头鹰特殊的视觉系统使它适于夜里捕猎。

▼ 飞翔
猫头鹰飞得相当低并且没有声音。

小知识

- **种的数量**：200余种。
- **主要特征**：锋利的爪子、尖钩状的喙、可旋转的头部、大眼睛、柔软的羽毛。吞食整个猎物，回吐无法消化的部分。
- **大小**：最大的是雕鸮（*Bubo bubo*），高达70厘米。最小的侏鸺鹠（*Glaucidium minutissimum*）只有约12厘米高。

大小比较

雪鸮
Nyctea scandiaca

- 体高 55 – 70 cm
- 体重 1 – 2.5 kg
- 食物 旅鼠、兔子、水禽
- 分布 北极

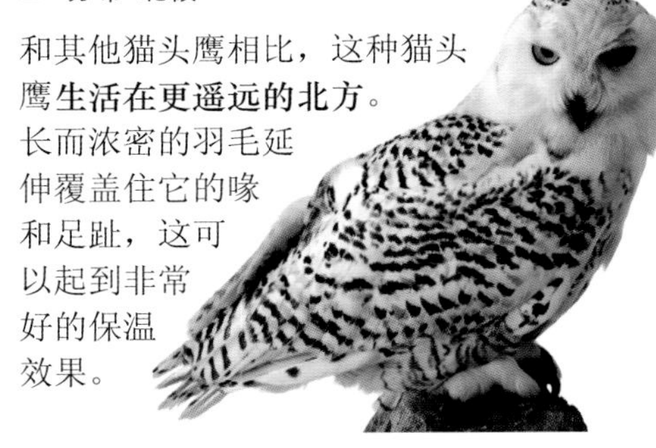

和其他猫头鹰相比，这种猫头鹰**生活在更遥远的北方**。长而浓密的羽毛延伸覆盖住它的喙和足趾，这可以起到非常好的保温效果。

眼镜鸮
Pulsatrix perspicillata

- 体高 43 – 52 cm
- 体重 600 – 1,000 g
- 食物 小型哺乳动物、昆虫和蟹
- 分布 墨西哥南部到南美洲中部

看到环绕在它眼睛周围的那**一圈白色羽毛**，就可以知道它名字的由来。它通常把家安在茂密的热带雨林中。

大雕鸮
Bubo virginianus

- 体高 50 – 60 cm
- 体重 675 – 2,500 g
- 食物 小型哺乳动物、昆虫、爬行动物、两栖动物及鸟类
- 分布 美洲

这种猫头鹰的**鸣叫声很易辨别**。它选择一个喜欢的栖息地，当锁定猎物后就会悄无声息地俯冲而下抓起猎物。雌性每次产1～5枚卵，孵化后雄鸟和雌鸟会共同照顾雏鸟至少6周。它是美洲最大的猫头鹰。

横斑渔鸮
Scotopelia peli

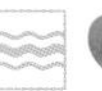

- 体高 55 – 63 cm
- 体重 2 – 2.5 kg
- 食物 鱼类和蛙
- 分布 非洲

看名字就知道**这种猫头鹰以鱼类为食**。此外，它也吃一些可以捕到的蛙及淡水动物。通常渔鸮都会生活在它们的食物源附近，因此总能在湖边、河边及沼泽地边的树洞里找到渔鸮的巢穴。弯而长的爪可以使它们牢牢抓住光滑的猎物。

仓鸮
Tyto alba

- 体高 29 – 44 cm
- 体重 300 – 650 g
- 食物 小型啮齿类动物
- 分布 美洲北部、中部及南部，欧洲、亚洲、非洲和澳大利亚

是所有猫头鹰中**分布最广的**，在远离南极洲的所有大陆都能找到它们。它会在树洞或废弃的建筑物中营巢，叫声不像通常猫头鹰的叫声，而更尖锐。

斑布克鹰鸮
Ninox novaeseelandiae

- 体高 30 – 35 cm
- 体重 150 – 175 g
- 食物 昆虫、小型哺乳动物和鸟类
- 分布 澳大利亚（包括塔斯马尼亚岛）、新几内亚岛南部、亚洲东南部

这种猫头鹰的**名字源于它与众不同的“布布克”的哭叫声**。它是澳大利亚最小的猫头鹰，经常会捕捉空中的飞虫。

普通角鸮
Otus scops

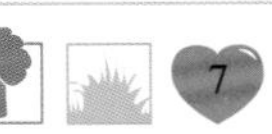

- 体高 16 – 20 cm
- 体重 60 – 125 g
- 食物 昆虫、蜘蛛、蠕虫、蝙蝠及小型鸟类
- 分布 欧洲到亚洲中部，非洲

你很难发现这种猫头鹰的身影，当它不动的时候，它的体色就融入了树皮的背景色中。当它受到惊吓时，能模仿树枝在风中摇摆的样子不断地摆动！它的叫声是**低沉的鸣叫**。

鸟类

猎禽

这种鸟通常栖息在陆地上各种各样的生境中。松鸡和雉等野生猎禽，很早就成为人类的食物源并成为狩猎运动的目标，而它们的家养近亲，如鸡等则是人类食用肉和蛋的重要来源。

小知识

■ **种的数量**：280

■ **主要特征**：猎禽大部分是陆栖动物。多数雄禽有着艳丽的羽毛和鲜艳的表皮，但雌禽外表却相对暗淡。雄禽在发情期会尽力表演从而吸引雌性。有些猎禽能利用伪装来逃过天敌的侦察。

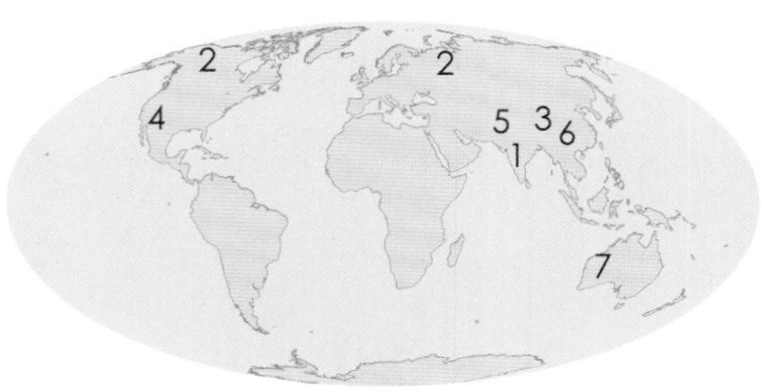

图中的数字对应图标中的数字显示鸟类分布区域

◄ 短跑冲刺

雉会用喷射般的飞行速度逃离捕食者的追捕。强健的飞行肌，能支持短时速度爆发，但是无法坚持更长的距离。

羽扇

雄孔雀在求偶期会展开羽毛来吸引雌孔雀。它会抖动竖起来的羽屏增强视觉效果。

蓝孔雀
Pavo cristatus

- 体长 1.8 – 2.3 m
- 体重 4 – 6 kg
- 食物 水果、种子、昆虫和蛇
- 分布 印度、巴基斯坦

当一只雄孔雀展开它壮观亮丽的**长长的“尾”羽时**，就不会有人将它认错了。它的每一根羽毛都是从背部而不是尾部伸展出来的，羽尾端有**颜色鲜艳的眼状斑**。

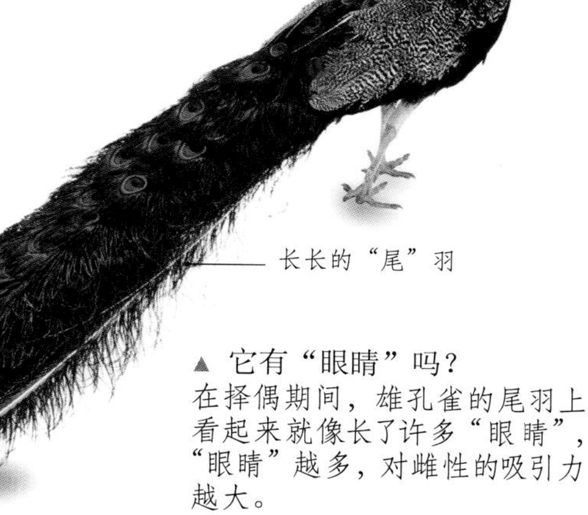

▲ 它有“眼睛”吗？
在择偶期间，雄孔雀的尾羽上看起来就像长了许多“眼睛”，“眼睛”越多，对雌性的吸引力越大。

柳雷鸟
Lagopus lagopus

- 体长 约 38 cm
- 体重 550 – 700 g
- 食物 苔藓植物、地衣、浆果，雏鸟也吃昆虫
- 分布 北半球北部

这是一种耐寒的狩猎鸟，**覆满羽毛的腿**能阻挡冬季的寒冷。多数柳雷鸟在冬季会褪下红棕色羽毛，转为白色保护色，但来自苏格兰的柳雷鸟（即红松鸡）是一个例外。

红腹角雉
Tragopan temminckii

 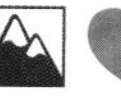  

- 体长 约64 cm
- 体重 约1,000g
- 食物 植物和昆虫
- 分布 亚洲中部及东南部

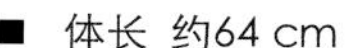

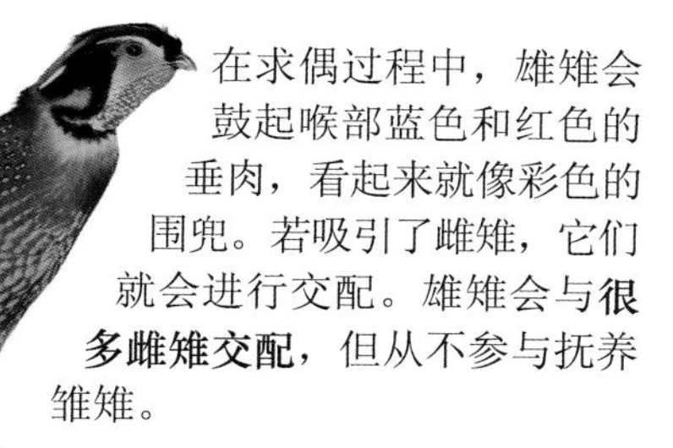

在求偶过程中，雄雉会鼓起喉部蓝色和红色的垂肉，看起来就像彩色的围兜。若吸引了雌雉，它们就会进行交配。雄雉会与**很多雌雉交配**，但从不参与抚养雏雉。

艾草榛鸡
Centrocercus minimus

- 体长 46 – 56cm
- 体重 1 – 2.5kg
- 食物 植物、昆虫
- 分布 美国科罗拉多

艾草榛鸡的胸部有两个黄色气囊，在求偶期胸部气囊充胀，并发出深深的噗噗声。它们还会用翅膀摩擦坚硬的白色胸部羽毛，发出嗖嗖的声音。

环颈雉
Phasianus colchicus

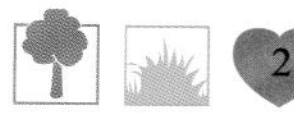

- 体长 最长 90 cm
- 体重 0.75 – 2 kg
- 食物 植物、昆虫和小型脊椎动物
- 分布 亚洲本土

作为**最常见**的猎禽之一，环颈雉被引进到很多国家。雄性的颜色要比雌性鲜艳很多，在发情期会用脸上与众不同的**红色垂肉**（肉囊）吸引雌性。

原鸡
Gallus gallus

- 体长 约80 cm
- 体重 0.5 – 1.5 kg
- 食物 主要以种子和小昆虫为食
- 分布 亚洲中部及东南部

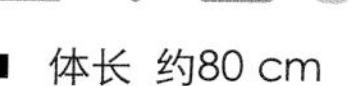

家鸡是原鸡的后代。原鸡通常生活在森林周围、村庄及农场边。

眼斑冢雉
Leipoa ocellata

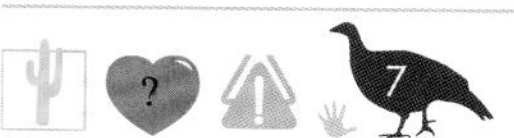

- 体长 约60 cm
- 体重 约2 kg
- 食物 花蕾、水果、种子、各种昆虫和蜘蛛
- 分布 澳大利亚西南部

眼斑冢雉非常与众不同，因为它们从**不伏在卵上**去保持其温度。眼斑冢雉和其他冢雉一样，它们会把卵放在用泥土和腐烂的植物堆积成的**天然孵化器**中，从而保持卵的温度。

▶ 给卵盖被子
若卵太凉，眼斑冢雉会添加更多泥和植物到它自制的孵化器中。

海鸟和滨鸟

海鸟和滨鸟生活在世界各地的海洋中或海岸边。海鸟一生的大部分时间都在海洋中度过，但会回到岸边繁殖。它们是强健的飞行家，有些还可以潜入海中捕鱼。滨鸟沿海岸生活。多数都长着长腿和可钻探的喙，用来寻找沙子和泥下的甲壳动物、软体动物和海生蠕虫。

白鸥

Pagophila eburnea

- 体长 40 – 43 cm
- 体重 450 – 700 g
- 食物 鱼类、海洋无脊椎动物、小型哺乳动物及腐肉
- 分布 高纬度北极地区，从加拿大和格陵兰岛到欧洲北部及俄罗斯

与其他鸥相同，白鸥也是**食腐动物**。它以北极熊等猎食者吃剩的残余物为食。由于它们生活在北极圈深处的浮冰边缘，所以人们对这种鸟知之甚少。

小知识

- **种的数量**：350种左右。
- **主要特征**：通常身体的某些部位很鲜亮，如眼睛和腿；喙的形状和尺寸各不相同，细长的喙主要用于钻探泥土，坚实的短喙则用来刺穿猎物；有些还带有盐腺，可以排出海水中过量的盐。

图中的数字对应图标中的数字显示鸟类分布区域

疯狂食宴
每年5月，鲎在美国特拉华湾产卵。这些卵是笑鸥等滨鸟的美食。

银鸥

Larus argentatus

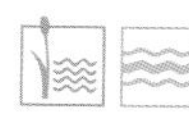  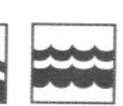  

- 体长 55 – 66 cm
- 体重 0.8 – 1.5 kg
- 食物 鱼类、无脊椎动物、小型鸟类、蛋、腐肉及人类垃圾
- 分布 北半球

这种喧闹的大型鸥在海岸地区极为常见。在较远的内陆岛上也能见到，它们在城镇中心的垃圾中寻找腐食。

褐贼鸥

Catharacta antarctica

- 体长 约60cm
- 体重 1.6 – 1.9 kg
- 食物 鱼类、海洋无脊椎动物、小型海鸟和它们的雏鸟、蛋、腐肉
- 分布 南冰洋附近的南极和次南极地区

夏季，褐贼鸥在南冰洋很多岛屿上隐蔽的岩石地区繁殖。繁育中的褐贼鸥会**凶悍地守护着它们的巢窠**，它们会张开爪子飞到入侵者的头顶上。冬季褐贼鸥会北迁，它们多数时间生活在海上。

剑鸻

Charadrius hiaticula

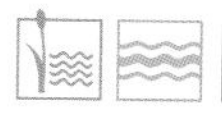 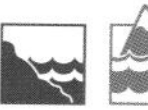   

- 体长 17 – 20 cm
- 体重 约60g
- 食物 主要为海洋无脊椎动物
- 分布 在北极和北部温带地区繁殖；很多会迁徙到非洲或亚洲过冬

剑鸻是丰满的小型涉水禽，通常在**海滩**、农田、潮滩地区**觅食**。它们用脚轻拍松软的沙地或泥土，使小型海生蠕虫和一些无脊椎动物爬到地表，然后将它们吃掉。

反嘴鹬

Recurvirostra avosetta

- 体长 40 – 45 cm
- 体重 约400g
- 食物 昆虫和甲壳动物
- 分布 欧洲、非洲和亚洲

觅食的时候，独特的反嘴鹬会用它**细长上翻的喙**在水里左右扫动。很多反嘴鹬在非洲南部或亚洲过冬，夏季迁徙到北方产卵。

蛎鹬

Haematopus ostralegus

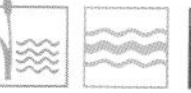 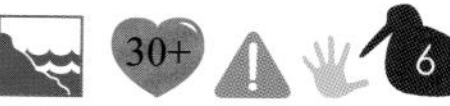

- 体长 约42cm
- 体重 约540g
- 食物 海生蠕虫和贝类动物
- 分布 欧洲、非洲和亚洲

帽贝和蚌等贝壳动物是这类引人注目的鸟最喜欢的食物，它们一找到**牡蛎**就会马上吃掉。它们用鲜艳的喙撬开贝壳，享用里面柔软的部分。

崖海鸦

Uria aalge

- 体长 38 – 46 cm
- 体重 0.9 – 1 kg
- 食物 鱼类和海洋无脊椎动物
- 分布 整个北半球南至墨西哥及非洲北部

这些**潜水专家**在捕鱼时可以潜至水下40多米。崖海鸦聚集在岩石峭崖和海蚀柱上形成一个**庞大的繁殖群**。在孵化3周后，雏鸟会从崖壁上的巢穴中飞向大海。

北极海鹦

Fratercula arctica

- 体长 25 – 30 cm
- 体重 340 – 540 g
- 食物 主要为小型鱼类
- 分布 依季节不同分布于高纬度北极地区到地中海

北极海鹦的**彩色大喙**可容纳大量的鳞鱼和西鲱等小鱼。当进食的时候，这些醒目的水鸟会集合到一起，在近海形成几英里长的水鸟群。

企鹅

这种无飞行能力的鸟只能在南半球的海洋和寒流中才能找到。企鹅是游泳健将，速度快，并很优雅，但在陆地上走路时却摇摇摆摆。为了加快在冰雪地上长途跋涉的步伐，企鹅有时会腹部着地，像雪橇一样滑行。

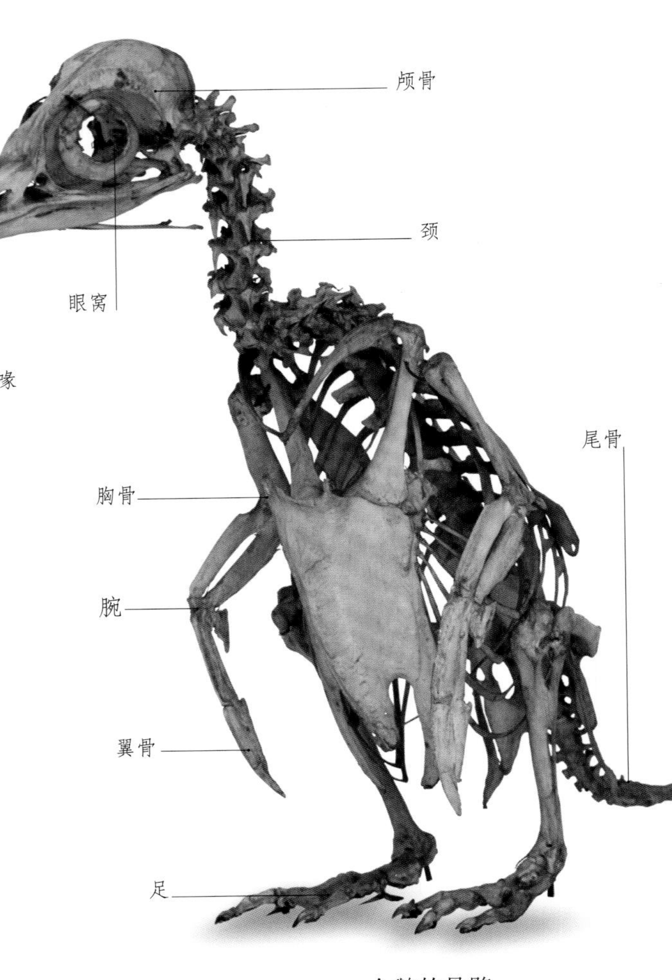

企鹅的骨骼

群体生活

企鹅将大部分时间都花费在水中捕食上。然而，当暖季来临，多数种类的企鹅都会来到陆地上组成群体生活并进行繁殖。一个企鹅群可能包含成百上千只企鹅。当大群生活时，企鹅通过鸣叫和肢体动作进行交流。

解剖

企鹅有着丰满的身体、短腿和蹼状脚。它们浓密的羽毛外套不仅防水并能保温。企鹅有一层被称作兽脂的厚厚脂肪，将它们与寒冷的天气隔离。它们的翼骨扁平，形成坚实的鳍状肢以增加力量。

王企鹅
Aptenodytes patagonicus

潜水
企鹅可以通过拍动两翼获得推力，潜入水下约290米。有些种类的企鹅游速可达每小时14千米。

小知识

- **种的数量**：17～20
- **主要特征**：群居，速度型游泳健将
- **食物**：鱼类、磷虾及乌贼
- **最大**：帝企鹅，高达115厘米
- **最小**：小企鹅，最高仅45厘米

大小比较

图中的数字对应图标中的数字显示鸟类分布区域

帝企鹅
Aptenodytes forsteri

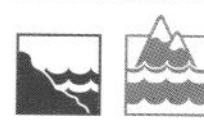

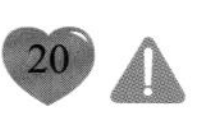

- 体高 110 – 115 cm
- 体重 35 – 40 kg
- 分布 南冰洋、南极洲

帝企鹅是唯一一种在南极洲寒冷的冬季进行繁殖的企鹅。雌企鹅每次产下唯一的卵后，就返回海里觅食。**雄企鹅**则把卵放在脚上，用腹部的悬垂皮囊盖住它，**照看两个月**。当寒冬的暴风雪来临时，雄企鹅彼此挤在一起取暖。雌企鹅会在小企鹅孵出时从海中返回喂食。

绒毛团
帝企鹅雏鸟的灰色绒毛是不防水的，所以它们无法下海。

斑嘴环企鹅
Spheniscus demersus

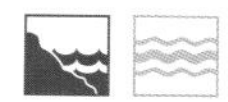

- 体高 60 – 70 cm
- 体重 约5 kg
- 分布 非洲西南海岸、纳米比亚

又叫南非企鹅或黑脚企鹅，这种企鹅**在非洲繁殖**，通常在岸边**挖洞**筑巢。人类的过度捕捞和石油泄漏使斑嘴环企鹅食物匮乏。

白颊黄眉企鹅
Eudyptes schlegeli

- 体高 约70 cm
- 体重 约6 kg
- 分布 南极洲

这是目前所知少数的**羽冠企鹅**之一，它们头上长有羽毛。一只**雌性白颊黄眉企鹅一次产两枚卵**。第一枚卵比较小，会被踢出巢，这个现象至今无法解释。

加岛环企鹅
Spheniscus mendiculus

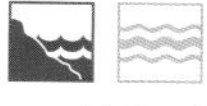

- 体高 48 – 53 cm
- 体重 2 – 2.5 kg
- 分布 加拉帕戈斯岛和伊莎贝拉岛

加岛环企鹅是**最罕见的一种**企鹅。由于生活在最北端，它们想方设法保持凉爽。**张开着翅膀**就是为了帮助身体散温。

洪氏环企鹅
Spheniscus humboldti

- 体高 56 – 66 cm
- 体重 4.5 – 5 kg
- 分布 秘鲁和智利北部

与其他企鹅相同，洪氏环企鹅也是**群居**动物。它们的巢穴紧挨在一起，通常集体捕猎。人类在区域内的过度捕捞使洪氏环企鹅的食物匮乏，**导致它们数量减少**。

小企鹅
Eudyptula minor

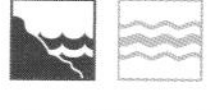

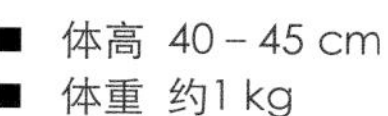

- 体高 40 – 45 cm
- 体重 约1 kg
- 分布 澳大利亚南部、东南部以及新西兰，塔斯曼海和南冰洋

最小的企鹅，同时也是唯一一种白天离岸的企鹅。大部分小企鹅生活在**沙洞或土洞**中，有的也在滚落的岩石、房屋或棚子下筑窝。

巴布亚企鹅
Pygoscelis papua

- 体高 75 – 90 cm
- 体重 约8.5 kg
- 分布 亚南极群岛

没有一种企鹅的游速可以**超过**巴布亚企鹅。它们用石头和树枝堆成环形的巢，并精心守护着它们的房产。在群体中经常有因企鹅偷了别家的卵、石而爆发的争吵。它们的卵孵化后，由**雌雄企鹅共同照顾雏鸟**。

漂泊信天翁

漂泊信天翁是世界上最大的海鸟，它的翼展竟可达3.5米。信天翁寿命很长，大部分时间都在海上翱翔，旅程长达数千千米。它们在陆地上进行繁殖。

成长

信天翁在进入成年期、找到配偶之前，要经过9年的时间。之后雄雌两禽会共度余生。

准备起飞。

漂泊信天翁有着强健的飞行肌。有人曾看到信天翁不停地跟随船只飞跨海洋而不休息。一只信天翁可以在12天内飞行6,000千米。

漂泊信天翁

Diomedea exulans

  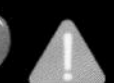

- 体高 约1.1 m
- 体重 8 – 11.5 kg
- 食物 鱼类和乌贼
- 分布 南极洲极地附近

虽然漂泊信天翁有着非常长的翼展，但每只翅膀上最宽两点间的距离只有23厘米。**狭长的翅膀**能使它轻松地在气流中滑翔。

动物保护

若干种信天翁都已濒临灭绝。很多信天翁意外地死于为捕鱼准备的饵钩，另一些则被狐或鼠类偷走了卵。现在人们正在努力对它们进行保护。

▲ 筑巢

信天翁会在用泥、草和地衣等筑成的巢内产下一枚长约10厘米的卵。双亲轮流坐在卵上孵化雏鸟，孵化后父母会喂养雏鸟9个月。信天翁繁殖很慢，可能每两年只能产下一枚卵，所以它们的成功取决于这唯一的卵孵化的雏鸟能否存活下来。

鹈鹕和它的近亲

这类大型鸟中不但包括鹈鹕还有鲣鸟、鸬鹚、鹲和军舰鸟。唯有鹈鹕和它的近亲是所有4个脚趾间都有蹼的鸟类，所以它们大多是游泳健将。虽然它们都以鱼类为食，但捕食方式各有不同。

褐鹈鹕

Pelecanus occidentalis

- 体长 1－1.5 m
- 体重 最重 5.5 kg
- 食物 主要为鱼类
- 分布 加勒比海和美洲

褐鹈鹕是8种鹈鹕中最小的，也是唯一一种潜水捕鱼的鹈鹕。它先把头扎进水里，张大嘴巴，把鱼捞进它的大喉囊中。猎物的重量时常影响着褐鹈鹕飞行。

鹈鹕跳水
当鹈鹕把翅膀向后折叠的时候，说明它准备投入水中去捕猎下顿食物了。

小知识

- **种的数量**：67
- **主要特征**：每只脚上有4个带蹼的趾；会潜水的种类有着小鼻孔或是可闭合的鼻孔（部分鹈鹕通过嘴来呼吸）；群居筑巢。
- **分布**：生活在大部分海洋的沿海水域，在内陆水域周围也有发现。
- **食物**：主要以鱼类为食，有些也吃甲壳动物、软体动物和海洋无脊椎动物。

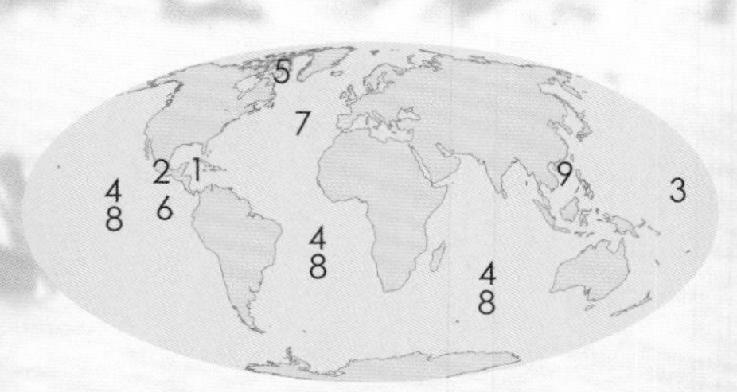

图中的数字对应图标中的数字显示鸟类分布区域

蓝脚鲣鸟
Sula nebouxii

- 体长 80 – 85 cm
- 体重 约1.5 kg
- 食物 鱼类和乌贼
- 分布 墨西哥到南美洲北部、加拉帕戈斯群岛

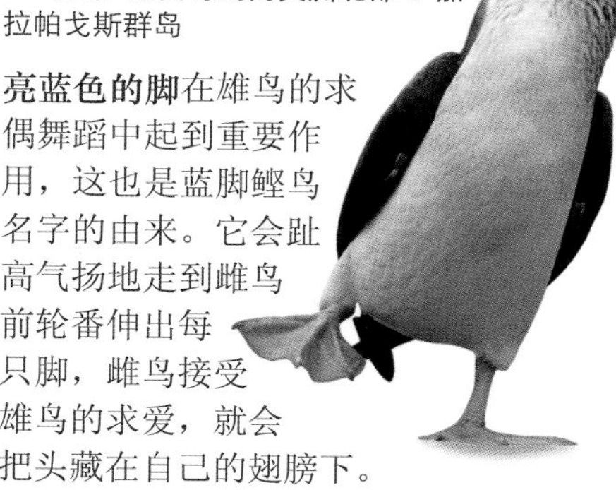

亮蓝色的脚在雄鸟的求偶舞蹈中起到重要作用，这也是蓝脚鲣鸟名字的由来。它会趾高气扬地走到雌鸟前轮番伸出每只脚，雌鸟接受雄鸟的求爱，就会把头藏在自己的翅膀下。

红嘴鹲
Phaethon aethereus

- 体长 78 – 80 cm
- 体重 600 – 825 g
- 食物 乌贼和鱼类
- 分布 大西洋热带海域、太平洋东部及印度洋北部

这种小型水鸟的大部分时间都在距陆地几百千米的**海洋上空飞翔**。红嘴鹲常在偏远的热带岛屿产卵。雌鸟在岩礁上或直接在地上产下一枚卵。它们虽然不善游泳，但可以从高空俯冲而下潜入水中抓住猎物。它们十分钟爱跃出水面的鱼。

迎风招展和尖声鸣叫
红嘴鹲边尖叫边舞动着它们流光似的尾巴，形成了一幕壮丽而嘈杂的空中求爱表演。

褐鲣鸟
Sula leucogaster

- 体长 64 – 85 cm
- 体重 0.7 – 1.5 kg
- 食物 乌贼和鱼类
- 分布 太平洋热带地区、大西洋和印度洋

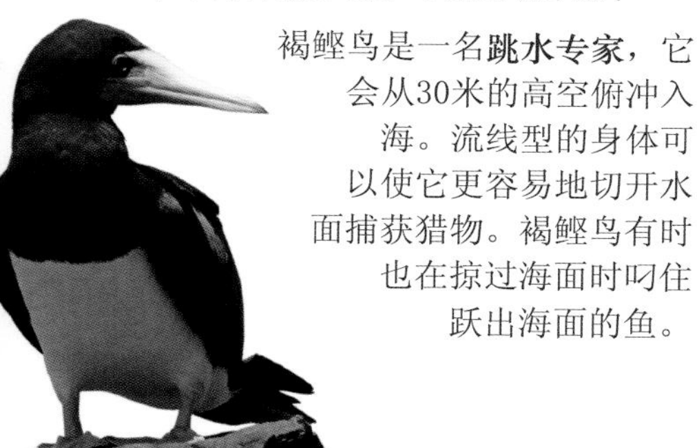

褐鲣鸟是一名**跳水专家**，它会从30米的高空俯冲入海。流线型的身体可以使它更容易地切开水面捕获猎物。褐鲣鸟有时也在掠过海面时叼住跃出海面的鱼。

普通鸬鹚
Phalacrocorax carbo

- 体长 80 – 100 cm
- 体重 最重 3.5 kg
- 食物 主要为鱼类
- 分布 北美洲东部、格陵兰岛、欧亚大陆及非洲中部到南部

普通鸬鹚身体呈流线型，非常光滑，**是跳水和游泳最理想的体型**。这种在岸边常见的海鸟可以潜入水下相当深的地方，但它们通常在浅水区捕鱼。

弱翅鸬鹚
Phalacrocorax harrisi

- 体长 约100cm
- 体重 2.5 – 4 kg
- 食物 主要为鱼类
- 分布 加拉帕戈斯群岛

弱翅鸬鹚生活在加拉帕戈斯的费南迪纳群岛和西部的伊莎贝拉海岸。这种鸬鹚已经**失去了飞行能力**。但代之以有力的腿和带蹼的脚，能追赶乌贼、章鱼、鳗鱼和其他小鱼。

北鲣鸟
Morus bassanus

- 体长 80 – 110 cm
- 体重 2.5 – 3 kg
- 食物 主要为鱼类
- 分布 北大西洋、地中海

这种鲣鸟把自己的**大部分时间都花费在了大海中**，它们在陡峭的岩礁和海蚀柱上密集营巢。一旦确立伴侣关系，就会在同一个巢中共度一生。

黑腹军舰鸟
Fregata minor

- 体长 85 – 105 cm
- 体重 1 – 1.5 kg
- 食物 鱼类和乌贼
- 分布 热带太平洋、大西洋和印度洋

在求爱期，成群的雄鸟拍打着翅膀鼓起气球似的、华丽的**鲜红色喉囊**。雌鸟则会通过雄鸟的表现选择一名为伴侣。

黑腹蛇鹈
Anhinga melanogaster

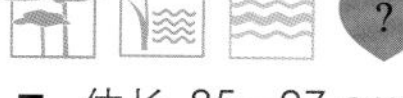

- 体长 85 – 97 cm
- 体重 1 – 2 kg
- 食物 鱼类
- 分布 亚洲南部及东南部

黑腹蛇鹈因其**长长的蛇状头部**被称作蛇鹈。它游泳时身体没入水中，头和脖子露出水面。

水禽

有些水禽可以游泳和潜水，有一些却只能在湖边浅滩上涉水，更甚者只能借助浮萍小跑着渡过水面。多数水禽也能飞得很好。一些天鹅和鸭每年都要在它们的繁殖地和过冬地之间长距离地迁徙。

疣鼻天鹅

Cygnus olor

- 体高 1.2 – 1.6 m
- 体重 9.5 – 12 kg
- 食物 水生植物、小型鱼类、昆虫、青蛙
- 分布 北美洲、欧洲、非洲、亚洲、澳大利亚

虽然疣鼻天鹅不会像其他天鹅那样吵闹，但也**并不安静**。它们有时发出嘶嘶声或喷鼻声。疣鼻天鹅的飞行速度**可达每小时50多千米**。当天鹅飞过头顶时，可以听到它的翅膀发出响亮的咔咔声。

小知识

- **主要特征**：像鸭和天鹅这类游禽，都有着蹼足和防水羽毛。有些水禽在水中摄食，通过潜水或钻入水中的方式觅食，有的则在陆地上寻找食物。

◀ 头部先行
头先向下扎入水中，这种方式可以使鸭或天鹅尽量下潜捕捉水中的食物。

起飞
疣鼻天鹅要使自己沉重的身体飞起来，需要经过一段很长的助跑。也就是用脚做出生硬的蹬车动作，同时抖动翅膀。

黑天鹅
Cygnus atratus

- 体高 1.1 – 1.4 m
- 体重 5 – 6 kg
- 食物 植物（主要是水生植物）
- 分布 澳大利亚（包括塔斯马尼亚岛）、新西兰

黑天鹅有时会数千只组成一群一起旅行。它们通常一起**营巢**，但也有些配偶会远离群体。在欧洲，黑天鹅被人们当作**观赏**宠物。

肉垂水雉
Jacana jacana

- 体高 17 – 25 cm
- 体重 90 – 125 g
- 食物 昆虫、水生无脊椎动物、稻种
- 分布 中美洲南部、南美洲

八字形的大脚分摊了身体的重量，可使它**在浮叶植物上行走**而不会下沉。雌性**肉垂水雉**通常有**几个雄性配偶**，它将卵产在漂浮的巢中。

凤头䴙䴘
Podiceps cristatus

- 体高 46 – 51 cm
- 体重 0.6 – 1.5 kg
- 食物 鱼类，水生无脊椎动物
- 分布 欧洲、亚洲、非洲、澳大利亚、新西兰

黑色的头羽和颈部壮观的翎羽在凤头䴙䴘的求爱仪式中得到最佳展示。一对凤头䴙䴘会**在水上**表演复杂的**舞蹈**，并彼此赠送用草编的礼物。

普通秋沙鸭
Mergus merganser

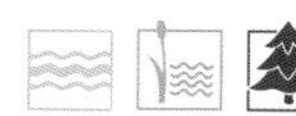 

- 体高 58 – 66 cm
- 体重 1.5 – 2 kg
- 食物 鱼类
- 分布 北美洲、欧洲及亚洲

普通秋沙鸭是一种与众不同的鸭，因为它细长的喙边缘具有**锋利的尖锐齿状物**，这意味着它能牢牢地叼住身体光滑的鱼类。秋沙鸭把头钻入水下，**扑向**猎物。

雄性秋沙鸭

绿头鸭
Anas platyrhynchos

- 体高 50 – 65 cm
- 体重 1 – 1.5 kg
- 食物 水生植物、草、小型水生无脊椎动物
- 分布 北美洲、格陵兰岛、欧洲和亚洲

绿头鸭是鸭中**最常见**的一种，遍布北半球都有它的身影。大部分家鸭都是绿头鸭的后代。雄鸭和雌鸭可以通过显眼的**蓝色翼斑**分辨。

疣鼻栖鸭
Cairina moschata

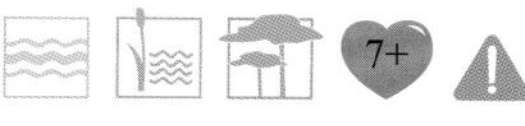

- 体高 66 – 84 cm
- 体重 2 – 4 kg
- 食物 树叶、种子、昆虫、小型水生无脊椎动物
- 分布 美洲中部、南美洲北部

人工驯养的疣鼻栖鸭遍布全世界，它们呈现出多种颜色。野生的疣鼻栖鸭满覆**黑色羽毛**，翅膀上点缀着若干白色的羽毛。

鸳鸯
Aix galericulata

   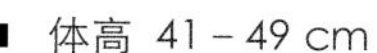

- 体高 41 – 49 cm
- 体重 500 – 625 g
- 食物 植物、昆虫、蜗牛
- 分布 欧洲西北部、亚洲东部

鸳鸯在水中和陆地上都有巢。为避开天敌有时也把巢筑在高高的树上。由于雄性鸳鸯身上**奇异的羽毛**，使得这种鸟常被圈养起来。

角叫鸭
Anhima cornuta

- 体高 80 – 95 cm
- 体重 2 – 3 kg
- 食物 树叶、草、种子
- 分布 南美洲北部

角叫鸭是叫鸭的一种。叫鸭是**重量级**鸟类，看起来就像大型家禽。角叫鸭头上伸出来的角，其实是很长的**羽毛翎管**。它的叫声更接近于雁叫声或猫头鹰叫声。

迁徙：雪雁

有些鸟类每年沿着天空中只有它们自己能看到的“大路”飞行数千千米。例如雪雁，沿着制定的迁徙路线，寻找着更富饶的觅食地或返回产卵地。

我们是一个大家庭
雪雁是强壮的鸟类，它们在回巢的路上，连续飞行10余周却只休息9次。整个家庭一起飞行，在空中形成一个极为庞大的鸟群。

大雪雁

Anser caerulescens atlanticus

- 体长 69–83 cm
- 体重 重达 2.7 kg
- 速度 高达 95 km/h
- 分布 加拿大、格陵兰岛、北美东部

这种白色的雁，羽毛的末端呈黑色。有些大雪雁**羽毛是蓝灰色**的，一度被认为是别的种，但现在知道其实是同一种雪雁。一对雪雁会彼此陪伴终生。

▲ V形队列
为什么迁徙中的雪雁要排成V形队列呢？这意味着每名成员都可在前一名成员带起的气流中飞翔，这样可以少做动作，节省体力。而头鸟则会频繁地更换，因为那个位置非常累。

► 吃草
雪雁在植被丰饶的湿地上吃草。它们主要以水生植物、草根、青草、谷物为食。它们吞下少量的沙子和砂砾，帮助消化。

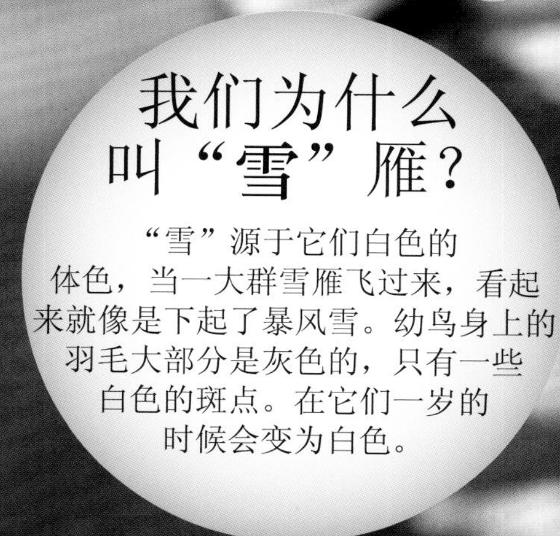

我们为什么叫“雪”雁？

“雪”源于它们白色的体色，当一大群雪雁飞过来，看起来就像是下起了暴风雪。幼鸟身上的羽毛大部分是灰色的，只有一些白色的斑点。在它们一岁的时候会变为白色。

年度迁移

雪雁在北极冻原进行繁殖，但在9月冬季来临时，会组成庞大喧闹的雪雁群，群体数量达10万多只，向南迁移约5,000千米。来年春天再返回北极。

我的羽毛真亮丽。

翠鸟的羽毛闪闪发光，因为它们有着彩虹般的色彩。羽毛具有半透光层，使光散射开来像肥皂泡一般，在你眼前折射出生动耀眼的色彩。

◄ 捕鱼之王
威风的翠鸟头向下扎入水中，用又长又直的喙叼住猎物。

翠鸟和它的近亲

翠鸟因它的捕鱼手段而知名，但它的很多亲戚却居住在远离河流和溪涧的地方。包括蜂虎、戴胜鸟和犀鸟。这类鸟栖息在森林中，遍布全世界。

小知识

- **种的数量**：191
- **主要特征**：与它们紧凑的身体相比，有着大大的头和喙；腿通常很短，两个足趾几乎与足底融合，很多种类都有着艳丽的羽毛；所有种类都在洞中营巢。
- **身体大小**：最大的是犀鸟，长约1.5米；最小的是短尾鴗，只有10厘米长。

大小对比

普通翠鸟
Alcedo atthis

- 体长 16－19 cm
- 体重 约35 g
- 食物 鱼类为主
- 分布 亚欧大陆、北非

站在欧洲的河边或者溪边，你可能会看到一抹鲜艳的色彩一闪而过，这是一只**敏捷而活跃**的翠鸟飞过。捕到食后，翠鸟飞回它喜爱的栖息地，先敲击那条不幸的鱼的头，然后将它整个吞掉。

斑鱼狗
Ceryle rudis

- 体长 约25 cm
- 体重 约90 g
- 食物 鱼类
- 分布 非洲、亚洲南部及东南部

这种鸟的**繁殖行为很罕见**。一对配偶孵化的雏鸟需要多达4只其他翠鸟来帮助喂养。这些好心的翠鸟可能是前一窝幼鸟，也可能毫无关系。这些鸟儿平等地待在一起，在海边或是河边捕食。

黄喉蜂虎
Merops apiaster

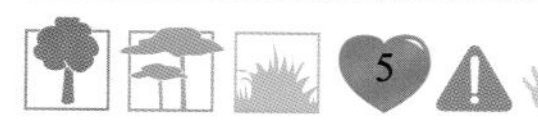

- 体长 27－30 cm
- 体重 约70 g
- 食物 针昆虫
- 分布 欧洲、亚洲中部和非洲

正如它的名字所示，这种**色彩鲜艳**的蜂虎喜欢吃针昆虫，如蜜蜂、大黄蜂和胡蜂。在吞掉它的猎物前，蜂虎会在栖木上摩擦猎物尾部，再用喙挤压昆虫身体除掉螯针。用这种方法，黄喉蜂虎**每天能吃掉250多只针昆虫**。

双角犀鸟
Buceros bicornis

- 体长 约1.5 m
- 体重 约3 kg
- 食物 水果和小型脊椎动物
- 分布 亚洲南部及东南部

这种大型犀鸟的头顶有一个**大黄头盔**，被称作**盔突**。谁也不知道这个盔突为何而生。也许是吸引异性的一种方式，据知雄性在打斗中用它来撞击对手。

南黄弯嘴犀鸟
Tockus leucomelas

- 体长 50－60 cm
- 体重 约250 g
- 食物 水果和昆虫
- 分布 非洲南部

这种犀鸟是**热带稀树大草原的常见鸟类**，它们在草原上寻觅昆虫、蜘蛛、蝎子和无花果等食物。这些犀鸟**和纳塔尔矮獴共同列队警戒**，作为回报，獴会帮助犀鸟驱赶蝗虫。

绿林戴胜
Phoeniculus purpureus

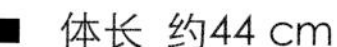

- 体长 约44 cm
- 体重 约75 g
- 食物 昆虫、蚯蚓、蛞蝓、蜗牛和蜘蛛
- 分布 非洲撒哈拉以南

绿林戴胜在它的同类中属于颜色艳丽的一种。它是非常**灵敏的爬树好手**。利用细长弯曲的喙探取出树皮中的昆虫和无脊椎动物。它们组成紧密的小团体，最多可达16只，由一对配偶统领。

蓝顶翠鴗
Momotus momota

- 体长 约46 cm
- 体重 约150 g
- 食物 主要为昆虫
- 分布 美洲中部到南美洲中部、特立尼达岛和多巴哥岛

绚丽多彩的蓝顶翠鴗**白天大部分时间都在栖息地中安静地度过**，像钟摆似的摇着它那球拍状的尾羽。

笑翠鸟
Dacelo novaeguineae

- 体长 40－45 cm
- 体重 约350 g
- 食物 昆虫、蜗牛和小型脊椎动物
- 分布 澳大利亚南部（包括塔马尼亚岛）和新西兰

这种鸟颜色暗淡，声音沙哑。笑翠鸟是**体型最大**的翠鸟，为了保持体型，它会吃青蛙、鸟类、鱼类和蛇等小型哺乳动物。

红鹳

红鹳群体营巢，上千只鸟的群体，巨大而嘈杂。
这种色彩鲜艳的鸟，生活在热带和亚热带地区。它们的巢宽广巨大，这样每只红鹳都有足够的休息空间，不会彼此碰撞，这是一个防止互相被啄到的好办法！

小红鹳

Phoeniconaias minor

- 体高 最高1m
- 体重 最重2kg
- 羽色 雌雄相似
- 分布 非洲中部、西部和南部

体型**最小的红鹳**，同时也是数量最多的一种。像所有的红鹳一样，它们喜欢群居，有的群体有100多万名成员。它们通常在黄昏和天黑后觅食。

与众不同的喙

红鹳在浅滩上涉水觅食，用脚搅动河底的淤泥。取食的时候头部几乎竖直向下，用它们特别的喙左右摆动着筛选食物。大型红鹳以甲壳动物、软体动物和蠕虫为食。小型红鹳以微型水藻为食。

丰年虫

为什么是粉红色的？

红鹳的粉红色来源于它们从食物中摄取的天然色素。天然色素源自水藻，一种微型的有机植物。红鹳要么直接吞食水藻，要么吃掉以水藻为食的丰年虫，后者形成了一个小型食物链！

我可以用一条腿站着睡觉。

红鹳经常用一条腿站立。有人认为这样可以减少腿部和脚部消耗的热量。

红鹳用泥堆积成一个扁平的圆锥形的巢，同一个群落中的红鹳会在前后几天内一起产卵和孵化。一个多星期后，雏鸟将会组成一个庞大的托儿所。

鹭和它的近亲

瘦长的腿、蛇状的颈和能刺穿东西的大喙是鹭共有的特征。这类动物包括鹳、白鹭、琵鹭、麻鳽及朱鹭。它们中的大多数生活在淡水附近并以鱼为食。鹭是隐秘的猎手，它们会安静地潜伏在一旁，然后闪电般出击俘获猎物。

▶ 捕鱼高手
稀有的巨型白鹭是大蓝鹭的一种，只生活在佛罗里达群岛。

小知识

- **种的数量**：115
- **主要特征**：这种鸟大多数脚趾张开，这既可以使它们在浅水和泥中跋涉，又能方便它们站在树上。除在繁殖季节外，它们通常都独自生活。大部分都是飞行高手。

图中的数字对应图标中的数字显示鸟类分布区域

▼ 在奔跑
苍鹭求爱时的表现方式有奔跑和展翼腾跃。苍鹭宽阔的翅膀两端距离能达1.5米。

美洲麻鳽
Botaurus lentiginosus

- 体高 58 – 86 cm
- 体重 370 – 500 g
- 分布 美洲北部和中部

麻鳽的**条纹羽衣**可以很好地帮助它隐身于芦苇丛中。当它受到惊吓时，就会昂着头**一动不动**。这个姿势使它不易被察觉。然而它轰鸣的叫声则让它很容易被发现。

美洲红鹮
Eudocimus ruber

- 体高 55 – 70 cm
- 体重 600 – 750 g
- 分布 南美洲

美洲红鹮身上鲜亮的羽毛颜色来自于所吃食物中的色素。它们喜欢像沼泽一样潮湿、泥泞的地方，但为了安全，通常在水面上方的树上营巢。如果有可能的话，它们会在**岛屿上营巢**，在那里它们的卵和雏鸟可以避开捕食者带来的危险。

绿鹭

Butorides striata

- 体高 43 – 50 cm
- 体重 200 – 250 g
- 分布 非洲、亚洲、澳大利亚、南美洲

也被称为绿背苍鹭，这种小而**神秘的食鱼专家**花费大量的时间在浓密的地方隐藏自己。它有时在夜间觅食。绿鹭是狡猾的猎人。它会以昆虫等**作饵**，吸引鱼露出水面。

非洲秃鹳

Leptoptilos crumeniferus

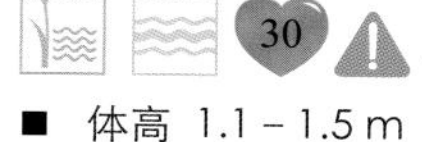

- 体高 1.1 – 1.5 m
- 体重 4 – 9 kg
- 分布 非洲

秃秃的头部、颈部以及**长长下垂的喉囊**，赋予了非洲秃鹳一个与众不同的形象。在求爱期，它用喉囊发出叫声和呼噜声。非洲秃鹳在天空中展开它3米的翼展时显得很威严。这种鸟几乎什么都吃，鱼、昆虫、蛋，其他鸟类或死掉的动物都在它的食谱之内。

鲸头鹳

Balaeniceps rex

- 体高 约1.2 m
- 体重 5.5 – 6.5 kg
- 分布 中非东部

这种鹳外表奇特，巨大的喙呈木屐形，它的名字由此而来。尖锐的**锯齿状**喙是捕捉猎物的可怕利器。鲸头鹳可以**砸开龟壳**或折断小鳄鱼的头。大多单独生活。找到配偶后会共同营巢并抚育雏鸟。

牛背鹭

Bubulcus ibis

- 体高 48 – 53 cm
- 体重 约300 g
- 分布 欧洲南部、非洲、东南亚、澳大利亚、美洲中部和南部

牛背鹭曾经只生活在非洲，但现在已经散播到很多地区。在交配季节，牛背鹭的头部和背部会长出**长羽毛**。

苍鹭

Ardea cinerea

- 体高 90 – 98 cm
- 体重 约1.4 kg
- 分布 欧洲、撒哈拉沙漠以南的非洲、亚洲

长长的喙，尖端很锋利。

当苍鹭等待捕鱼时，会缩回长长的颈站在那里一动不动。若锁定猎物，它在**一秒钟内就会作出反应**，迅速伸出脖子和喙捉住猎物。

大蓝鹭

Ardea herodias

- 体高 0.9 – 1.4 m
- 体重 2.1 – 2.5 kg
- 分布 北美洲

翼展长达1.8米多，是**世界上最大的鹭之一**。大蓝鹭既在陆地上捕食也在水中捕食。它的食物包括啮齿类动物、蜥蜴甚至还有蛇。它在吞下猎物前，会将猎物先抛到空中。

非洲琵鹭

Platalea alba

- 体高 约90 cm
- 体重 约1.6 kg
- 分布 非洲南部

非洲琵鹭捕鱼时**用喙在水中一遍遍地扫荡**。它的食物包括水生昆虫、甲壳动物和鱼类。非洲琵鹭会用喙的扁平末端困住猎物。

鹦鹉

鹦鹉和它的近亲因为身上艳丽的羽毛和刺耳的叫声，很容易被认出。这类动物包括长尾鹦鹉、金刚鹦鹉、吸蜜鹦鹉、凤头鹦鹉、鸡尾鹦鹉和虎皮鹦鹉等。很多鹦鹉是很受欢迎的宠物。

动物保护

所有鹦鹉种类中，至少有1/4面临着灭绝的危险。野生鹦鹉数量大量衰减主要有两个原因，一是它们的家园尤其是热带雨林不断减少，另一原因则是被捕猎者俘获，将它们当做观赏宠物进行买卖。

小知识

- **主要特征**：钩状喙、大头、短颈、脚掌强壮有力，前后部各有两个脚趾并长有锋利的爪子，便于抓握。
- **大小**：最小的是红胸侏鹦鹉，只有8厘米长。最大的是紫蓝金刚鹦鹉，体长达1米。

大小比较

上颌绞合点

下颌绞合点

上喙

下喙（用来砸开坚果）

多功能喙 鹦鹉的喙所能张开的程度远远超过你的想象，因为有着极为灵活的绞合点连接着上喙和颅骨。它结实的钩状喙就像是第三条腿，在爬树时能牢牢抓住树枝。

绯红金刚鹦鹉

进食

鹦鹉有着灵活的脚，甚至可以当作手来用。在进食时，它们经常一只脚抓着食物，然后用锋利灵活的喙撕咬食物。

鹰头鹦哥
Deroptyus accipitrinus

50+

- 体长 约36 cm
- 体重 200－300 g
- 食物 种子、坚果、水果、花蜜、花粉、昆虫
- 分布 南美北部

一般情况下这种鹦鹉不太引人注意。但当它受到惊吓或兴奋时，就会展开**鲜红色颈羽**，围绕脸部形成扇形。这使得它看起来更大一些，并有可能吓退潜在的掠食者。

红领绿鹦鹉
Psittacula krameri

15+

- 体长 约40 cm
- 体重 约125 g
- 食物 种子、坚果、水果、花、花蜜
- 分布 非洲西部至东部、亚洲东南部和南部

这种鹦鹉比其他鹦鹉的分布范围更广泛。因为在欧洲和北美洲，有很多宠物鸟被**放生野外自然繁殖**。

虹彩吸蜜鹦鹉
Trichoglossus haematodus

15+

- 体长 约30 cm
- 体重 约150 g
- 食物 花粉、花蜜、水果、种子、昆虫
- 分布 新几内亚岛、亚洲东南部、太平洋西南部、澳大利亚（包括塔斯马尼亚岛）

这是所有鹦鹉中颜色最丰富的一种。它们的羽毛通常混合了多种艳丽的色彩，极其漂亮，但也有一些颜色看起来稍微暗淡一些。吸蜜鹦鹉的**舌头上有刺毛**，可以使它更容易从花中收集花粉和花蜜。

虎皮鹦鹉
Melopsittacus undulatus

10

- 体长 约18 cm
- 体重 约25 g
- 食物 种子、草、树叶
- 分布 澳大利亚

很多人只知道这种友好的鹦鹉是宠物。但在澳大利亚，一大群野生虎皮鹦鹉飞过草地却是非常常见的景象。**野生的虎皮鹦鹉通常是绿色的**，黄脸，蓝尾。自1840年这种鸟被引进欧洲经培育后，已经产生了很多种颜色。

多种色彩 圈养繁殖的虎皮鹦鹉，颜色众多，有蓝、灰、绿、黄、紫、白等颜色。

紫蓝金刚鹦鹉
Anodorhynchus hyacinthinus

50+

- 体长 约1 m
- 体重 约1.5 kg
- 食物 棕榈果、种子、水果、昆虫
- 分布 南美洲中部

体型最大的鹦鹉，虽然尾巴占了身体总长度的一半！它们被认为是温和的大型鹦鹉，这些高智商的鹦鹉喜欢群居，它们经常成群或结对出现。寿命很长，终身只有一个伴侣。

鸟类

粉红凤头鹦鹉
Eolophus roseicapillus

20+

- 体长 约35 cm
- 体重 约325 g
- 食物 种子、草、树叶、水果
- 分布 澳大利亚（包括塔斯马尼亚岛）

这种**喧闹的鹦鹉**分布非常广泛，也是凤头鹦鹉中最常见的一种。它们成群聚集，掠夺农夫的劳动成果，是一种害鸟。

鸡尾鹦鹉
Nymphicus hollandicus

15+

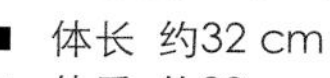

- 体长 约32 cm
- 体重 约90 g
- 食物 种子、坚果、水果
- 分布 澳大利亚

它是**凤头鹦鹉中最小的一种**，美丽的色彩和鲜艳的黄色大羽冠使它成为非常受欢迎的宠物。它的羽冠在休息或进食时会落下。雄性鹦鹉尾羽底部呈黑色，雌性则呈黄色。

鸮鹦鹉
Strigops habroptila

45+

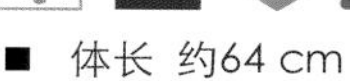

- 体长 约64 cm
- 体重 约2 kg
- 食物 植物汁液、草、树叶、种子、水果、花蜜
- 分布 新西兰

鸮鹦鹉是无飞行能力的鸟，所以对于捕食者来说，它们非常弱小。野外已经灭绝，但是在1987～1992年间，为数不多的鸮鹦鹉被带到远离新西兰海岸的安全的岛上，那里没有它们的3种天敌。

蜂鸟

这种鸟的翅膀拍打起来呈8字形，这令它们能最大程度地控制飞行。它们是唯一可以向后飞行，甚至可以倒置飞行的鸟类。当需要用长喙吸食花蜜的时候，它们也可以悬停在空中。

我的翅膀模糊不清！

小型蜂鸟每分钟可拍打翅膀4,200次左右，即每秒钟约70次！一只小型吸蜜蜂鸟的振翅速度更快，在求爱表演中每秒钟可拍打约200次。

红喉林星蜂鸟
Calliphlox bryantae

饮食

蜂鸟不是仅以花蜜为食，光吃花蜜不足以维持生命。它们还捕食昆虫和蜘蛛来补充必要的蛋白质、维他命和矿物质。

吸蜜蜂鸟

Mellisuga helenae

- 体高 5–6cm
- 体重 约2g
- 分布 古巴、派恩斯岛

世界上最小的鸟类，雄吸蜜蜂鸟比雌吸蜜蜂鸟更小。与雌鸟不同的是，雄吸蜜蜂鸟的头部和颈部有七彩的羽毛。雌鸟会在胡桃大小的巢中产下还没有豌豆大的卵。

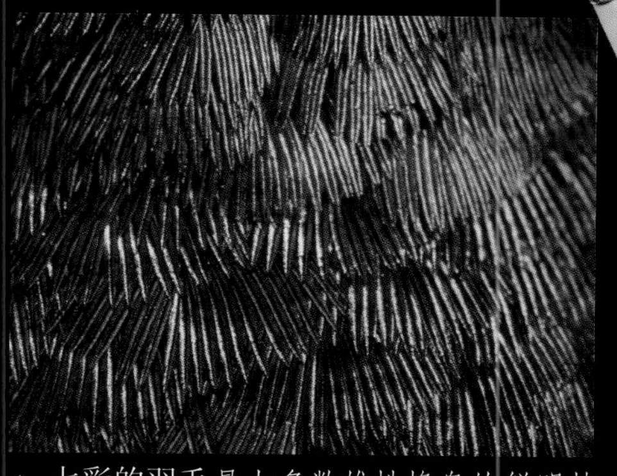

▲ 七彩的羽毛是大多数雄性蜂鸟的鲜明特征。它们的羽毛闪耀着金属光泽。为什么呢？这种光泽可以帮它们吸引雌性。当雄鸟寻觅雌鸟时，会在阳光下栖息，七彩的羽毛熠熠发光。

▶ 没有蜂鸟的重量会超过24克。这大概相当于一汤匙糖的重量。最大的蜂鸟是巨蜂鸟。

小知识

蜂鸟有很多种，但都发现于美洲。它们都拥有尖长的喙，用来伸入花中吸食花蜜。

啄木鸟和巨嘴鸟

这种林木鸟类有着突出的喙，有的大而鲜艳，有的又细又长，像匕首一样精巧锋利。由于有抓力超强的脚，它们可以在树干侧面跑上跑下，如履平地。

小知识

- **种的数量**：仅有400余种，分为6大类或科。
- **主要特征**：大喙，强壮的鹦鹉般的脚，脚掌前后各有两个脚趾，有助于抓得更牢。
- **营巢**：一般在洞中，天敌不易看到，很安全。

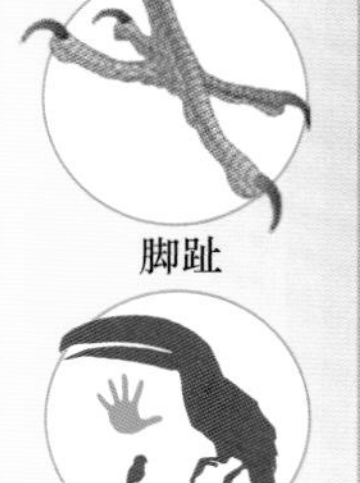

脚趾

大小对比

◀ 营巢于仙人掌
吉拉啄木鸟(*Melanerpes uropygialis*)很独特，它们生活在沙漠中，那里几乎没有树可以营巢。然而，它们可以在所生活的美国西南部干燥炎热地带很常见的大型仙人掌上啄一个洞当作巢。

坚固的头骨

啄木鸟的头骨非常厚，能对大脑起缓冲保护作用，这对于每天花大量时间，用喙敲树的鸟类来说非常重要。它们还有不寻常的长舌头，舌尖上的倒刺和黏液方便捕捉昆虫。

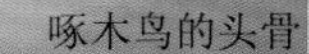

啄木鸟的头骨

喂食
啄木鸟在刚出生时目盲而无助，必须依赖父母喂养数月。雏鸟小口啜食着爸爸带回巢的美味佳肴。

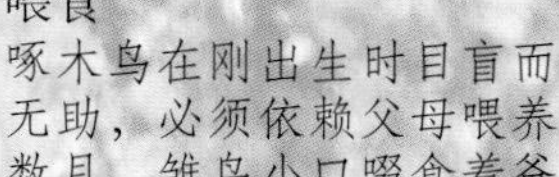

棕尾鹟䴕
Galbula ruficauda

- 体长 19 – 25 cm
- 体重 18 – 30g
- 食物 昆虫
- 分布 美洲中部、南美北部和中部

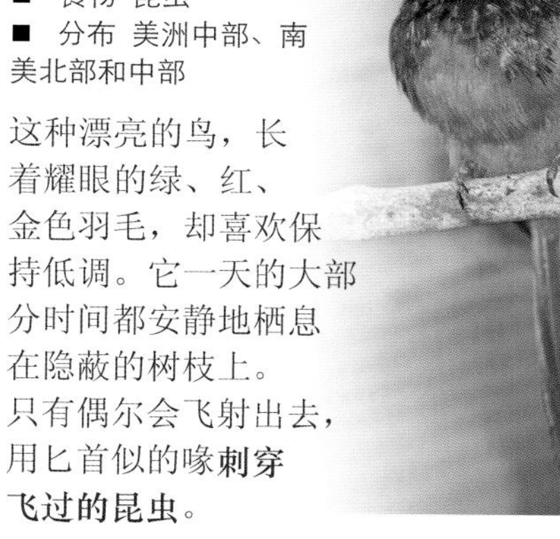

这种漂亮的鸟，长着耀眼的绿、红、金色羽毛，却喜欢保持低调。它一天的大部分时间都安静地栖息在隐蔽的树枝上。只有偶尔会飞射出去，用匕首似的喙**刺穿飞过的昆虫**。

绿啄木鸟
Picus viridis

- 体长 30 – 33 cm
- 体重 175 – 200 g
- 食物 昆虫，主要是蚂蚁
- 分布 欧洲、亚洲西部

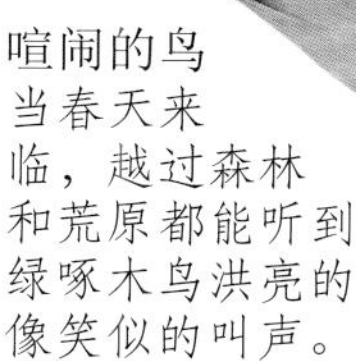

绿啄木鸟的舌头几乎是它喙长的两倍，舌尖的黏性液体能帮助它捉住**蚂蚁，这是它最喜爱的食物**。尽管绿啄木鸟生活在树林中，在树干上挖洞营巢，但它们也花费大量时间在花园或公园，用尖喙挖掘在草地上爬行的昆虫。

喧闹的鸟
当春天来临，越过森林和荒原都能听到绿啄木鸟洪亮的像笑似的叫声。

黑喉响蜜䴕
Indicator indicator

- 体长 约20 cm
- 体重 约50 g
- 食物 蜜蜂和蜂蜜，蜂卵，蚂蚁
- 分布 非洲南部和中部

响蜜䴕嗅觉敏锐，能很轻松地找到蜂巢，这是它们最主要的食物。一些非洲部落常用这种鸟带领他们**找到蜂巢**，这样他们就可以收获蜂蜜。

黄腹吸汁啄木鸟
Sphyrapicus varius

- 体长 19 – 20 cm
- 体重 50 – 80 g
- 食物 树液、昆虫
- 分布 美洲北部和中部、加勒比海

吸汁啄木鸟在树干上钻洞，从中**吸取甜味树汁为食**，它的名字由此而来。春天时会敲凿树木和其他东西，以彰显自己的领地。

大拟啄木鸟
Megalaima virens

- 体长 约32 cm
- 体重 200 – 300 g
- 食物 水果、花蜜、昆虫
- 分布 亚洲中部和东部

大拟啄木鸟用它们那巨大、短硬、尖锐的喙在树干上挖洞营巢，并敲击树干寻找食物。它丰满的身体、大大的头部及短而粗硬的圆形翅膀，使它的飞行动作**十分难看和不雅**。它把大量的时间花费在左右蹦跳上。

鞭笞鵎鵼
Ramphastos toco

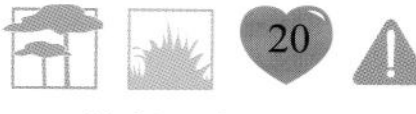

- 体长 53 – 60 cm
- 体重 约550 g
- 食物 水果、昆虫、鸟蛋
- 分布 南美洲东北部和中部

它是体型最大、**最广为人知**的巨嘴鸟之一。色彩鲜艳的大嘴不是实心而是蜂窝状的，这使它并不像看上去那么重。

厚嘴鵎鵼
Ramphastos sulfuratus

- 体长 46 – 51 cm
- 体重 275 – 550 g
- 食物 水果、昆虫、爬行动物和鸟蛋
- 分布 南美中部和北部

即使作为一只巨嘴鸟，它所展现的色彩也是极为光彩夺目的。厚嘴鵎鵼的飞行能力很差，所以整天都在树枝上蹦跳着寻找食物。长长的喙意味着它们可以比别的鸟类采摘到更高树上的水果。一旦摘到食物，它们会向后昂起头，张开极其灵巧的颌，**把食物整个吞下去**。

令人惊叹的巢

鸟类的巢形态各异、大小不同，从微型茶杯状的鸣鸟巢到大型平台状的鹰巢，还有织布鸟复杂的公共巢区。所有的材料都可用于营造鸟巢，一些鸟甚至要花费数周时间才能建好家园。

鸟为什么要营巢？

多数鸟类都营巢，但是巢穴很难成为它们的永久居所。它们通常在准备繁殖时才开始筑巢。这是因为它们需要安全、温暖的地方产卵，并抚育孵化后的雏鸟成长。

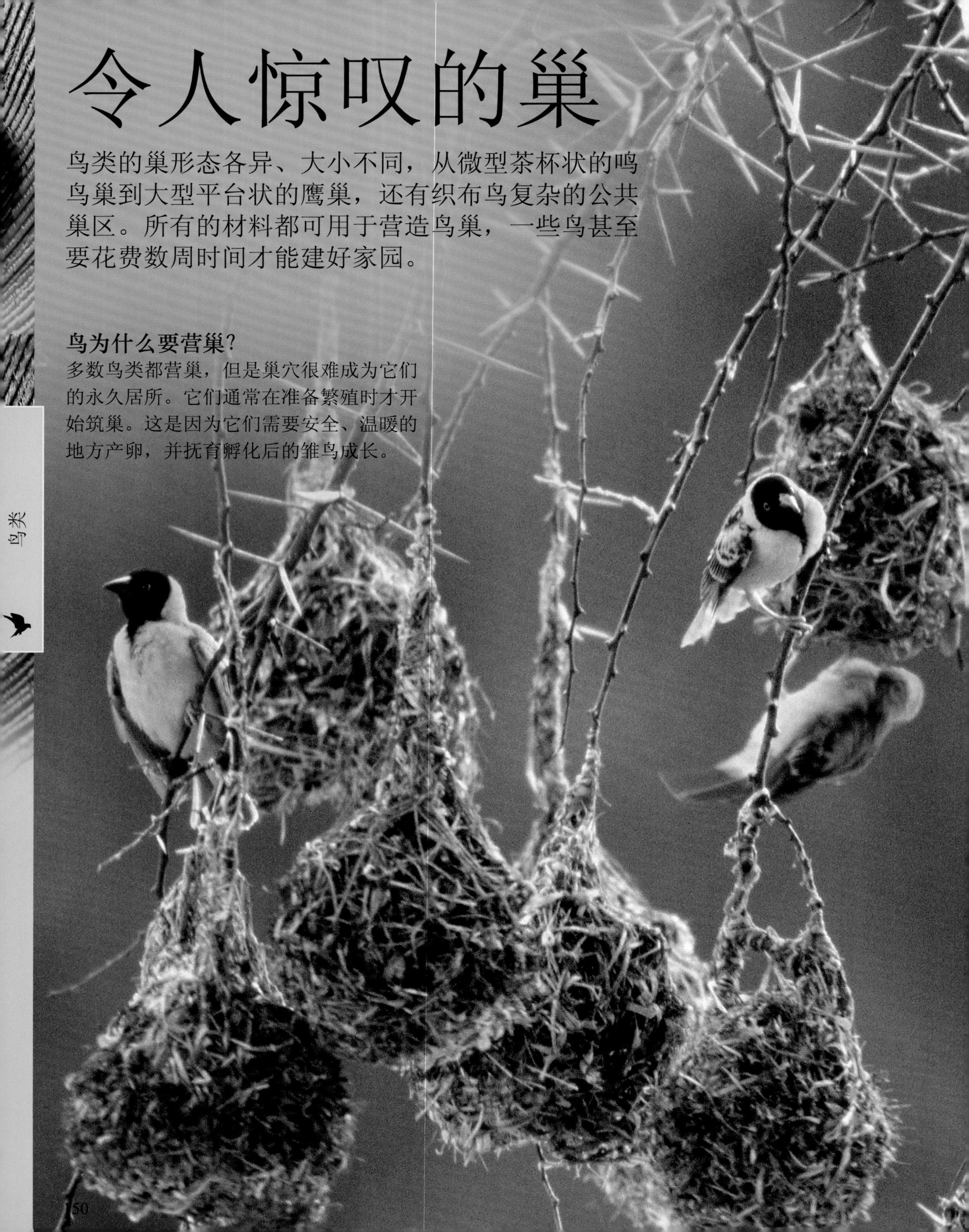

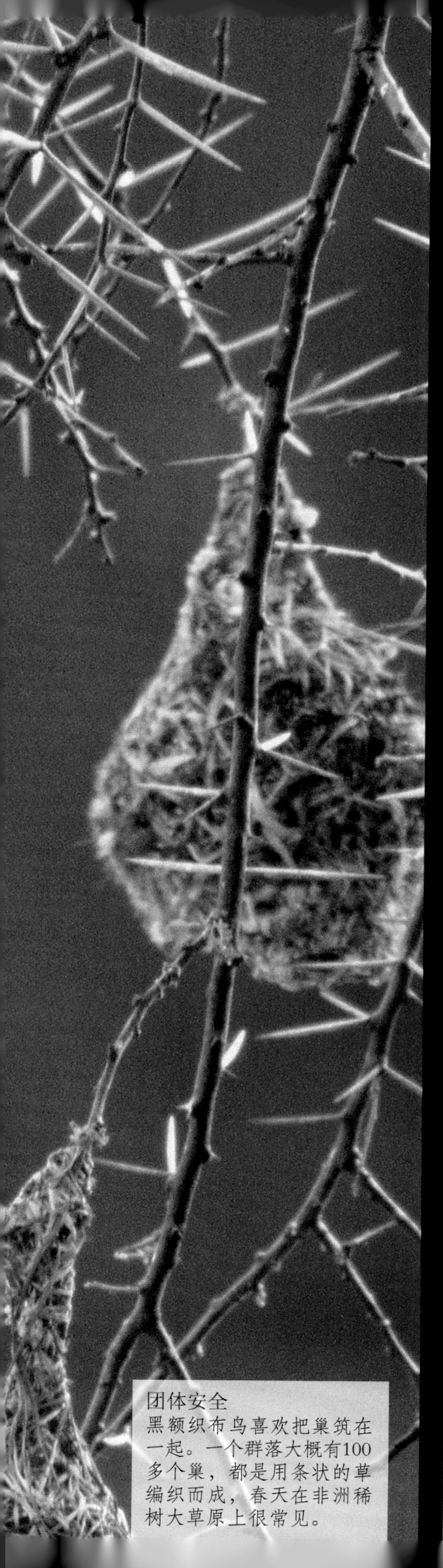

团体安全
黑额织布鸟喜欢把巢筑在一起。一个群落大概有100多个巢，都是用条状的草编织而成，春天在非洲稀树大草原上很常见。

巢的组成

鸟类使用很多种材料营巢，包括树枝、泥土、羽毛、石子、草及苔藓等。银喉长尾山雀甚至用黏性的蜘蛛网把它们的苔藓巢穴粘合在一起。它们还会用地衣伪装巢穴，在巢内铺上羽毛使其更加柔软。

白玄鸥

无巢之鸟
白玄鸥从不营巢，它通常把卵产在树枝的分叉处，并用一团黏液把它们固定住。

搬进来就行
大多数猫头鹰都不热衷于营巢。它们常把卵产在树干的洞里。这些树洞有的是其他鸟挖的，有的是自然形成的。

触不可及
海鸥的巢一般成群地高筑在崖面上，捕食者很难触及。它们沿着岩架用嫩枝和植物体修建茶杯形状的巢。

不断加固的家
白鹳用枯枝堆建成一个很大的巢穴，并且每年都会加固。它们喜欢比其他鸟类住得更高，如高高的树冠、楼顶或烟囱上。

巢的形状

有的巢很小，就是在地上挖个洞，用卵石围个边，而有的结构则很复杂，要用一生的时间建造。

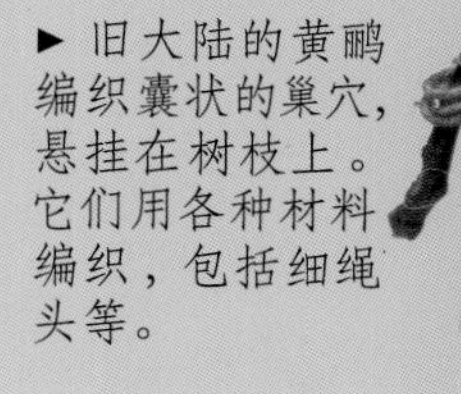

► 旧大陆的黄鹂编织囊状的巢穴，悬挂在树枝上。它们用各种材料编织，包括细绳头等。

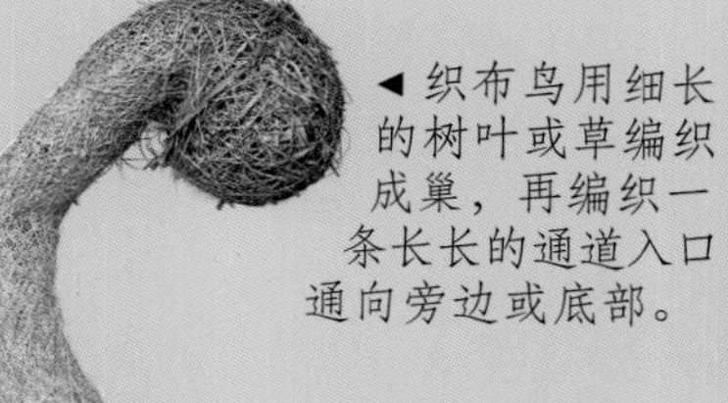

◄ 织布鸟用细长的树叶或草编织成巢，再编织一条长长的通道入口通向旁边或底部。

◄ 一些小鸟会建造开口的杯状巢。

栖木鸟

世界上所有的鸟类中一大半都属于栖木鸟（或称雀形目鸟）。栖木鸟的脚掌前部有3个脚趾，后部有1个脚趾。这使它们可以牢牢抓住最薄最弯的树枝。

即使在睡觉时我的脚也能牢牢抓住树枝。

当鸟类降落时，身体的重量就会落在脚趾上。脚趾就会很自然地紧紧锁住树枝。

小知识

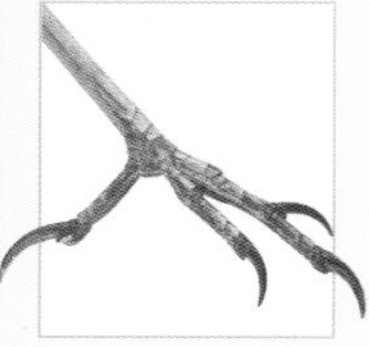

栖木鸟的脚

大小比较

- **种的数量**：大约有5,500种。
- **主要特征**：特殊的栖木鸟的脚，前部有3个脚趾，后部有1个。多数栖木鸟都有自己与众不同的鸣叫声。
- **大小**：乌鸦和渡鸦是最大的，体长可达65厘米。短尾侏霸鹟是最小的栖木鸟，仅有7厘米长。

优秀的歌手

栖木鸟的另一个特别之处就是它们的歌唱能力。因为歌声优美，所以常被当作鸣禽。每种鸟的叫声都很特别，音域变化范围宽广。最优秀的歌手是欧歌鸫和夜莺。

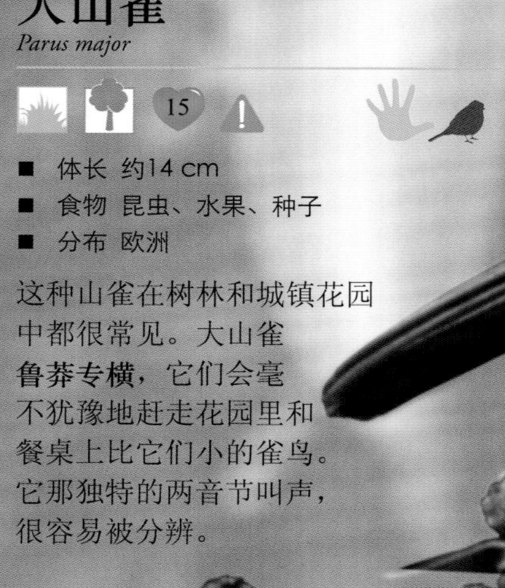

大山雀

Parus major

- 体长 约14 cm
- 食物 昆虫、水果、种子
- 分布 欧洲

这种山雀在树林和城镇花园中都很常见。大山雀**鲁莽专横**，它们会毫不犹豫地赶走花园里和餐桌上比它们小的雀鸟。它那独特的两音节叫声，很容易被分辨。

拟裂地雀

Camarhynchus pallidus

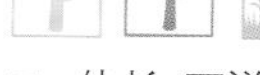
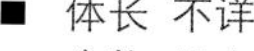

- 体长 不详
- 食物 昆虫幼虫
- 分布 加拉帕戈斯群岛

这种小雀鸟很**稀有**，因为它们会**用工具觅食**。它们用喙叼着嫩枝或仙人掌的针刺当工具探进树皮，把蛴螬赶出来。

欧亚鸲

Erithacus rubecula

- 体长 约14 cm
- 食物 昆虫、蠕虫、浆果
- 分布 欧洲、非洲北部、亚洲西北部

欧亚鸲也叫“知更鸟”，因其**欢快起伏的歌声**并喜食害虫而广为英国园丁所熟知。在它活动的范围内，欧亚鸲不怎么与人类接触。为了展现它们的魅力，它们会**凶猛**地守护自己的领域。

河乌

Cinclus cinclus

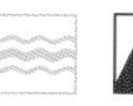
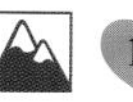

- 体长 18 – 21 cm
- 食物 小型鱼类、甲壳动物、软体动物、幼虫
- 分布 欧洲、非洲北部、亚洲北部

河乌生活在湍急的小溪和河流中。它很擅长游泳，觅食时**能将身体完全潜没水中并沿河床行走**。当河乌不在水中的时候，会栖息在岸边岩石上，并上下跳个不停。浸没在水中的行为正是其英文命名的缘由。

欧歌鸫

Turdus philomelos

- 体长 约23 cm
- 食物 浆果、昆虫、蠕虫、蛞蝓、蜗牛
- 分布 欧洲、非洲北部、亚洲西北部、澳大利亚、新西兰

欧歌鸫会用扁平的石头砸开蜗牛的壳，然后吃里面的肉。在欧洲，歌鸫的**数量急剧下降**，因为它们的农田栖息地越来越少。

鹪鹩

Troglodytes troglodytes

- 体长 约9 cm
- 食物 昆虫和蜘蛛
- 分布 欧洲、美洲北部、非洲北部、亚洲

这是一种**体型很小**，叫声却很大的鸟。鹪鹩通常**居住在浓密的树篱中**，未见其影先闻其声。在繁殖季节，雄鸟会筑几个巢供雌鸟选择。

红背细尾鹩莺

Malurus melanocephalus

- 体长 10 – 13 cm
- 食物 昆虫、水果、种子
- 分布 澳大利亚北部和东部

澳大利亚和巴布亚新几内亚岛有若干种不同的细尾鹩莺。红背细尾鹩莺与它的细尾鹩莺近亲一样，有着**竖直翘起的长尾巴**。这种鹩莺把巢筑在密实的灌木丛或高高的草中，有时也会光顾花园。

▲ 红色斑点
颜色鲜艳的红背细尾鹩莺是细尾鹩莺中体型最小的一种。

红交嘴雀
Loxia curvirostra

4

- 体长 约17 cm
- 食物 种子（取自松果）
- 分布 北美洲、欧洲、亚洲

交嘴雀独特的**交错喙**是后天逐渐长成的，幼鸟的喙并不是这样。交错的形状非常适于剥出松果里的种子。

新几内亚极乐鸟
Paradisaea raggiana

12

- 体长 约35 cm
- 食物 水果
- 分布 巴布亚新几内亚岛

极乐鸟有很多种。雄性极乐鸟在求爱仪式上会聚集在一起，在雌鸟面前进行大型表演，秀出它们眩目的**尾羽**。

毛脚燕
Delichon urbicum

14

- 体长 约12.5 cm
- 食物 飞虫
- 分布 欧洲、非洲（撒哈拉南部）和亚洲东南部

毛脚燕和人类的关系密切。这些鸟几乎只把建筑物当作营巢地点。它们在房屋、谷仓的屋檐下甚至在公路桥下**营造泥巢**。毛脚燕来到地面的唯一目的就是收集泥土营巢。它一生大部分时间都待在空中，盘旋俯冲捕食飞虫。

暗绿绣眼鸟
Zosterops japonicus

?

- 体长 约10.5 cm
- 食物 无脊椎动物、水果、浆果、花蜜
- 分布 亚洲南部和东南部、夏威夷

暗绿绣眼鸟的眼周有一圈白色的羽毛，看起来像戴了一副眼镜。它们在亚洲很常见。时常聚集在公园和树林中。它们摄取时令**食物**，摄食范围随季节的变化而**改变**。

◀ 花朵为暗绿绣眼鸟提供花蜜和花粉。

短尾侏霸鹟
Myiornis ecaudatus

?

- 体长 约6.5 cm
- 食物 昆虫
- 分布 南美洲北部和中部

它们是世界上最小的鸟类之一。它们的尾巴还没有烟蒂长。短尾侏霸鹟属于霸鹟科。它们有着**高超的空中捕食昆虫的技术**。之所以以“霸”为名，是因为它们虽然体型很小，但却具有很强的攻击性。

白鹡鸰
Motacilla alba

12

- 体长 约18 cm
- 食物 昆虫、种子
- 分布 欧洲

在河边、溪边和池塘边经常可以看到白鹡鸰。它们**喜欢靠近水**。鹡鸰在捕食它的主要食物昆虫时，会瞬间爆发，快速奔跑并轻弹尾巴。

▶ 结成一对
一对渡鸦在守卫自己的领地时异常凶猛。夫妻俩会攻击并追逐入侵者很长一段距离。

白腹灯草鹀
Junco hyemalis

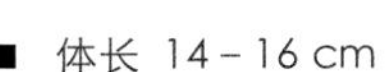

- 体长 14－16 cm
- 食物 种子、浆果、无脊椎动物
- 分布 美洲北部和中部

白腹灯草鹀常见于林地。在春天和冬天，当繁殖期结束后它们就会**群居**生活。雄鸟一年中的大部分时间都在歌唱。

棕扇尾莺
Cisticola juncidis

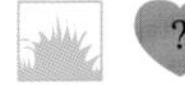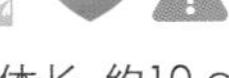

- 体长 约10 cm
- 食物 昆虫
- 分布 欧洲南部、非洲、亚洲、澳大利亚

这种莺鸟**很难见到**，因为它的羽色能使其隐藏在栖息的草地和灌木丛中。在飞行时它会发出单调的**双音节叫声**。

红石燕
Petrochelidon pyrrhonota

- 体长 13－15 cm
- 食物 飞虫
- 分布 阿拉斯加、墨西哥、南美洲

悬崖和建筑物都是红石燕良好的营巢地点。它们将**锥形泥巢**紧粘在垂直的墙壁上。红石燕是**迁徙**鸟，在北方度过春天和夏天，冬季迁往南部地区。

▶ 群居
上百只甚至数千只红石燕在同一地点营巢。

鸟类

渡鸦
Corvus corax

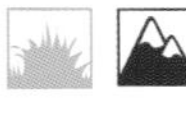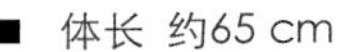

- 体长 约65 cm
- 食物 水果、坚果、鸟蛋、腐肉、小动物
- 分布 美洲中部和北部、欧洲、亚洲、非洲北部

渡鸦是最大的栖木鸟之一。它们以在高速飞行过程中的空中翻转特技而出名。时常会在半空中向右侧翻或**颠倒飞行**。渡鸦能发出各种叫声，包括嘶哑的呱呱叫。

红耳鹎
Pycnonotus jocosus

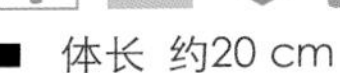

- 体长 约20 cm
- 食物 浆果、昆虫、花蜜
- 分布 亚洲，被引进到澳大利亚和美国

鲜艳的羽毛和**美妙的嗓音**，使红耳鹎成为受欢迎的玩赏用鸟。这种鸟被大量捕捉，但是现在还很常见，或许不久后就需要被保护了。

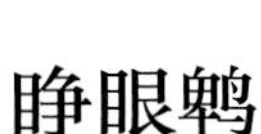

睁眼鹎
Pycnonotus hualon

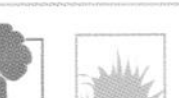

- 体长 15－27cm
- 食物 水果、浆果
- 分布 老挝

睁眼鹎和其他鹎最明显的区别在于它两只**眼睛周围的皮肤光秃秃**的，睁眼鹎生活在老挝贫瘠的石灰岩山峰中，有时你能看到它栖息在岩石上。它们**两两结队**外出觅食。

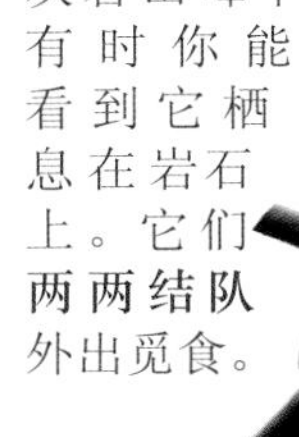

金厚头啸鹟
Pachycephala pectoralis

- 体长 16－18 cm
- 食物 昆虫、浆果
- 分布 印度尼西亚，澳大利亚南部和东部、塔斯马尼亚州，斐济

就像它的名字暗示的，金厚头啸鹟是优秀的歌手。它的**嗓音嘹亮悦耳**且音域宽广。金厚头啸鹟有着强壮的善于抓握的脚和结实的喙。

▼ 温暖舒适的巢
金厚头啸鹟用蜘蛛网固定住它们的巢，里面垫着嫩草。

椋鸟

椋鸟在世界上的很多国家都很常见，它们组成一个大而喧闹的群一同栖息和飞行。它们在人工或自然的洞穴中营巢，也可能就在屋檐下找个地方或觅个树洞，这也不失为一种成功的营巢方式。

由小始之

1890年，一个人在美国的纽约城释放了60只椋鸟，他的目标是要释放所有莎士比亚命名的鸟。20世纪50年代中期，北美的椋鸟数量达到5,000万只，而今天已有约2亿只椋鸟。

紫翅椋鸟

Sturnus vulgaris

15

- 体长 约21 cm
- 体重 60－96 g
- 食物 昆虫、蚯蚓、种子、水果
- 分布 除极地以外的全世界范围

椋鸟是一种**很结实的鸟**，它的斑纹羽毛闪烁着紫色和绿色的荧光，**喙**在繁殖期会变成**黄色**。它是很吵闹的鸟，时常模仿其他鸟类的叫声，甚至还学蛙或猫叫。

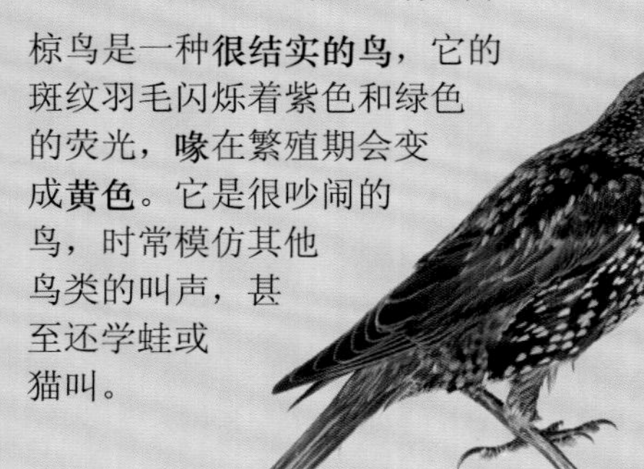

鸟类飞行有两种方式：一种是持续拍打翅膀；另一种是偶尔拍打翅膀，借助气流滑翔。椋鸟属前者，沿直线飞行，快速拍打翅膀以维持高空飞行。

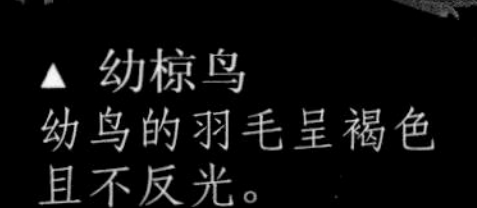

▲ 幼椋鸟
幼鸟的羽毛呈褐色且不反光。

当鸟起飞时，它的脚会向身体靠拢。

当翅膀不停地上下拍动时，椋鸟就可以停留在空中。

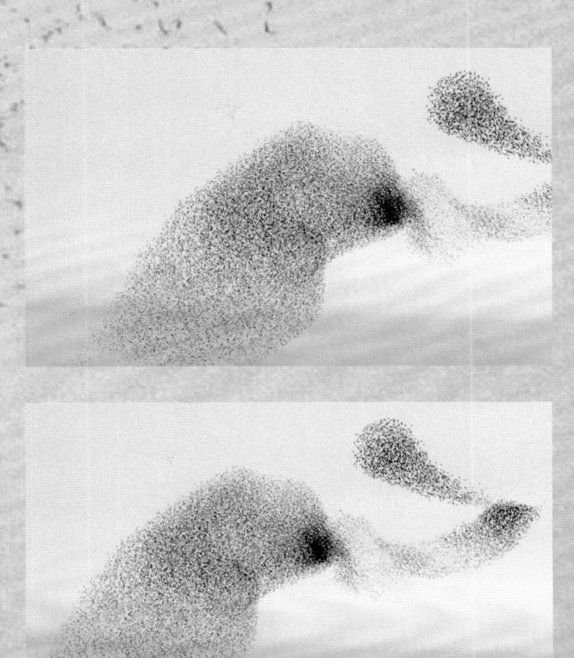

椋鸟群
椋鸟集大群生活，有时能聚集上百万只，称为椋鸟群。它们彼此紧挨着俯冲和翱翔。一大群椋鸟在天空中形成了奇特的黑暗图形。

鸟蛋的世界

没有两个鸟蛋是完全一样的；鸟蛋在大小、形状、颜色和质地上各不相同。此外，蛋的大小并不总是直接取决于鸟体型的大小。鸵鸟蛋是世界上最大的鸟蛋，但与鸵鸟的体型相比，它的蛋却又成了最小的。

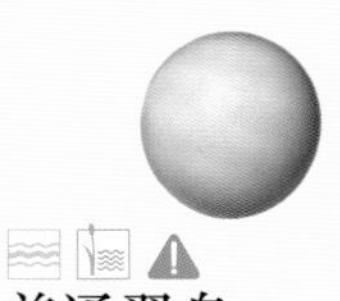

普通翠鸟
Alcedo atthis

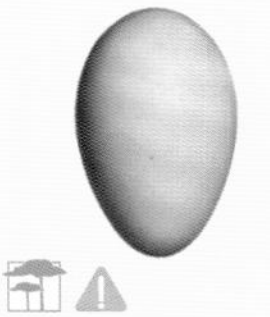

小绿阔嘴鸟
Calyptomena viridis

欧歌鸫
Turdus philomlos

欧夜鹰
Caprimulgus europaeus

鸸鹋
Dromaius novaehollandiae

蛎鹬
Haematopus ostralegus

黑啄木鸟
Dryocopus martius

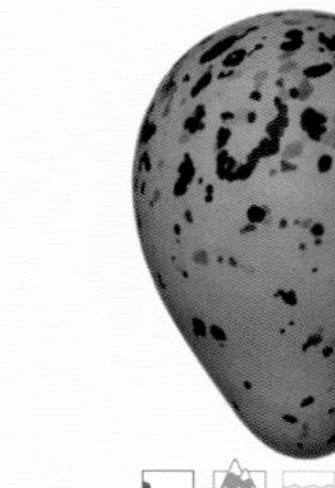

剑鸻
Charadrius hiaticula

灰林鸮
Strix aluco

黑短脚鹎
Hypsipetes madagascariensis

灰钟鹊
Cracticus torquatus

红领绿鹦鹉
Psittacula krameri

普通岩鹪鹩
Salpinctes obsoletus

鹤鸵
Casuarius casuarius

银鸥
Larus argentatus

暗灰鹃鵙
Coracina melaschistos

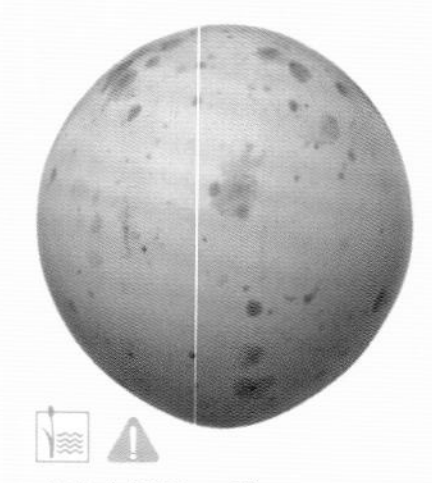

拟鳍脚鹇
Heliopais personatus

白兀鹫
Neophron percnopterus

丝尾莺
Lamprolia victoriae

林岩鹨
Prunella modularis

中沙锥
Gallinago media

绿林戴胜
Phoeniculus purpureus

灰猫嘲鸫
Dumetella carolinensis

理氏鹨
Anthus richardi

宽尾树莺
Cettia cetti

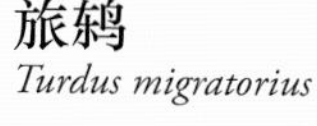

旅鸫
Turdus migratorius

鹌鹑
Coturnix coturnix

叫隼
Milvago chimango

金雕
Aquila chrysaetos

崖海鸦
Uria aalge

白腰杓鹬
Numenius arquata

柳雷鸟
Lagopus lagopus

游隼
Falco peregrinus

凤头麦鸡
Vanellus vanellus

鸵鸟
Struthio camelus

鸵鸟蛋表面呈淡黄色，且布满凹痕。蛋壳的质地与瓷器相似，摸起来很光滑。

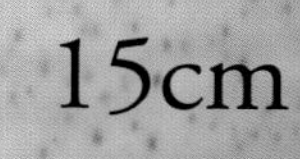

家鸡
Gallus domesticus

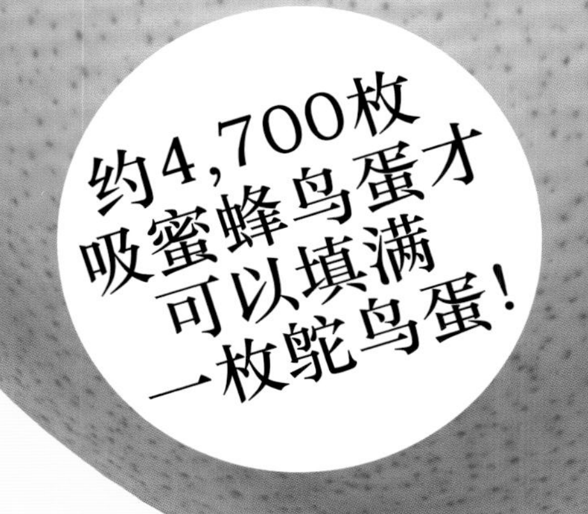

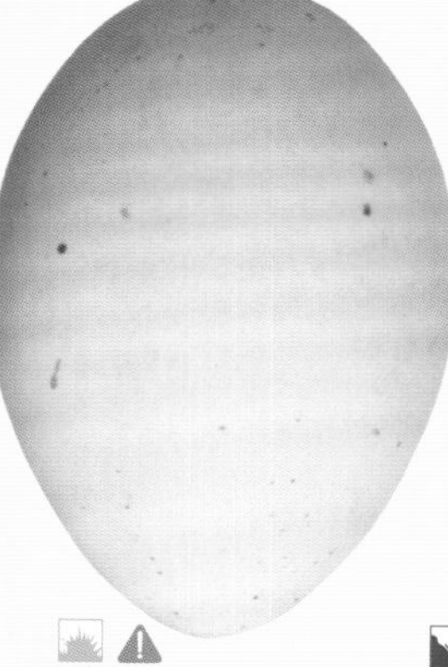

灰雁
Anser anser

凤头䴙䴘
Podiceps cristatus

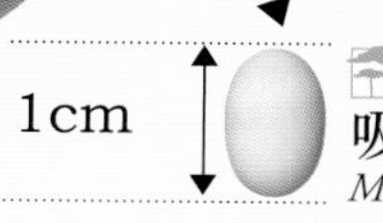

吸蜜蜂鸟
Mellisuga helenae

鸟类

爬行动物

定义：**爬行动物**是冷血脊椎动物，通常为卵生。它们身上覆盖着鳞片或角质板，通过肺呼吸。

什么是爬行动物？

爬行动物曾经主宰地球。在恐龙突然灭绝的6,500万年前，凶猛的霸王龙和巨大的梁龙昂首阔步于这片土地上，不可一世。尽管恐龙已经灭绝了，但其他爬行动物却存活至今，而且几乎每一片陆地都有它们爬行的踪影。

爬行动物与众不同之处是什么？

就像哺乳动物和鸟类一样，爬行动物也属于脊椎动物（它们长有脊柱），并通过肺呼吸。然而，与哺乳动物不同的是，它们是冷血动物，皮肤覆盖着鳞片，而且绝大多数通过卵生进行繁殖。

如果它没有毛皮裹身，体表不黏滑，也无羽毛被覆，那么这个动物肯定是爬行动物！

▲ 柔韧的脊柱
所有的爬行动物都长有脊柱，有些种类的脊柱长而柔韧，就像翡翠树蚺。

小知识

爬行动物主要有5大类：蜥蜴，蛇，陆龟、海龟，鳄和楔齿蜥。

■ **蛇**：蛇的感官非常敏锐，能轻易发现猎物。它们狡猾奸诈，悄悄地扑向目标，将猎物整个吞食而从不咀嚼。

■ **蜥蜴**：蜥蜴种类繁多且很常见，主要分布在温暖的地区。多数蜥蜴都能通过变色与环境融为一体，以此伪装自己。

■ **楔齿蜥**：这种动物只能在远离新西兰海岸的两个小岛上找得到。它们与蜥蜴有着许多细微的差别。

■ **鳄**：由鳄、凯门鳄和短吻鳄组成。多数鳄栖息于淡水中，也有少数冒险生活在海水中。

■ **陆龟和海龟**：这类爬行动物的祖先曾经与恐龙并肩游水。它们是唯一一类有着坚硬保护性外壳的爬行动物。

◀ 恐龙的表亲
“恐龙”在拉丁语中意为“可怕的蜥蜴”。今天的爬行动物是恐龙的近亲。

鳞状皮肤

爬行动物身上覆盖着干燥的鳞片或长着鳞状的皮肤。鳞片由角蛋白构成，这也是构成头发、羽毛和指甲的物质。爬行动物随着生长会蜕皮。蛇会蜕下一整张皮。

▲ 蜥皮

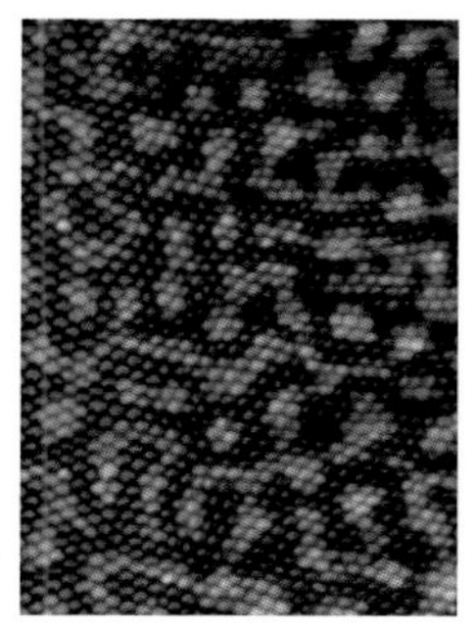

▲ 蛇皮

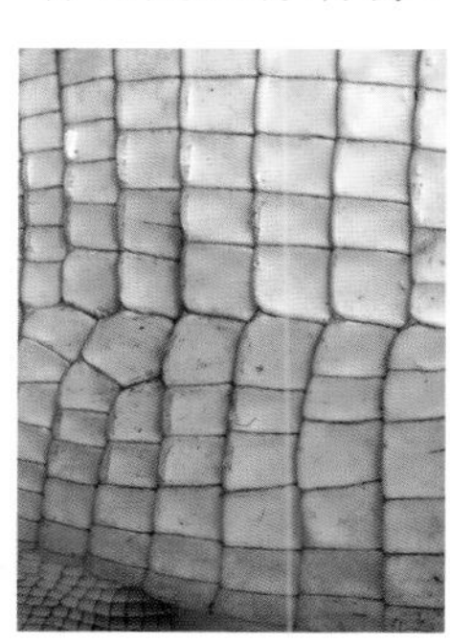

▲ 鳄鱼皮

强健的骨骼

不同的爬行动物骨骼结构不同。图为一只变色龙的骨骼。爬行动物的骨骼很强健，这样才能适应陆地生存。

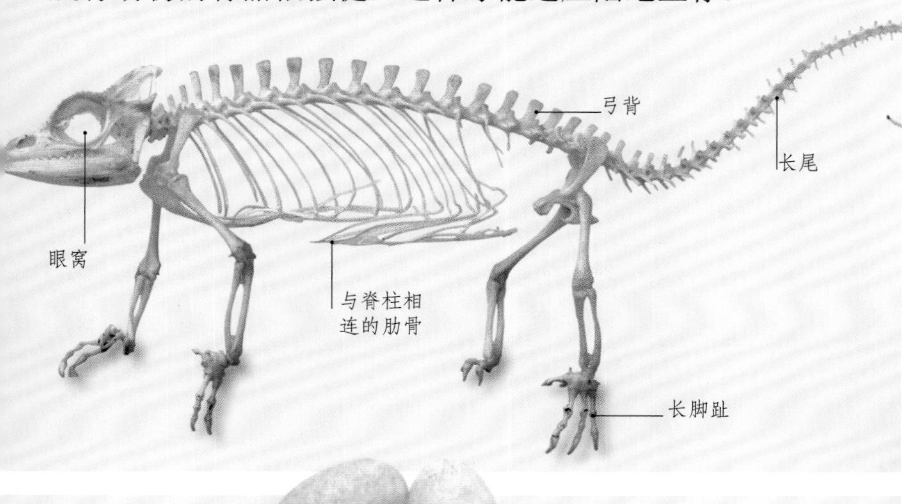

我感觉好冷

爬行动物通常被称作“冷血动物”，但并不是说它们的血是冷的。它们的体温会随着环境而变化。如果温度太低而不适宜生存，一些爬行动物就会冬眠，直至温度适合为止。

▼ 日光浴
如果一只爬行动物觉得自己的血液温度太低，它会来一个日光浴让自己暖和起来。

变色龙的卵

始于卵生

大部分爬行动物都是卵生。雌性将卵产在朽木上、树叶和泥土搭建的巢中，或直接将卵产在陆地上。大多数爬行动物不会坐在卵上孵化，但有些蛇会这么做。

◀ 生日
一只小龟破壳而出。

注意我的眼睛……

爬行动物另一个独特之处在于它的眼睛。瞳孔的形状暗示着这个动物是夜行动物还是日行动物。大部分夜间活跃的爬行动物都有狭长的瞳孔，遇到亮光就会紧紧闭上。白天活跃的爬行动物的瞳孔则是圆形的。

圆形瞳孔

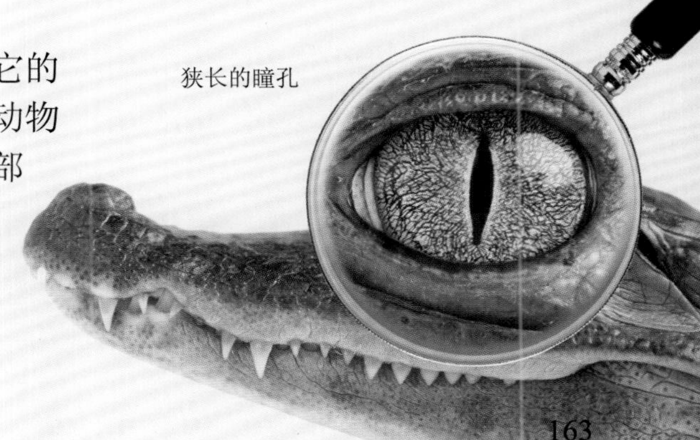

狭长的瞳孔

爬行动物的诞生

像多数爬行动物一样，这些海龟一出生就要独自谋生。群居生活会很安全，因此它们常在晚上同时孵化。即使这样，据估计，在大约1,000只小海龟中也只有1只能存活长大。

冲向大海
孵化之后，成百上千只小海龟从沙巢中钻出来。它们本能地冲向水中，在那里它们才更有机会生存下来。小海龟刚一出生就会游泳。

从卵中诞生

多数爬行动物，包括那些主要生活在水中的爬行动物，都会到陆地上产卵。爬行动物的卵壳表面呈孔状革质化，可保证里面的幼体发育时进行水和气体代谢。虽然很多爬行动物产卵之后就会离开，但也有一些爬行动物的父母很细心，像尼

第1天
鳄妈妈在水边用沙子、泥土和杂草垒一个

第5天
虽然鳄妈妈守在旁边保护着巢，但是在它

我必须到海里去。我必须到海里去……

在小海龟孵出来时，海龟妈妈已经走远了。它们似乎知道自己必须冲进大海里，并且要快！不幸的是，在成长过程中，它们不得不躲避从海鸥到鲨鱼等各种天敌的侵袭。

第90天
鳄鱼卵孵化。小鳄鱼用它的卵齿咬开卵壳。鳄妈妈警惕着周围的细微动静，帮助小鳄鱼离开卵壳。

第90天
鳄妈妈将小鳄鱼带到水里，并照看小鳄鱼直到两岁大。

保护海龟

令人遗憾的是，由于人为的原因，海龟的数量正在急剧减少。因为开发海滨旅游，海龟的产卵地被破坏，人类收集龟蛋，海洋污染以及渔网捕捉等都是罪魁祸首。为了解决这些问题，人们建立了包含辅助繁殖项目的海滨动物保护区，并且引进了避免误捉海龟的渔网，让我们为这些奇异的小生灵祈祷吧。

陆龟和海龟

龟是世界上寿命最长的动物之一。但是它们不必担心老了会掉光牙齿，因为它们根本就没有牙齿。它们有锐利坚硬的嘴，可以切断并咀嚼食物。

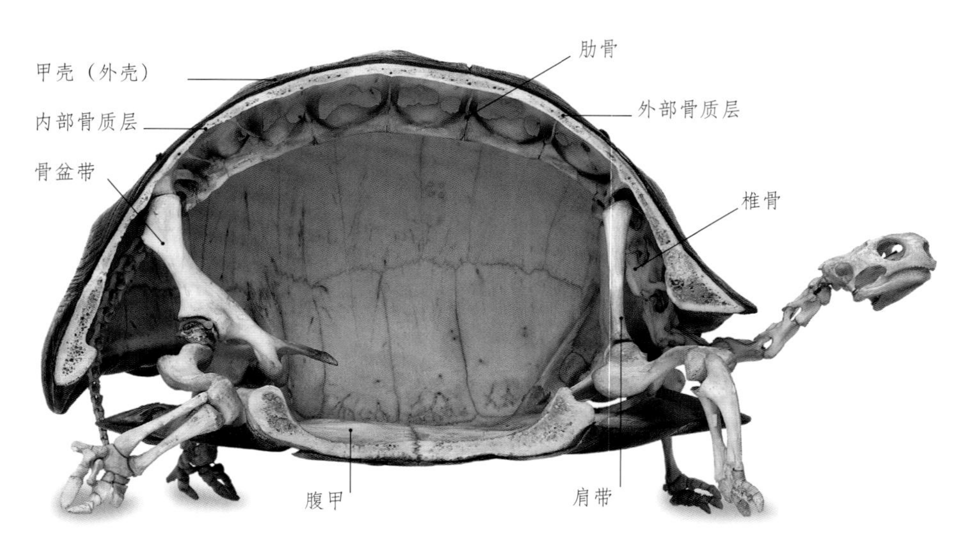

骨骼

陆龟和海龟的骨骼与众不同。它们的肋骨和椎骨与外壳愈合在一起。这就意味着它们不能移动肋骨帮助肺部呼吸。取而代之的是，它们用腿部上方的肌肉帮助呼吸。

▲ 请勿打扰

陆龟和海龟生活在寒冷的地区，它们冬天通常会冬眠以抵御寒冷和食物匮乏。

小知识

- **种的数量**：293
- **主要特征**：生活在干燥陆地上的陆龟的腿圆并且粗短。海龟长着鳍状肢，大部分时间生活在水里。生活在淡水中的龟一般被称为淡水龟。所有的龟都长着保护性外壳。

大小对比

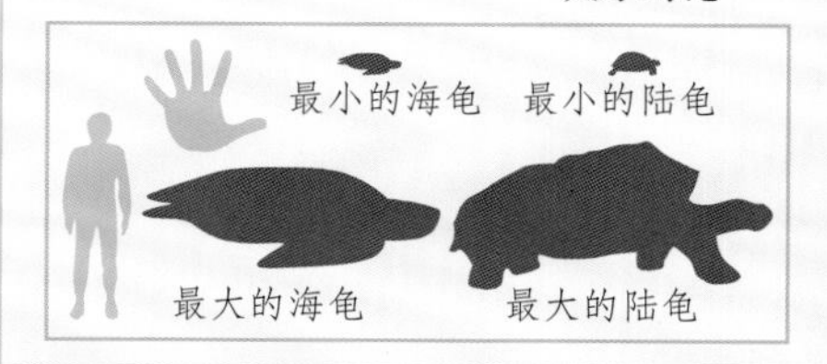

我已经150岁了！

加拉帕戈斯陆龟(*Chelonoides elephantopus*)是世界上最大的龟，长达1.2米。一些加拉帕戈斯陆龟已经活到170多岁了。

阿加斯沙漠陆龟
Gopherus agassizii

- 体高 15 – 36 cm
- 食物 仙人掌、草、某些昆虫
- 分布 美国西南部、墨西哥西北部

在天气特别炎热的时候，沙漠陆龟会用它**铲子状的脚**将自己埋在沙里，以此逃避沙漠炎日的炙烤。在交配季节，雄龟会通过战斗来争夺配偶。

印度星龟
Geochelone elegans

- 体高 最高 28 cm
- 食物 草、树叶、水果
- 分布 印度、巴基斯坦、斯里兰卡

印度星龟最易辨认，因为它那**星状突起**的节状龟壳太与众不同了。它是**喜水生物**，在潮湿的雨季尤为活跃。当感觉干渴时，会在清晨和傍晚外出寻水。

赫尔曼陆龟
Testudo hermanni

- 体高 15 – 20 cm
- 食物 树叶、花、水果
- 分布 欧洲东南部、地中海岛屿

这种陆龟曾经是**很热门的宠物**，但现在法律禁止买卖。冬季，尤其在十分寒冷的时候，常**冬眠**数月，即使是夏天也喜欢待在阴凉处乘凉。

绿海龟
Chelonia mydas

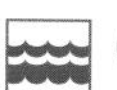

- 体长 1 – 1.2 m
- 食物 海草和水藻，小海龟还会吃水母、软体动物、蜗牛、蠕虫和海绵
- 分布 全世界范围

几个世纪以来海龟因其肉和蛋而被大量**捕杀**，目前它已经受到**法律保护**。生态环境保护者建立了特殊的繁殖海岸区，以使它们不会灭绝。

棱皮龟
Dermochelys coriacea

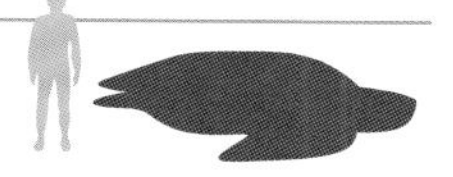

- 体长 1.3 – 1.8 m
- 食物 水母
- 分布 全世界范围

棱皮龟是**最大的海龟**。有些海龟重达800千克。它们同时也是**长距离游泳健将**，据说曾有海龟游过大西洋。与其他海龟不同的是，它们的外壳是革质化的。

大鳄龟
Macrochelys temminckii

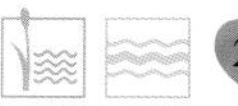

- 体长 40 – 80 cm
- 食物 鱼类
- 分布 美国东南部

这是世界上**最大的淡水龟**。它白天大部分时间都把嘴巴张开呈剪刀状，不断摆动口腔中那条小小的、粉红色蠕虫状软管，诱捕鱼类。它的钩状嘴巴随时准备给猎物**致命一咬**。

长颈龟
Chelodina longicollis

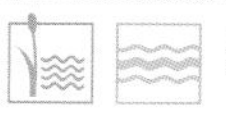

- 体长 20 – 25 cm
- 食物 鱼类、蟹、龙虾、蝌蚪
- 分布 澳大利亚东部和南部

当这种淡水龟在河里或溪中捕食的时候，它们就用那**长长的脖子**进行换气。长脖子也很便于扑向并**抓住猎物**。颈和头加在一起通常比龟壳还要长。

蠵龟
Caretta caretta

- 体长 70 – 100 cm
- 食物 甲壳动物、蟹、龙虾
- 分布 全世界范围

蠵龟的名字源于它**硕大的脑袋**。它们的颌骨大而有力，能轻松嚼碎贝类、蟹和龙虾。这种海龟最多每两年繁殖一次，**因此非常稀有**。现在它们的很多繁殖区都被保护起来。

蛇

蛇是高度进化的致命杀手。它们光滑的肚皮贴地滑行，悄悄扑向猎物，从蚂蚁到短吻鳄，无所不吃。它们吃掉猎物的唯一方式就是将它整个吞下，包括角、蹄子和毛发！

分叉的舌

感热颊窝

◀ 感官
蛇的视觉和听觉很弱。它们依靠舌，用它“品尝”空气的味道，或触地追踪猎物所留下的气味，并用脸部的颊窝探测热量。

▲ 皮肤
蛇在一年中要蜕皮4～8次。蜕皮从口、鼻部开始，一旦皮肤开始松动，蛇就会与其他物体摩擦帮助完全蜕皮。

小知识

■ **主要特征**：蛇有3种爬行方式。波浪式，蛇利用坚硬的地面推动自己一点一点向前移动；在地道中，蛇蜷曲身体碰触墙面向前推进；蛇还可以利用腹鳞推动自己前进。

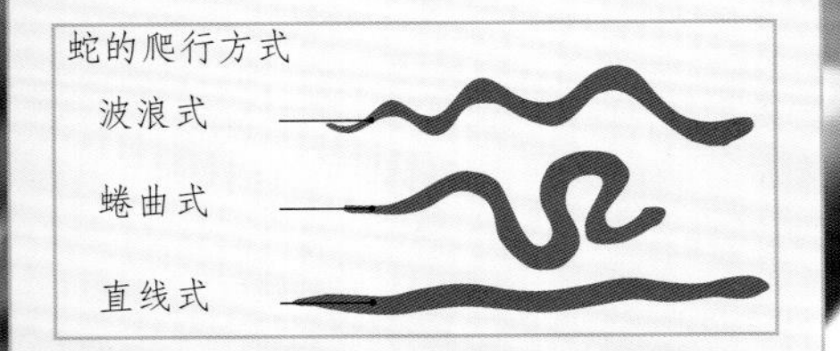

骨骼
蛇的骨骼非常简单。包括颅骨以及由几百块肋骨连接组成的长而柔韧的脊柱。大部分内部器官又长又薄，沿着蛇身分布。颌骨啮合比较松，适于吞咽食物。

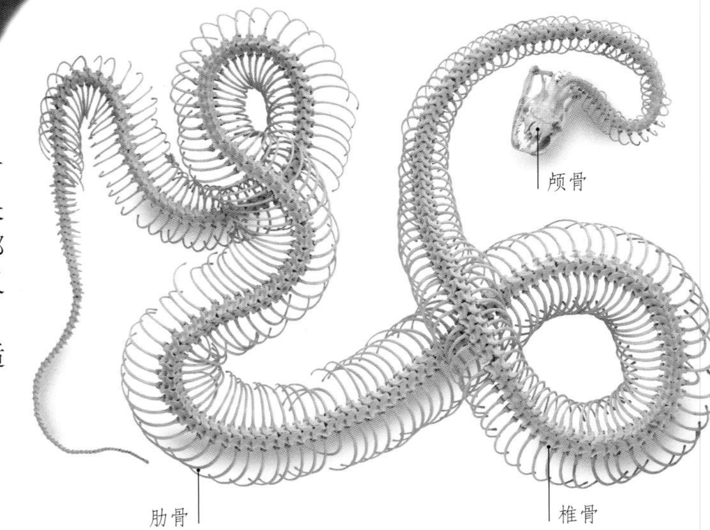

海蛇和扁尾蛇

海蛇长着扁平的桨状尾巴，大部分时间都生活在海洋中。因为它们用肺呼吸而不是用鳃呼吸，所以需要时不时地浮到水面呼吸。扁尾蛇不是海蛇，它们在陆地上产卵。

剑尾海蛇
Aipysurus laevis

- 体长 约1.8 m
- 分布 澳大拉西亚

剑尾海蛇生活在澳大利亚和新几内亚的珊瑚礁内。尽管是**毒蛇**，但它只有在被激怒时才会发动攻击。身体呈紫棕色，腹面浅棕色。这种蛇被认为是真正的海蛇，因为它们**在水中胎生**。

蓝灰扁尾蛇
Laticauda colubrina

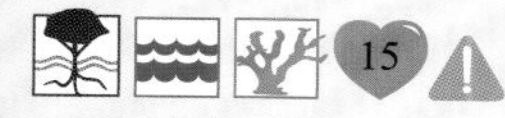

- 体长 1 – 1.5m
- 分布 东南亚

扁尾蛇生活在沿海水域，捕食鱼类和小鳗鱼。它们大多**夜间活动**。与海蛇不同的是，扁尾蛇在陆地产卵，让卵自行孵化。扁尾蛇腹部长着**独特的鳞片**，可以帮助它们在陆地上爬行。

▶ 毒牙
大多数分泌毒液的蛇长有两颗中空的牙，能向猎物注入毒液。毒液可以杀死或麻醉动物，这样更方便毒蛇吞咽。

蟒蛇

蟒蛇采用身体紧紧缠绕住猎物，挤压使其血液无法循环、心脏停止跳动、氧气不能送达器官的捕杀方式。当猎物停止挣扎，蛇就会先吞下它的头部。蟒和蚺都是典型的蟒蛇。

丘氏岩蟒
Antaresia childreni

- 体长 75 – 100 cm
- 分布 澳大利亚北部

这种小型蟒藏身于洞穴和石缝中，**伺机伏击**蜥蜴、鸟类和小型哺乳动物。有时也吃蝙蝠。它是无毒蛇，当受到威胁时，也会袭击咬伤攻击者。丘氏岩蟒呈红棕色，饰以**暗色斑块**。在树洞或洞穴中产卵。

水蚺
Eunectes murinus

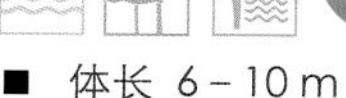

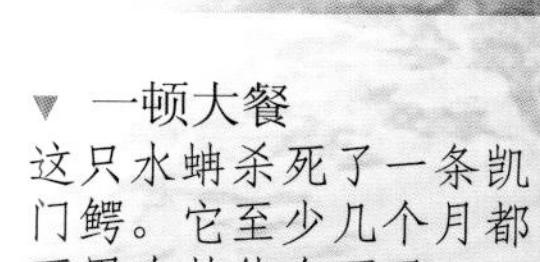

- 体长 6 – 10 m
- 分布 南美洲

水蚺是世界上**最重的蛇**，重达250千克。水蚺大部分时间都**潜于水下**，藏身于岸边和湖畔的植物中。它们能杀死水豚和小鹿，甚至还攻击成年凯门鳄。

▼ 一顿大餐
这只水蚺杀死了一条凯门鳄。它至少几个月都不用吃其他东西了。

亚马孙树蚺

Corallus caninus

20 ?

- 体长 1.5－2 m
- 分布 南美洲北部

亚马孙树蚺十分适于在树梢上生活。**翠绿的颜色**与雨林树叶融为一体，强壮的躯干紧紧缠绕住树干和树枝。树蚺头朝下缠绕在树枝上，随时准备伏击鸟类和哺乳动物。猎物往往在被**盘死**之前就已经被毒牙刺死了。通常每个生殖季出生3～20条橘红色的小蛇，它们在一年后变为绿色。

地毯蟒
Morelia spilota

- 体长 2－4 m
- 分布 澳大利亚

澳大利亚大部分地区都有地毯蟒的踪影，它们生存在各种不同的**生境**中。所有地毯蟒身体底色均为淡色，饰以鲜明斑纹。它们**日夜**都会出来活动。雌性地毯蟒能在树洞或腐烂的植物中产下多达50枚卵，并亲自**孵化直到**它们破壳而出。

巨蚺
Boa constrictor

- 体长 1－4 m
- 分布 美洲中部和南部

巨蚺是大型蛇，头部狭窄，**口鼻部尖锐**。它是攀爬高手，能游泳，同时也喜欢在陆地捕食。一般通过气味而不是热量侦察猎物。蛇体呈粉红色、灰色或金色，背部饰以独特的**暗色斑纹**。巨蚺为卵胎生。

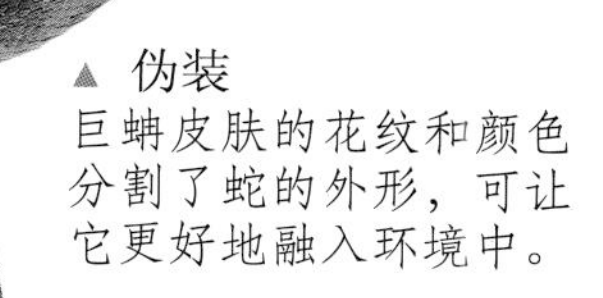

▲ 伪装
巨蚺皮肤的花纹和颜色分割了蛇的外形，可让它更好地融入环境中。

两头沙蟒
Charina bottae

- 体长 35－80 cm
- 分布 加拿大西南部、美国西部

这种蛇的通用名称为橡皮蚺，源自它那**胶皮般质感**的皮肤。它的头部和尾巴都呈钝圆形，很难区分。当遇到威胁时，就把自己蜷缩成团，并伸出尾巴迷惑敌人。两头沙蟒生活在地下洞穴或树洞中，猎食小型动物。这种蛇在冬天通常会**冬眠**很长时间。

网纹蟒
Python reticulatus

- 体长 6－10 m
- 分布 亚洲东南部

网纹蟒是世界上最长的蛇之一，重达136千克。这些蛇身上长着不规则的、颜色各异的**钻石状斑纹**。人们捕猎网纹蟒的目的是要取其皮，这就导致了网纹蟒现在**在野外越来越罕见**了。

玫瑰蚺
Lichanura trivirgata

- 体长 60－110 cm
- 分布 美国西南部、墨西哥西北部

玫瑰蚺是**穴居蛇**，大多生活于岩石缝中伏击猎物。体色为奶油色、灰色或浅黄色，沿身体饰以棕色、橘色或黑色的纵向条纹。它们**行动缓慢**，所以只能伏击猎物。

非洲蟒
Python sebae

- 体长 6－9 m
- 分布 非洲中部和南部

相比其他蟒蛇，非洲蟒更具**攻击性**，一旦受到侵扰立刻就会**回咬**一口。它们生活在靠近水边的草原和热带稀树大草原上。因为吃田里的蔗鼠，它们很受农民的欢迎，但在畜牧场却不受欢迎，因为它们也会攻击瞪羚、山羊等大型动物，甚至还会攻击鳄鱼。

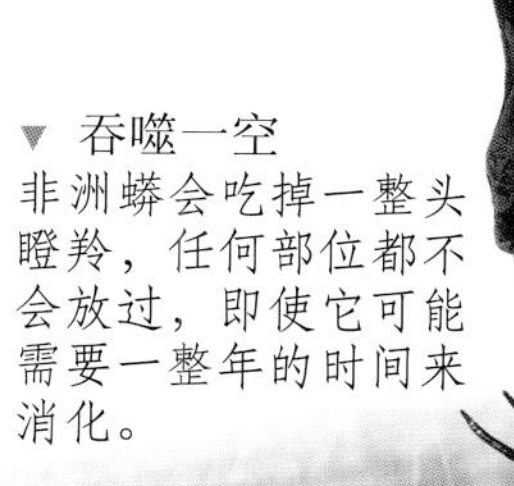

▼ 吞噬一空
非洲蟒会吃掉一整头瞪羚，任何部位都不会放过，即使它可能需要一整年的时间来消化。

毒蛇！

多数蛇不是将猎物缠死而是用牙（通常是有毒的）将它们咬住并毒死。大多数蛇对人类是无害的，但有少数蛇毒性很强，咬一口注入的毒素顶别的毒蛇咬好几口。如太攀蛇咬一口，释放出的毒液足以杀死100个人。毒牙一般长在3个位置：

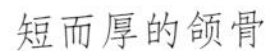
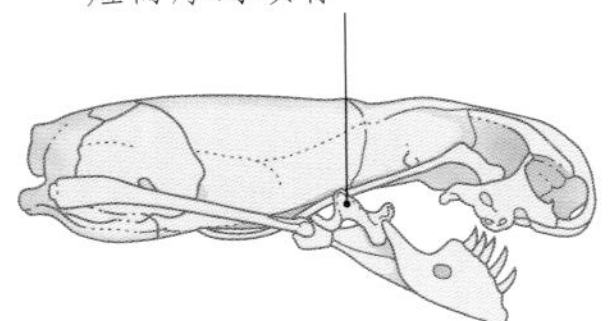

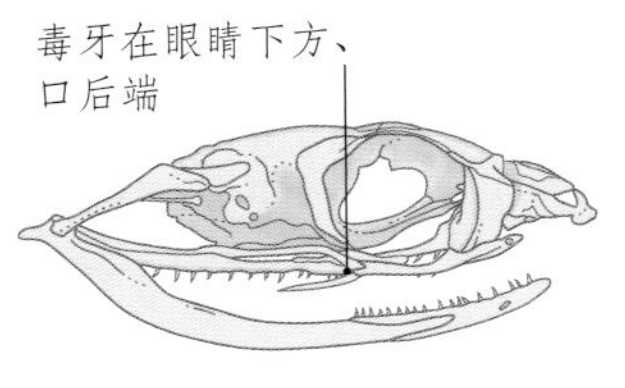

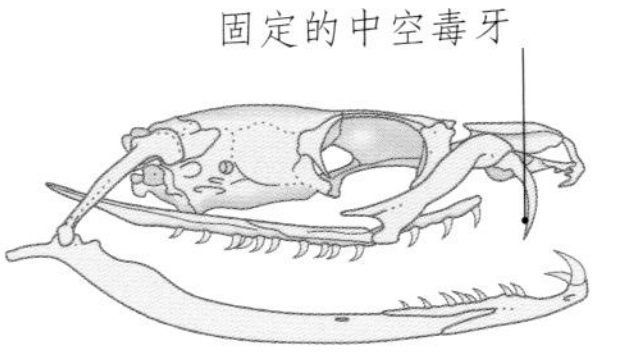

原始蛇
原始蛇长着宽厚的颅骨，牙齿稀疏。盲蛇是原始蛇，以昆虫和它们的幼虫为食。

后沟牙毒蛇
后沟牙毒蛇的毒牙有沟槽，而非中空。它的毒液威力不像前沟牙毒蛇那样强。毒液的主要功能是帮助消化而不是猎杀。

前沟牙毒蛇
多数我们熟知的蛇，如响尾蛇，都是前沟牙毒蛇。它们的毒液威力强大，在毒蛇快速出击咬住对方时，毒牙的位置能促使毒液传送。

致命一咬
这种响尾蛇伺机埋伏，用剧毒牙齿袭击猎物，在猎物晕厥或死亡后，就把猎物吞掉。

王蛇
Lampropeltis triangulum

- 体长 0.4－2 m
- 食物 昆虫、蛙、小型啮齿动物、其他蛇
- 分布 北美洲、中美洲和南美洲北部

这种多彩的蛇在它们的领地范围内分布广泛，但人们却很少能见到，因为它们是**隐秘性动物**。在森林边缘经常能看到它们的身影，在靠近河流和小溪的开阔林地和草原、岩石山坡、郊区和农场也很常见，换句话说，它们无处不在。

游蛇
Natrix natrix

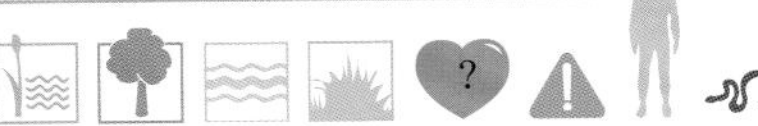

- 体长 1.2－2 m
- 食物 蛙和鱼类
- 分布 欧洲到亚洲中部、非洲西北部

这种无毒蛇喜欢水，是**游泳高手**，以蛙和鱼类为食。当它们认为自己处于极度危险中时，就会**“装死”**，这是高明的战术。

西部菱斑响尾蛇
Crotalus atrox

- 体长 约2 m
- 食物 小型哺乳动物、鸟类和蜥蜴
- 分布 美国南部、墨西哥北部

这是北美洲最危险的蛇。尾部末端有一串角质环，当遇到威胁时，就会快速摆动。它是**致命猎食者**，先潜近猎物，然后对其袭击并吞食。

鼓腹咝蝰

Bitis arietans

■ 体长 1.8 – 2.4 m
■ 食物 小型啮齿动物（老鼠、兔子）和鸟类
■ 分布 非洲

世界上最危险的蛇之一，体型很大，极会伪装，**剧毒**且具攻击性。一旦被惹怒或受到惊吓，会立刻展开进攻，常用**鼓胀身体**和发出强烈的咝咝声作为警告。这种蛇咬死过很多人。

黄环林蛇

Boiga dendrophila

■ 体长 约2.5 m
■ 食物 小型哺乳动物、蜥蜴、蛙、蛇、鱼类
■ 分布 亚洲东南部

鲜艳的颜色警告着猎食者这是一条有毒的蛇。黄环林蛇身体略呈扁平状，**背部有脊状突起**。在攻击前，先缩回脖子，同时张开黄色的唇鳞。

玉米锦蛇

Pantherophis guttatus

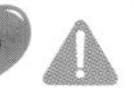

■ 体长 1 – 1.8 m
■ 食物 小型啮齿动物
■ 分布 美国中部和东南部

这种引人注目的蛇不是毒蛇，但遇到威胁也会攻咬。当发现危险时，它会**摆动尾巴**，分泌难闻的气味威慑入侵者。主要为夜行性，但在凉爽的天气里也会在日间出没。

眼镜蛇

Naja naja

■ 体长 1.2 – 1.7 m
■ 食物 啮齿动物
■ 分布 亚洲南部

因常从篮子里钻出来，似乎可随着耍蛇人的音乐起舞而闻名。它是**印度最危险的蛇之一**，每年致死约1万人。眼镜蛇受到威胁时，会竖立起来展现它的兜帽，这样能让它们看起来更高大。

火焰蛇

Dendrelaphis kopsteini

■ 体长 1.5m
■ 食物 蜥蜴、蛙
■ 分布 亚洲东南部

这种颜色鲜艳的蛇非常容易辨认，当它生气时，**颈部向外张开**，橘红色的鳞片发出闪耀的光。和大多数树蛇一样，它的噬咬也是有毒的。它大部分时间都游走在树冠上捕食蜥蜴。

太攀蛇

Oxyuranus scutellatus

■ 体长 2 – 3.6 m
■ 食物 哺乳动物、鸟类、蜥蜴
■ 分布 新几内亚南部、澳大利亚北部

世界上最毒的陆地蛇，也是澳大利亚最可怕的蛇。但因现在发明了有效的抗蛇毒血清，所以被咬致死的情况很少发生。

黑曼巴蛇

Dendroaspis polylepis

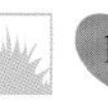

■ 体长 2.5 – 3.5 m
■ 食物 小型哺乳动物和鸟类
■ 分布 非洲东部和南部

最毒的蛇之一，也有可能是**爬行最快的蛇**。在瞬间爆发的情况下，能追上一个奔跑着的人，这也使它成为极度危险的猎食者。

金花蛇

Chrysopelea ornata

■ 体长 1 – 2 m
■ 食物 小型脊椎动物
■ 分布 亚洲南部和东南部

从技术上讲，这种蛇只会滑翔而不会飞翔，它能将**身体变得扁平**，成为平常的两倍宽，以此增加空气阻力。它用鳞片抓住树皮爬到树上，到达起飞点。因为它的毒液对人类没有危险，所以**被认为是无害的**。

蜥蜴

蜥蜴是爬行动物中种类庞大且多样的一个类群，它们适应于各种生活环境。多数蜥蜴是4条腿、长有一条长尾、鳞状皮肤，卵生。

这条蜥蜴丢了它的尾尖

它长出一条新尾需要两年的时间

▲ 保护色
很多蜥蜴的图案状皮肤都能很好地融入周围环境。这能帮助它们躲避天敌并伏击猎物。

▼ 日光浴
因为蜥蜴是冷血动物，在活动之前，它们需要大量时间来晒太阳。

喉囊

五趾爪

侏儒变色龙还没有指甲大

小知识

■ **主要特征**：蜥蜴典型的特征是尾比身体长，一些蜥蜴在受到攻击时可以自残尾巴。蜥蜴有外耳孔，眼睑可活动，舌有凹口或分叉，沿颌骨长有尖锐的或锯齿状的牙。

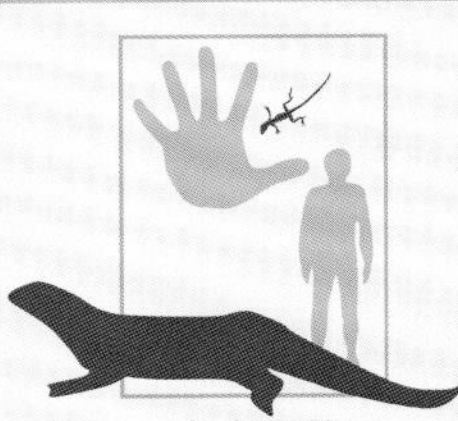

大小比较

钝尾毒蜥

Heloderma suspectum

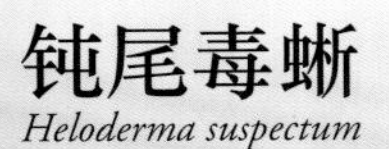

■ 体高 45－60 cm
■ 分布 美国西南部、墨西哥北部

钝尾毒蜥生活在沙漠或半干旱地区，藏身于岩石下或洞穴中。**珠状鳞片**上饰以鲜明的条纹和色斑。钝尾毒蜥**有毒**，毒液通过下颌上的牙齿沟槽进行传送。钝尾毒蜥主要在春天捕食蛋和幼兔。它们大吃一顿后将脂肪储存在尾巴里。

尖锐的牙

存储脂肪的尾

珠状鳞片

▼ 偷卵贼
钝尾毒蜥等蜥蜴经常会突袭鸟巢。它们猎食鸟蛋和幼鸟，并且用颌骨压碎卵壳，让卵液淌进喉咙。

蛇蜥

蚓蜥属于蛇蜥的一类，常被误认为是蠕虫或蛇。它们圆柱形的身体及鳞环与蠕虫的身体组成很相似。为了适应地下生活，它们的头光滑尖锐，能钻洞，眼睛很小，发育不全，身上覆盖着一层透明鳞片。鼻孔向后，这样就可避免在钻隧道时被泥土堵住。多数蚓蜥生活在热带地区，温暖的泥土能让它们持续获得地下活动所需的能量。

▲ 眼和嘴
蚓蜥只具备最初级的视力。下颌后置以防止挖洞时泥土进入体内。

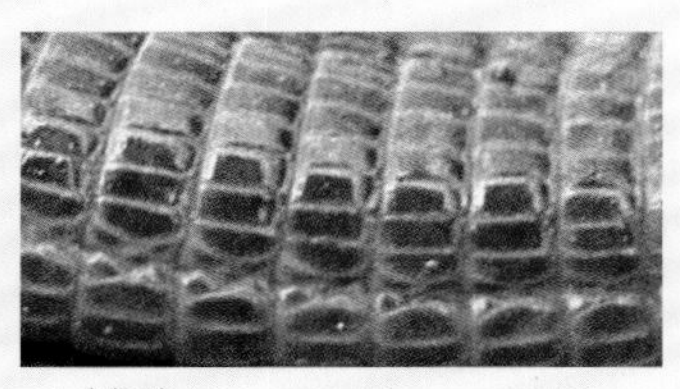

▲ 鳞片
与蛇不同的是，蚓蜥的鳞片不是交叠而是呈环状分布，所以看起来更像是蠕虫的体节。

▼ 骨骼
尽管外形与蠕虫相似，但蚓蜥的骨骼与蛇类似。它们还长着证明它们的祖先是有腿的骨骼。3种墨西哥蚓蜥现在还有一对前腿。

斑点蚓蜥
Amphisbaena fuliginosa

- 体长 30 – 45 cm
- 分布 南美北部、特立尼达岛

与多数蚓蜥不同的是，这种蚓蜥是粉棕色的，并饰以独特的黑白花纹。它一生的大部分时间生活在地下，有时夜间会来到地面。蚓蜥在土壤中移动时，身体成六角手风琴的样子，这样会为前进提供推力。这种蚓蜥会用**强有力的颌骨**压碎它遇到的任何小型脊椎动物和昆虫，并吃掉它们。如有必要，它们还能自残尾巴，但不会长出新尾。

犰狳蜥
Cordylus cataphractus

- 体长 16 – 21 cm
- 分布 南非

这种小蜥蜴生活于南非的沙漠中。它们长着罕见的**方形鳞片**，颈和尾部长有棘状突起。如遭受攻击，它们就会**咬住尾巴**蜷缩起来保护柔软的腹部，就像犰狳一样。它们还会藏在石缝中将身体膨胀起来，这样就不会被拉出来。犰狳蜥还是搬运工，它们有时会聚集多达40只群居生活。

斗篷蜥
Chlamydosaurus kingii

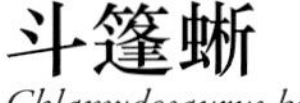
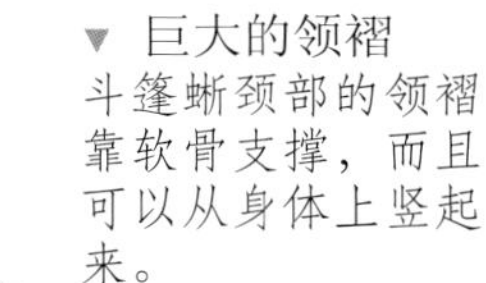

- 体长 60 – 90 cm
- 分布 澳大利亚北部、新几内亚

如果澳大利亚斗篷蜥被激怒，将是非常壮观的景象，它会靠后腿站起来，撑起**颈部宽大的伞状斗篷**并发出响亮的嘶嘶声。如果这个战术不起作用，它会转身跑到另一棵安全的树上。它在树下寻找食物，主要捕食昆虫、蜘蛛和其他无脊椎动物。

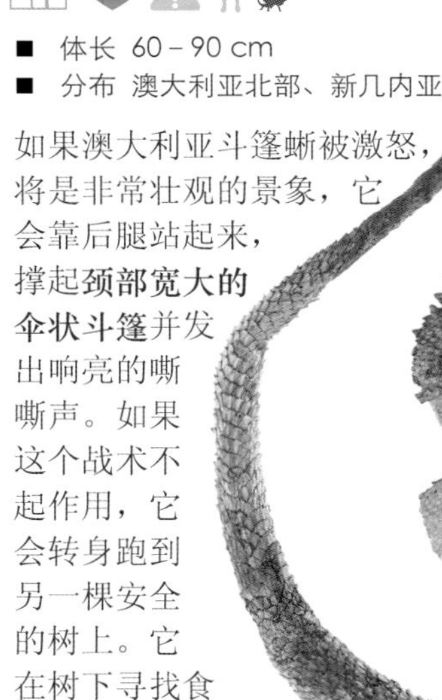

▼ 巨大的领褶
斗篷蜥颈部的领褶靠软骨支撑，而且可以从身体上竖起来。

变色龙

又称避役。因为它们奇特的可转动的眼睛以及不可思议的变色能力，因此变色龙在民间有着特殊的地位。在马达加斯加，它们受到当地迷信行为的保护，人们认为杀死变色龙会带来厄运。

我的尾巴能打卷。

变色龙的尾巴很长，善于抓握或缠绕，能牢牢缠住树枝，起到固定作用。当不需要时，尾巴一般自然地打着卷。

帕达利斯避役

Furcifer pardalis

5 ?

- 体长 40 – 52 cm
- 体重 约250 g
- 分布 马达加斯加和留尼汪岛、印度洋

体型庞大，颜色鲜艳，能变换颜色。雌性只有在怀孕期才会变色，而雄性则会根据心情的变化随意变换红、绿、蓝等颜色。

用于抓住树枝的卷尾

随心所变！

变色龙皮肤上的色素细胞包含各种色素，能展现或隐藏细胞表面颜色。变色龙的大脑发出指令，告诉每个皮肤细胞什么颜色应该展现，什么颜色应该隐藏，形成统一的图案以适应当时的环境。

假面变色龙
有些变色龙的胄盔有很多功能，能释放或收集低频声音，就像一个反射器。

丰富的情绪
雄性变色主要是为了交流。当它们与对手相逢，会根据挑衅的心情变换体色来威胁对方。

爬行动物

奇异的脚上功夫
变色龙每只脚上有5个脚趾，其中两个脚趾合为一组，另外3个组成一组，形成强有力的抓握，能安全站在窄枝上。

▲ 食物
变色龙主要以昆虫和蜘蛛等小型无脊椎动物为食，它们以闪电般的速度伸出长而黏滑的舌头捕食猎物，命中率极高。

伪装
变色龙能通过变色与环境融为一体。它们轻轻地摇摆犹如树枝拂动，这种伪装巧妙完美。

◀ 巢穴
雌性变色龙通常在潮湿的土壤中产下多达50枚橡胶状的卵。孵化出的小变色龙是父母的微型翻版，但它们从出生之日起就要自己照顾自己。

壁虎、石龙子和其他

蜥蜴世界的动物都是攀爬高手，壁虎的脚具有黏性，可以牢牢地抓住任何东西。它们在热带地区很常见。这种细长的石龙子是蜥蜴目中最大的组成部分。尖尖的头部和扁平的身体使它们可以轻松地滑进罅隙和裂缝中。

▼ 飞到空中是褶虎躲避天敌的绝招。它从树上跃起，在带蹼的脚和皮肤翼膜的帮助下展开滑翔。

▼ 黏性的脚让壁虎即使在光滑的表面上也能很轻松地爬行。每个脚趾垫上都有脊状突起，并覆盖着微小的绒毛组织，能牢牢地攀附在任何物体表面上。

蓝色的舌头

◀ 伸出舌头

这种黑黄柔蜥经常伸出舌头吓退敌人。这种防御式的表演还伴随着响亮的嘶嘶声，可以保护它免受攻击。

大壁虎

Gekko gecko

15

黏性的趾

- 体长 18 – 36 cm
- 食物 昆虫、小型脊椎动物
- 分布 东南亚

由于体型巨大、颜色鲜艳，大壁虎是最引人注目的壁虎之一。尽管它极具攻击性，而且**咬人很疼**，但仍是很受欢迎的宠物。当一只大壁虎被惹恼了就会张开大嘴，展示它那**鲜红的舌头**。即使是其他壁虎也会小心地避开它，因为它们**同类相残**，它会毫不犹豫地吃掉比它小的壁虎。大壁虎能发出响亮的叫声。

白天，瞳孔关闭成一条小缝

红色的舌头

夜间视物

大壁虎主要在夜晚活动，它的眼珠可以转动以便更好地在夜间视物。为了避免强光照射，它还能将瞳孔关闭成一条小缝。

斑睑虎
Eublepharis macularius

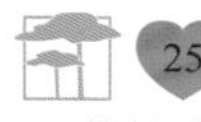

- 体长 20－25 cm
- 食物 蜘蛛、蟋蟀、蠕虫、幼鼠
- 分布 南亚

斑睑虎的尾巴几乎和它的身体一样宽。这条**丰满的大尾巴**被当作食物储藏室，以应对食物短缺的时候。与其他壁虎不同的是，它的**眼睑可动**，因此它会眨眼。斑睑虎是很受欢迎的宠物，如果养护得宜，可以活20多年。

加勒比守宫
Gonatodes daudini

- 体长 4-4.5cm
- 食物 昆虫
- 分布 加勒比海

在加勒比海群岛上的干燥丛林中，随便在地上抓起一把落叶，你就会发现这些小型守宫捕捉蚂蚁和白蚁的身影。尽管身体色彩鲜艳，但它身上的花纹能帮助其**隐蔽在丛林斑驳树影下的背景**中。

依比兹壁蜥
Podarcis pityusensis

- 体长 15－21 cm
- 食物 昆虫
- 分布 巴利阿里群岛，被引进到马略卡岛

纤弱、**灵巧**、害羞的依比兹壁蜥在受到惊吓时会快速跑掉或爬走。这种蜥蜴通常集**大群**生活。它们喜欢趴在墙上或岩石上晒太阳。依比兹壁蜥有时也会出现在花园里，到垃圾堆里寻找食物。

条纹石龙子
Plestiodon fasciatus

- 体长 12.5－21.5 cm
- 食物 昆虫、蜘蛛
- 分布 北美洲东部

尽管5条线纹决定了它的名字，但5条线纹只出现在雌性石龙子和幼蜥身上。**雄性**在成年之后**条纹就会消失**。小石龙子长着湖蓝色的尾巴（如右图）。这种蜥蜴一般生活在地面，有时也生活在树上。它们喜欢**腐木**和树桩，因为那里是滋生昆虫的场所。

帕尔马托壁虎
Pachydactylus rangei

- 体长 12－14 cm
- 食物 蟋蟀、蜘蛛
- 分布 南非西部

帕尔马托壁虎生活在沙漠中，趾间的蹼让它不会陷入沙子里。白天，壁虎**躲避在**自己挖掘的**地道中乘凉**。夜间出来觅食，大眼睛能帮助它们锁定猎物。

不同个体身上的红色斑纹不同

扁身环尾蜥
Platysaurus broadleyi

- 体长 15－20 cm
- 食物 苍蝇、浆果
- 分布 非洲南部

扁身环尾蜥可挤进最狭窄的石缝，因为它的身体和尾巴是扁平的。雄性（如下图）体色斑杂，雌性和幼蜥的体色呈棕色，饰以淡色条纹。它们**栖息在瀑布附近**，捕食成群的小昆虫。

双领蜥
Tupinambis teguixin

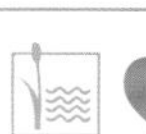

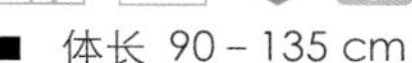

- 体长 90－135 cm
- 食物 小型脊椎动物、蜗牛、卵、水果、植物
- 分布 南美洲

这种大型、强壮的蜥蜴有时很具攻击性。它是**地栖动物**，自己挖掘洞穴。双领蜥是攀爬高手，但是大部分时间居住在地面。它经常**把卵产在白蚁蚁冢中**，这样可以防止被偷猎。

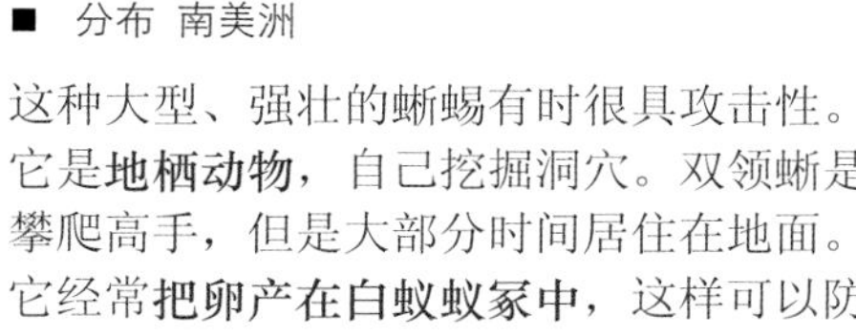

马加残趾虎
Phelsuma madagascariensis

- 体长 22－30 cm
- 食物 昆虫、蜘蛛、水果、花粉、花蜜
- 分布 马达加斯加北部

马加残趾虎有很多类型，但都在白天活动。这种大型残趾虎是最大的种类之一。与它的近亲不同，这种壁虎是**强烈的领地守护者**。雄性壁虎会驱赶靠近它们家园的任何其他雄性壁虎。

鬣蜥、巨蜥及其近亲

蜥蜴的形态和大小各异。世界上最大的蜥蜴是科摩多巨蜥，它捕食鹿和野猪等动物。而那些轻巧型的小蜥蜴则会在空中一闪而逝。

▲ 致命的唾液
若被科摩多巨蜥咬一口那将是致命的。它的唾液里含有致命细菌，动物被咬24小时内就会毙命。

◀ 进食
科摩多巨蜥一顿饭能吃下相当于它们体重80%的食物。巨蜥有时也会整个吞下小动物，动物的角、蹄子和毛发等未消化的部分以颗粒形式被排出体外。

我是最大的蜥蜴。

人们很少见到科摩多巨蜥。它们鳞状的皮肤层层折叠，长着一条巨大健壮的尾巴，强壮的颌骨能撕咬大块的肉。

科摩多巨蜥

Varanus komodoensis

60

- 体长 2–3 m
- 分布 印度尼西亚

科摩多巨蜥主要以腐肉为食，有时也捕捉活物，在它们所生活的岛屿上是头号猎手。它们还是短跑健将，小巨蜥也能爬树。一般独居生活。

双嵴冠蜥
Basiliscus plumifrons

■ 体长 60 – 75 cm
■ 分布 中美洲

双嵴冠蜥呈翠绿色，栖息于垂挂在溪流和池塘的树上。头、颈和尾部有**3个脊冠**，可协助游泳。这种蜥蜴有一项独特的逃生本领，它能用后腿快速地窜过池塘表面。

魔蜥
Moloch horridus

■ 体长 15 – 18 cm
■ 分布 澳大利亚

体表被覆棘刺的魔蜥很小，它们生活在澳大利亚。这些**棘刺**既可抵御外敌也可**储备水分**。魔蜥只吃一种黑蚁。它们会蹲在一个蚁冢旁边，一只接一只地吃掉约3,000只蚂蚁。

鳞甲恶魔
棘刺不是魔蜥唯一的防御武器。它们还能将身体充气膨胀以吓退敌人。

普通鬣蜥
Agama agama

■ 体高 30 – 40 cm
■ 分布 非洲

普通鬣蜥一般是灰褐色的，但雄性鬣蜥在**晒了太阳之后**，身体和尾呈蓝色，**头部呈橙红色**。普通鬣蜥通常居住在开阔的环境中，也经常出现在建筑物旁。它的尾是身体的两倍长。

飞蜥
Draco spilonotus

■ 体高 15 – 20 cm
■ 分布 东南亚

飞蜥的身体两侧沿肋骨连接着一层翼膜，展开就是一副“**翅膀**”。翅膀就像一个降落伞，能躲避猎食者滑翔到安全的地方。下巴上的翼膜则用来**吸引配偶**并威胁竞争对手。

美洲鬣蜥
Iguana iguana

■ 体高 1.75 – 2 m
■ 分布 美洲中部和南部

南美洲北部，特别是亚马孙热带雨林的大部分地区都有美洲鬣蜥的踪影。它下巴上长着**肉质喉垂**，沿背部长着棘刺鳞片。鬣蜥是灵活的攀爬高手，也会**用尾巴**推动身体**游泳**。

尼罗河巨蜥
Varanus niloticus

■ 体高 1.5 – 1.8 m
■ 分布 中非

尼罗河巨蜥生活在水边，捕食蟹、软体动物、鱼类，也吃幼鸟和鸟蛋。在寒冷的天气里，尼罗河巨蜥会集合在**共同使用的窝**里冬眠。如遇鳄和蟒的威胁，它们会动用牙齿、爪子和尾巴保护自己。雌性巨蜥将卵产在**白蚁蚁冢**中。

钝鼻蜥
Amblyrhynchus cristatus

■ 体高 50 – 100 cm
■ 分布 加拉帕戈斯群岛

钝鼻蜥生活在远离厄瓜多尔海岸的加拉帕戈斯群岛的岩石海岸上。它们是唯一能**在海水中游泳**的鬣蜥，通常以水藻为食。它们只能在冷水中待一小段时间，而后必须晒太阳令自己暖和起来。这是猎食者捕猎它们的最好时机。

鳄和短吻鳄

鳄和短吻鳄等大型的有鳞爬行动物都是鳄目动物。它们水陆两栖，是游泳高手，用尾巴推动游水。当它们闭合颌骨时足以咬碎骨头，但张开嘴巴时则很脆弱，用手就可以控制它们。

非洲侏鳄

Osteolaemus tetraspis

- 体长 约1.7 m
- 体重 约31 kg
- 食物 鱼类、蛙和蟾蜍，幼鳄吃蠕虫和昆虫
- 分布 非洲西部和中部

在**最小**的鳄中，这是最具攻击性的一种。它们白天在水边的树干上打洞，到了**夜晚出来觅食**。雌性侏鳄通常会产下约10枚卵，当幼鳄孵化出后，它会用嘴将它们衔到水中。

▲ 鳄是冷血动物，所以它们需要依靠外界环境来帮它们取暖或降温。

中美短吻鼍

Caiman crocodilus

- 体长 2–2.5 m
- 体重 约45 kg
- 食物 爬行动物、鱼类、水鸟
- 分布 中美、南美北部

这种鳄眼周的**骨质脊突**看起来就像戴了一副眼镜。它们大部分时间生活在淡水区，白天浮在水面上，夜晚捕食。它们是游泳高手，捕食食人鲳、鲶鱼等鱼类。也**袭击哺乳动物**，如到河边饮水的野猪。

▼ 鳄的眼睑是透明的，当它们在水下时就会关闭眼睑。

食鱼鳄

Gavialis gangeticus

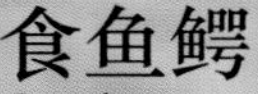

- 体长 4–7 m
- 体重 约100 kg
- 食物 鱼类、蛙、昆虫
- 分布 印度北部

食鱼鳄的**口**、**鼻**长而**狭窄**，是最大的鳄之一。它们很少离开水，不能在陆地行走，只能依靠**腹部滑行**。

▶ 杀戮时刻
鳄在静待猎物时，会将整个身子沉入水下，只露出口鼻和眼睛。

最早的鳄目动物。

鳄出现在两亿年前，与恐龙是同时代的动物。与那时相比，它们几乎没有发生实质性的变化。

尖吻鳄

Crocodylus cataphractus

■ 体长 3－4.2 m
■ 食物 蟹、蛙、鱼类、鸟类和小型哺乳动物
■ 分布 非洲中部和西部

这种鳄的体色为接近黑色的**灰绿色**。它们生活在河流、湖泊和近海水域。尽管它喜欢淡水，但也能忍受海水，能**游向**非洲大陆附近的**海岛**。雌鳄在岸边巢穴中一次可产下13～27枚卵。

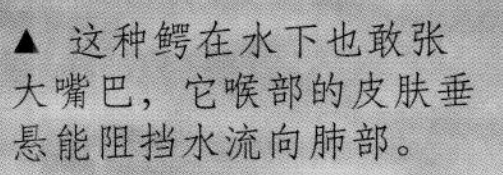

▲ 这种鳄在水下也敢张大嘴巴，它喉部的皮肤垂悬能阻挡水流向肺部。

密河鼍

Alligator mississippiensis

■ 体长 2.8－5 m
■ 体重 约453 kg
■ 食物 鱼类、小型哺乳动物、鸟类
■ 分布 美国东南部

密河鼍体型巨大、**体态笨重**，主要生活在美国佛罗里达州和路易斯安那州的河流、湖泊和**沼泽地**中。雌性一次可产25～60枚卵。幼鳄身上有黄色和黑色条纹。它们会待在妈妈身边直到3岁大。

尼罗鳄

Crocodylus niloticus

■ 体长 3.5－6 m
■ 体重 约225 kg
■ 食物 鱼类和羚羊、斑马、水牛等大型哺乳动物
■ 分布 非洲、马达加斯加西部

这种鳄以鱼类为食，也会捕食羚羊和斑马等大型哺乳动物。它会将较大的猎物赶下水，咬着它们一圈一圈地转，将猎物撕咬成块，然后吃掉它们。

两栖动物

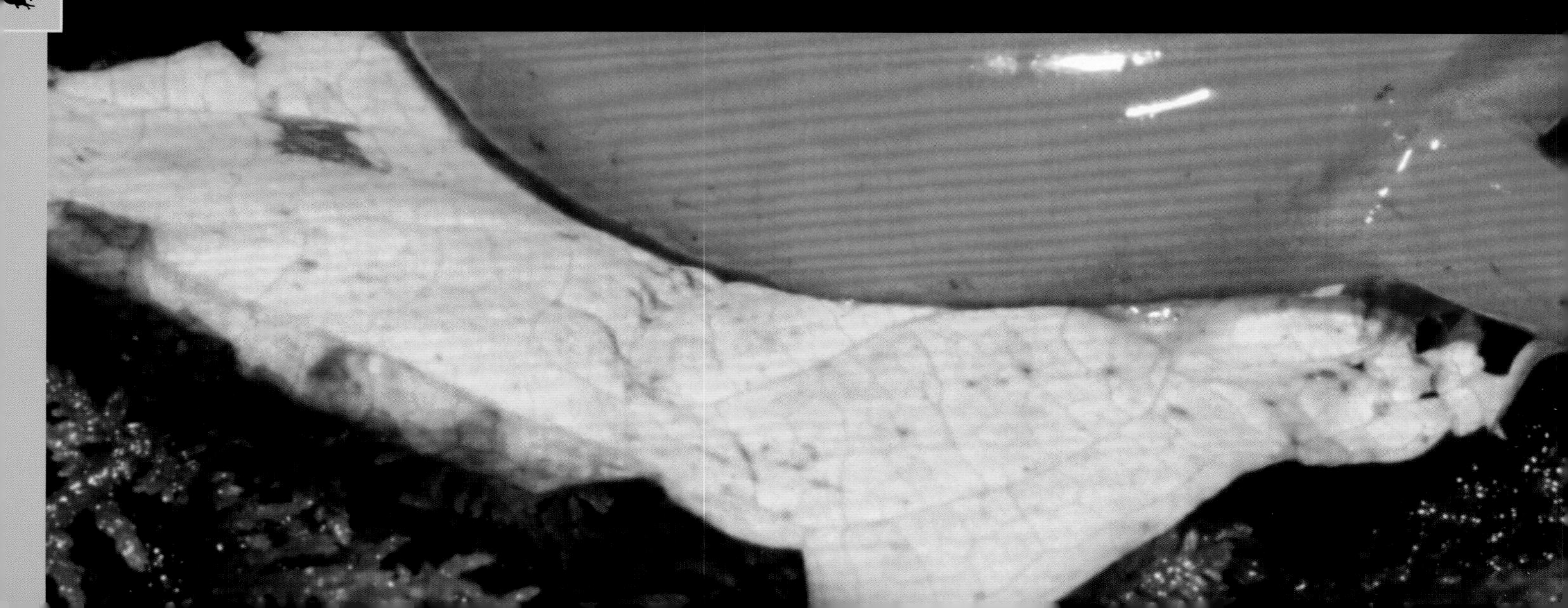

定义：**两栖动物**由3个类群组成：蝾螈和鲵、蛙和蟾蜍、蚓螈。它们是冷血动物，水陆两栖。

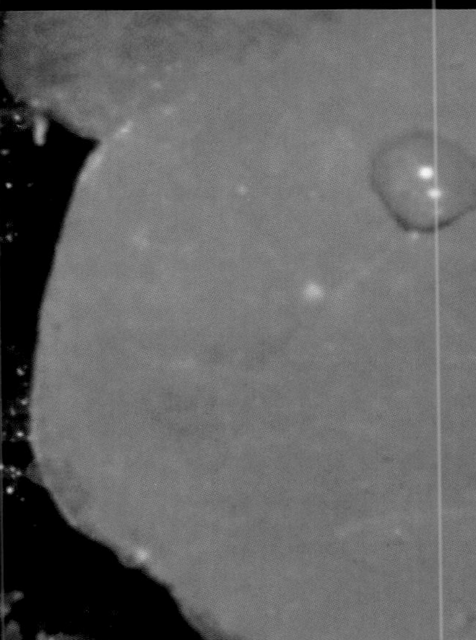

什么是两栖动物？

两栖动物一生要经历3个生长阶段：卵、幼体、成体。大多数两栖动物在水中开始它们的生命，用鳃呼吸，长大后就可以在陆地生活，用肺呼吸。这个过程叫做“变态”。

两栖动物的生活

蟾蜍、鲵、蝾螈、蚓螈，这些生物都是两栖动物。这里最鲜为人知的是蚓螈。它看起来形似蠕虫，生活在土穴和水下，让人很难发现它们。它利用敏锐的嗅觉寻找蚯蚓，用弧形的锋利牙齿咬住猎物。

◀ 蚓螈的生活周期
蚓螈，如马哈迪河蚓螈的生活周期各有不同，一些负责产卵，一些负责在体内把卵孵化成幼虫。

我能上岸闲逛了。

两栖动物既可以在水里也能在陆地上营巢。

小知识

两栖动物有3大类群：蛙和蟾蜍、蝾螈和鲵、蚓螈。共5000多种。

■ **蛙和蟾蜍**
蛙和蟾蜍的幼体叫蝌蚪。它们成年后食肉，之前一直以水藻为食。

■ **蝾螈和鲵**
这类动物长有尾巴和短腿，成体和幼体都食肉。

■ **蚓螈**
两栖动物中的一小群，它们身体细长，没有腿。只生存在热带潮湿的环境中。

归家的漫漫长路

多数成体两栖动物在陆地生活，但要回到水中繁衍下一代。有些种类要经过长途跋涉回到它们出生的池塘中产卵。在繁殖季节，大量的蛙都要踏上“归家”的坎坷长路。

▶ 卵池
蛙找到池塘后开始交配并产卵。

特殊的皮肤

两栖动物的皮肤极其特殊，光滑无毛，具有吸收能力，肤质很薄，薄到可以利用其进行呼吸。黏液腺使体表保持湿润，利于气体交换。

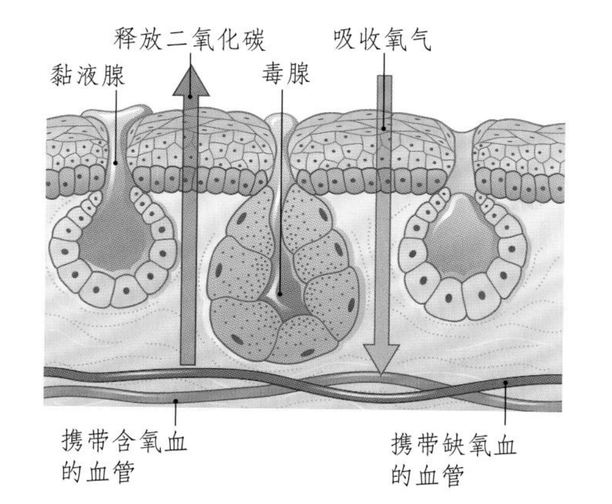

▲ 隐藏的蛙
多数两栖动物善于伪装。它们通过皮肤多彩的颜色让自己不易被发现。

坚韧的骨骼

两栖动物身体构造很简单，非常适应水陆生活。一对大眼窝为大眼睛提供了足够的空间，宽大的嘴适合捕食大猎物。

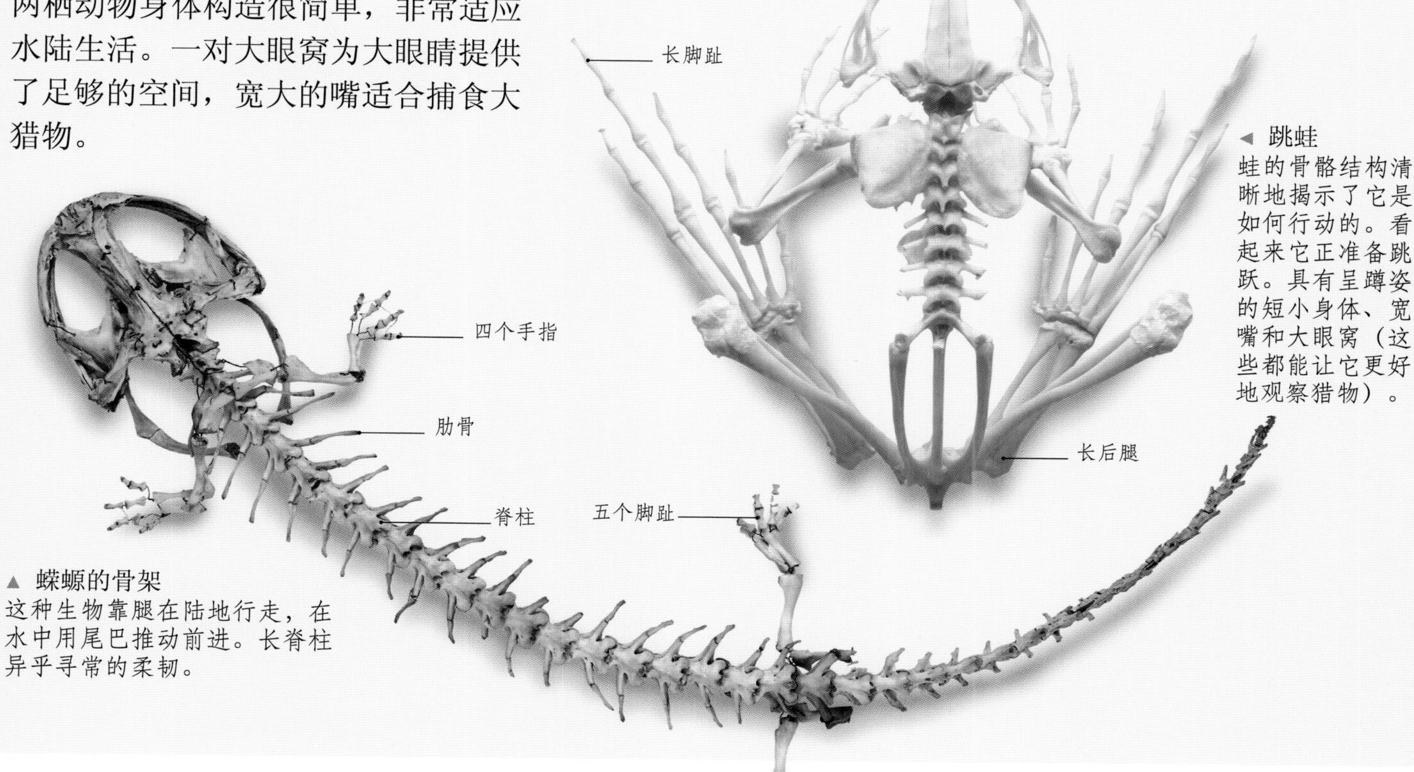

◀ 跳蛙
蛙的骨骼结构清晰地揭示了它是如何行动的。看起来它正准备跳跃。具有呈蹲姿的短小身体、宽嘴和大眼窝（这些都能让它更好地观察猎物）。

▲ 蝾螈的骨架
这种生物靠腿在陆地行走，在水中用尾巴推动前进。长脊柱异乎寻常的柔韧。

变形

多数两栖动物的生命起始于水中：从一串卵中分离出来（以蛙为例，称为“蛙卵”）。几周后卵孵化出幼体。幼体像长着尾的小鱼，游泳并用鳃呼吸。随之身体逐渐开始发生变化，并发育出肺，直至变态完全结束，它们就能离水上岸。

▲ 蝾螈的生命周期
和蛙一样，蝾螈也经过卵—幼体—成体这个过程。它们的尾被保留。

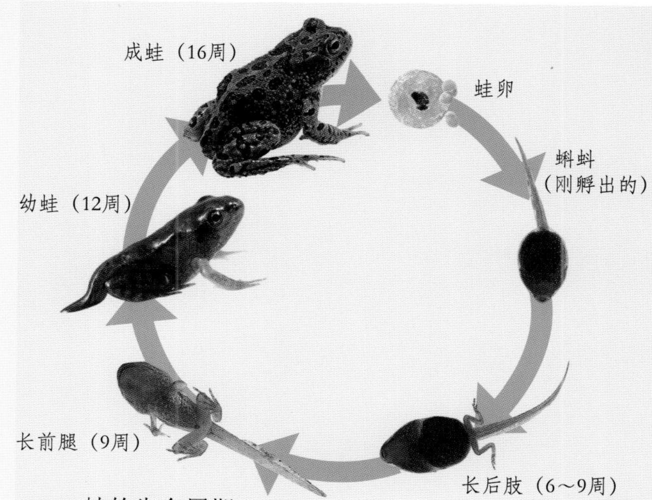

▲ 蛙的生命周期
蛙的生命从蛙卵开始，孵化成蝌蚪，逐渐长出腿，尾越来越萎缩，最后变成蛙。

蝾螈和鲵

头发长出来了，我长大了。

这个冠欧螈还是一个孩子，还要在水中打发时间，它用长有绒毛的鳃呼吸。大约4个月大时，鳃开始退化并消失。欧螈就要开始用肺呼吸并准备离开水了。

蝾螈和鲵没有真正的区别。鲵是蝾螈的分支，也就是说所有的鲵都属于蝾螈，但是不是所有的蝾螈都是鲵。成年鲵在水里生活的时间要比蝾螈长。它们都是两栖动物。

大鲵
Andrias davidianus

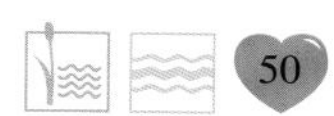

- 体长 约1.8 m
- 食物 鱼类和甲壳动物
- 分布 中国

世界上**最大的两栖动物**。生活在山里的溪流中，喜欢湍急的水流，主要在夜间捕食虾、鱼类及昆虫。某些雄性大鲵是专横的父亲。在繁殖季节，它会控制自己领域内所有配偶的行踪，**保护所有的卵**，直到它们孵化出来。

真螈
Salamandra salamandra

- 体长 18–28 cm
- 食物 蠕虫、蛞蝓和昆虫
- 分布 非洲西部和北部、欧洲、亚洲西部

强壮身体上的**黄色斑纹**警告猎食者它是有毒的，把它当美味大餐绝对会后悔的。它通常**生活在林地的山脉斜坡上**。在寒冷的冬季，它蜷缩在地下温暖舒适的洞中。天气转暖后再度出现，特别是在雨后出来捕食蛞蝓和蠕虫。

红颊无肺螈
Plethodon jordani

- 体长 8.5–18.5 cm
- 食物 马陆、甲虫和昆虫幼虫
- 分布 美国东部

由于**尾渗出的黏液**，这种蝾螈同样令捕食者厌恶。它的繁殖习惯与其他蝾螈不同：雄性每年繁殖一次，雌性两年繁殖一次。

冠欧螈
Triturus cristatus

- 体长 10–14 cm
- 食物 昆虫、蠕虫、树虱、蛞蝓、蜗牛
- 分布 欧洲、亚洲中部

这是一只雄性冠欧螈。在繁殖季节你可以通过它**背部的冠**来辨认性别。它在水下通过复杂的舞蹈来吸引雌性。交配后，雌性**每次产一枚卵**，然后用树叶将卵包起来。如果雌螈产下200多枚卵，就要用4个月的时间来包卵，这可是个大工程。

沿海陆巨螈
Dicamptodon tenebrosus

- 体长 17–34 cm
- 食物 无脊椎动物、其他两栖动物、蛇和鼠
- 分布 加拿大西部和南部、美国北部和西部

这种大型的蝾螈生活在溪流中或溪流附近，通常**夜晚出来活动**。一些从未离开过水的陆巨螈仍有鳃，一些已经离开水的陆巨螈的鳃已退化。由于伐木导致溪流堵塞，造成此物种数量减少。

红瘰疣螈
Tylototriton shanjing

- 体长 14–18 cm
- 食物 蠕虫、鱼类
- 分布 亚洲南部和东南部

在冬季和旱季，这种**身上有疣的蝾螈**在地下生活。待到季风多雨时再出来活动。繁殖季节，它要经过长途跋涉找一处繁殖的池塘，将卵产在水生植物上。

洞螈
Proteus anguinus

- 体长 20–30 cm
- 食物 无脊椎动物
- 分布 欧洲南部

这是少数**把家安在洞穴**里的两栖动物，有时能深达地下几千米。它完全生活在黑暗中，**几乎是目盲**。以地下溪流里的蛞和幼虫为食，从不离开水。

蛙和蟾蜍

这些冷血动物组成了两栖动物中最大和最著名的一群。它们外形、大小和颜色各异。非洲巨蛙大小等同于一只猫，而一些蛙蟾又小得能放在你的指甲盖上。

▲ **欢迎来我家**
每只雄蛙都有不同的叫声。金肋雨蛙（*Hyla chrysoscelis*）的声囊充满空气后能发出很大的声音。雌蛙听到声音就知道在哪里能找到配偶。

跳蛙
蛙能爬行、攀登和单脚跳跃，跳跃的距离可达它体长的10倍。遇到危险时，它把自己弹射出去，就像这只虎纹蛙。

小知识

- **种的数量**：近4, 500种。
- **主要特征**：身体短小、后腿长、皮肤黏滑、无尾。
- 没有明确的方法能说明蛙和蟾蜍的区别。
- 蛙通常具有光滑湿润的皮肤，触感黏滑。能跳跃。大部分时间生活在水里或水源附近。
- 蟾蜍看起来较为干燥，皮肤有疣。行走多于跳跃，大部分时间都在陆地生活。

绿雨滨蛙
Litoria caerulea

- 体长 5－10 cm
- 习性 陆栖
- 分布 新几内亚南部、澳大利亚北部和东部

这种蛙以**温顺**的举止而著称，喜欢在建筑物里或其周围生活。它是夜间捕手，以蚊子、蟑甚至老鼠为食，因此它是**非常受赏识的房客**。它的皮肤对人类也很有帮助，里面含有一种有助于治疗高血压的物质。

异舌穴蟾
Rhinophrynus dorsalis

- 体长 6－8 cm
- 习性 陆栖/穴栖
- 分布 美国南部到美洲中部

这只**膨胀**起来的蟾蜍大部分时间生活在地下，它把自己埋在松软的土壤里，以蚂蚁和白蚁为食。只在大雨过后才出来繁殖。如果雨不停，它就**不会有繁殖季节**。它低沉的“喔啊”叫声能持续整年。

印尼枯叶蛙
Megophrys montana

- 体长 7－14 cm
- 习性 大部分陆栖
- 分布 亚洲东南部

这种林地蛙有一副和枯叶极其相似的惊人外表。它们口鼻尖锐、**眼部有突起**、皮肤有明显褶皱，增加了外表的迷惑性。捕食通常以**守株待兔**的方式等待蝎子或小蟹自动送上门。

丽红眼蛙
Agalychnis callidryas

- 体长 4－7 cm
- 习性 陆栖
- 分布 美洲中部

科学家认为丽红眼蛙进化出如此**鲜艳的眼睛**是为了给捕食自己的敌人一种震撼，一种迷惑，这是否是美餐？猎食者稍一犹豫就给了它们逃生的机会。丽红眼蛙通常在**夜间活动**，它用又长又黏的舌头捕食飞蛾和蟋蟀。

金肋雨蛙
Hyla chrysoscelis

- 体长 3－6 cm
- 习性 大部分陆栖
- 分布 加拿大南部、美国中部和东部

这些小雨蛙擅长把自己隐藏在地衣覆盖的树枝下。它们从不远离水源。蝌蚪时期，它们的身体呈圆形，尾很长。当有捕食者靠近雨蛙时，它们的身体**变为红色**。从蝌蚪到发育成形至少需要两个月。

卡宾蛙
Mixophyes carbinensis

- 体长 6－7.5cm
- 习性 大部分陆栖
- 分布 澳大利亚北部

卡宾蛙生活在澳大利亚北部的雨林地面上，在那儿，它们捕食小型无脊椎动物，在潮湿的落叶中挖洞。在繁殖季节，它们发出深远的“霍霍”叫声来吸引异性。**蝌蚪的体型是成蛙的两倍大**，需要两年时间成长为成蛙。

美洲牛蛙
Lithobates catesbeianus

- 体长 9－20 cm
- 习性 大部分水栖
- 分布 加拿大南部和西部、美国东部

这种大型蛙**胃口非常好**！它们以能吞下的所有活物为食，包括无脊椎动物、小哺乳动物、鸟类、爬行动物、鱼类，甚至乌龟和其他蛙类。它们通常生活在水流缓慢的河流和小溪岸边的植被中。

非洲巨蛙
Conraua goliath

- 体长 10－40 cm
- 习性 大部分水栖
- 分布 喀麦隆、赤道几内亚

世界上最大的蛙，它可以跳过一辆汽车的长度。它很害羞，眼神机警，能迅速**从视野里消失**。在卵和蝌蚪阶段，没有任何迹象表明它能比世界上其他的蛙大多少，只有在成体后才开始疯长。

我想我坠入了爱河！

蛙和蟾蜍在繁殖季节涌进池塘，在这里交配，雌性产卵，然后离开。它们的存活率非常低。2,000枚卵中，只有不足5只蛙或蟾蜍能存活下来，它们将来会在同一池塘繁衍后代。

大蟾蜍春天在池塘结对繁殖，雌性在怀孕这段时间要比雄性体型大得多。

霍西浆蟾
Pedostibes hosii

- 体长 5–10 cm
- 栖所 主要生活在陆地
- 分布 亚洲东部和南部

它是**攀爬高手**，这对蟾蜍来说很不寻常。它喜欢把自己挂在河边的树枝上。雌性在水中产下一长串的蟾蜍卵，**蝌蚪有吸管一样的嘴**，卵和蝌蚪能紧紧吸附在岩石上。

东方铃蟾
Bombina orientalis

- 体长 3–5 cm
- 栖所 主要生活在水中
- 分布 亚洲东部以及东南部

这种蟾蜍长着**亮橙色的腹部**是有原因的，一遇到危险它就拱起背部，伸展身体，把前肢举过头顶来展示这鲜艳的色彩，希望能把敌人吓跑。它生活在海岸附近的山溪中，冬季会隐藏在岩石和原木下面。

负子蟾
Pipa pipa

- 体长 5–20 cm
- 栖所 始终生活在水中
- 分布 南美洲北部

负子蟾具有强有力的后腿，能让它快速游动，**手指上的触毛**能帮它在浑浊的水中找到猎物。当雌蟾产卵后，卵被吸入雌蟾背部的皮肤内，**在卵囊里发育**并孵化成幼蟾。

产婆蟾
Alytes obstetricans

- 体长 3–5 cm
- 栖所 主要生活在水中
- 分布 欧洲西部和中部

这种蟾蜍的**繁殖方式非同寻常**。雌性产下成串的充满卵黄的大卵，受精后交给雄蟾。雄蟾将卵缠绕在后肢上，随身携带直到幼体破壳而出。卵孵化时，雄蟾带着它们回到池塘。

大蟾蜍
Bufo bufo

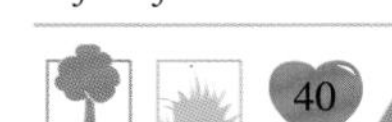

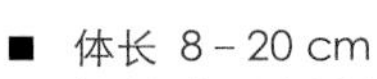

- 体长 8–20 cm
- 栖所 主要生活在陆地
- 分布 非洲西部和北部，欧洲到亚洲中部

大蟾蜍是欧洲分布最广的两栖动物。它们除了繁殖季节外，都在陆地生活，**以蚯蚓和昆虫为食**。遇到危险时它们会用刚直的腿踮起脚尖，**吸入空气**使身体膨胀起来。它们是夜行性动物。

光滑爪蟾
Xenopus laevis

- 体长 6–13 cm
- 栖所 主要生活在水中
- 分布 非洲南部

眼睛长在头顶上，便于侦察上方的猎物，长手指将小鱼和昆虫幼虫投送到口中，这种蟾是**贪吃的水下捕食者**。皮肤的颜色形成良好的伪装，保护它不被饥饿的鹭捕食。

这种世界上最大的蟾蜍有种隐蔽的武器，它的皮肤含有剧毒，足以致任何攻击它的动物死亡。如果它受到挤压或威胁，肩膀和身体的腺体就会分泌出一种白色的乳状毒液。动物吃了这种毒液会迅速死亡。

离我远点！
除了利用毒液，蔗蟾在受到攻击时会把身体立起来，这样看起来要比平时大了很多。多数的猎食者都知道对蔗蟾要退避三舍。

当心……我吃小蛇！

蔗蟾吃蛇，但也有些蛇吃蟾蜍，如图中这条蛇能不受蟾毒的侵袭而吃掉蔗蟾。然而，这只蔗蟾对于想一口吞掉它的蛇来说还是太大了。蔗蟾体型粗短结实，在平地上找到它要比在崎岖的地面上找到它容易得多。

蔗蟾

Bufo marinus

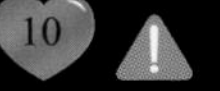

- 体长 5–23 cm
- 体重 重达 2 kg
- 习性 主要为陆栖
- 分布 中美洲、南美洲，被引进到澳大利亚和其他地区

你可以看到这只蔗蟾正从**肩膀的毒腺**渗出白色毒液。蔗蟾喜欢在夜间活动，白天隐藏在树叶或石头下面，或把自己埋在松软的土中。

动物保护

1935年，澳大利亚首次引进蔗蟾，随之数量急剧增长，现在已成为严重的公害。它成功地抢占了澳大利亚本土蛙和蟾蜍的领地与食物，并导致了本土动物的死亡。

新的一代

蔗蟾能产很多卵，据估算一次约30,000枚。尽管只有少数能成活，但这足以说明蔗蟾为什么会如此成功繁衍。它们的卵3天破壳，幼体成长速度很快。

▲ 饮食
蔗蟾吃掉一切它能捕到的猎物。它们的食谱包括大部分昆虫，也包括一些啮齿动物、小型蛙和蟾蜍、蛇。如果饥饿难忍，它们甚至吃掉自己的孩子。在住所附近常能见到蔗蟾，它们也吃被遗忘的狗粮。

箭毒蛙

这些生活在丛林里的宝石般的蛙色彩斑斓，鲜艳的颜色是为了警告那些捕食者它们是剧毒的。事实上，这一科的名字是由当地土著人狩猎时在吹箭筒里的箭末端抹上蛙的剧毒而得来的。

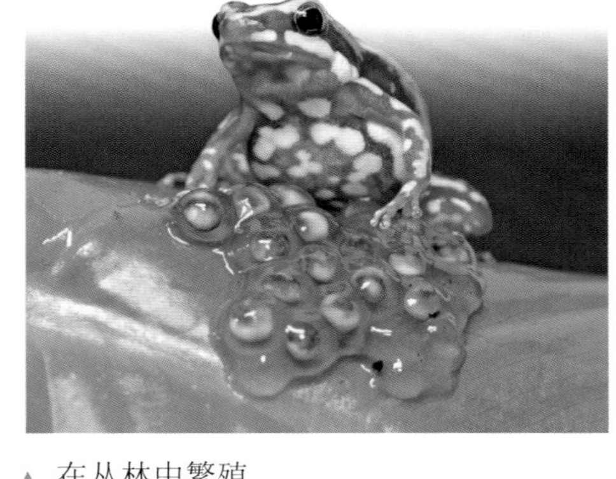

▲ 在丛林中繁殖
多数箭毒蛙家族中的雄蛙负责照看蛙卵，保护蛙卵，收集水来保持蛙卵湿润。当蝌蚪破壳而出时，它让蝌蚪蠕动到背上，把它们带到更适合的池塘中。

小知识

- 大概有120种箭毒蛙。
- 基本上所有种的颜色都很鲜艳。
- 大多数体型很小。
- 生活在中美和南美的热带雨林中。
- 雄蛙用叫声吸引异性。
- 它们用脚趾上细小的吸盘吸附住光滑的树叶和树枝。
- 它们用快速弹出的黏滑舌头捕食白蚁、蚂蚁、苍蝇、蟋蟀和其他昆虫。

箭毒蛙皮肤上的腺体分泌出毒液

◀ 最毒的蛙是金色箭毒蛙，它皮肤中所含的毒液足够杀死10个成年人。这种蛙非常危险，是唯一被认为接触一下就会致人于死地的动物。它是最大的箭毒蛙，体长近5厘米。

美丽杀手
斑点、条纹、华丽的色彩看起来异常美丽，但对于捕食者来说，这只意味着一件事：别吃它们。

花箭毒蛙

Dendrobates tinctorius

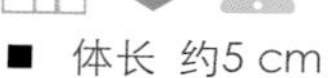

- 体长 约5 cm
- 栖所 丛林地表
- 分布 苏里南

在1968年才被发现，花箭毒蛙白天活动，常把自己隐藏在溪流附近的卵石和岩屑中。它**没有脚蹼**，不善游泳，所以**从来没在水中发现过它们**。

红珍珠箭毒蛙

Ranitomeya dorisswansonae

- 体长 1.7-1.8cm
- 栖所 丛林地面
- 分布 哥伦比亚

这种体型微小的蛙生活在不到0.5平方千米的丛林地表，这意味着这种蛙非常脆弱接近灭绝。它们**躲在凤梨科植物**里，并在植物的露水中产卵。它后腿的两个脚趾连在一起，看起来仿佛**只有4个脚趾**。

绿色丛蛙

Dendrobates auratus

- 体长 3－6 cm
- 栖所 丛林地表
- 分布 美洲中部和南部、夏威夷

这些小丛蛙有着和其他两栖动物不同的习性，**雌蛙引诱雄蛙**交配。雌蛙用前腿敲打雄蛙的后背来吸引它。人们把它们引进到夏威夷并在那里大量繁殖。在人口稠密地区，它们有时**把卵产在破瓶子**或废弃的罐头里。

莱曼箭毒蛙

Oophaga lehmanni

- 体长 约3 cm
- 栖所 丛林地表、矮灌木丛
- 分布 哥伦比亚

这种蛙又叫红带箭毒蛙，被列为**极度濒危**物种，因为它只生活在一个不到10平方千米的雨林中。分布在这个区域内的蛙群，每群彼此间没有联系，使这些小丛蛙更加濒危。不幸的是，这个特定的生存环境仍然在缩小。

黄条丛蛙

Dendrobates leucomelas

- 体长 3－5 cm
- 栖所 丛林地表，有时在树上
- 分布 南美北部

这种蛙的雄性是**领土主义者**。当其他雄蛙进入它的领地时，它会拦腰抱住对方，在入侵者的耳边发出**很大的嗡嗡声**。它的另一个名字叫蜂蛙。

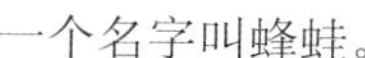

小丑箭毒蛙

Oophaga histrionica

- 体长 3－4 cm
- 栖所 丛林地表
- 分布 厄瓜多尔西部、哥伦比亚

这种蛙不仅是最小的也是**最毒**的蛙之一。毒液可以从身体每个部位渗出，它吃**有毒的蜂**并把毒素沉积到皮肤上。

草莓箭毒蛙

Oophaga pumilio

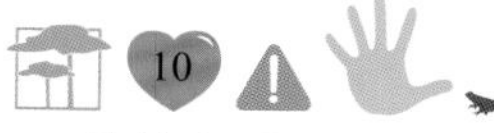

- 体长 2－2.5 cm
- 栖所 丛林地表
- 分布 中美南部

这种蛙也很小，它的毒性比小丑箭毒蛙略小，但仍能令捕食者反胃。它们的色彩多种多样，从鲜红色到棕色、蓝色或绿色，这取决于它的生活环境。在巴拿马潮湿的热带雨林中很常见。

蛙和蟾蜍

蛙和蟾蜍组成了两栖动物中最大的一群。它们之间没有实质区别。它们大小各异，从最小的巴西金蛙到巨大的非洲巨蛙。这里展示了它们现实中的最大体型。

绿雨滨蛙
Litoria caerulea

安东暴蛙
Dyscophus antongilii

美洲牛蛙
Lithobates catesbeianus

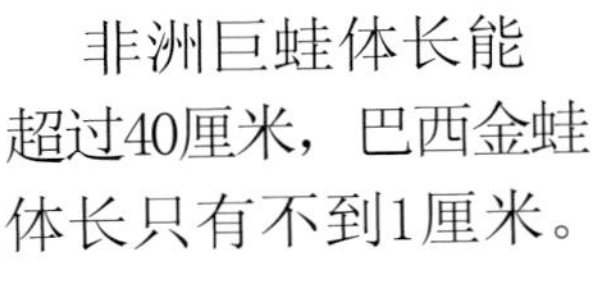

非洲巨蛙体长能超过40厘米，巴西金蛙体长只有不到1厘米。

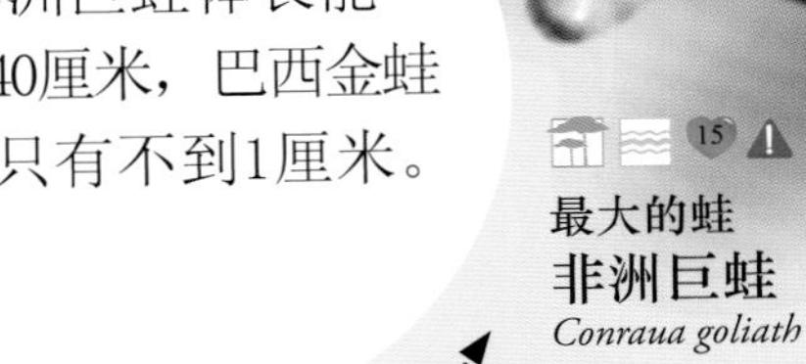

最大的蛙
非洲巨蛙
Conraua goliath

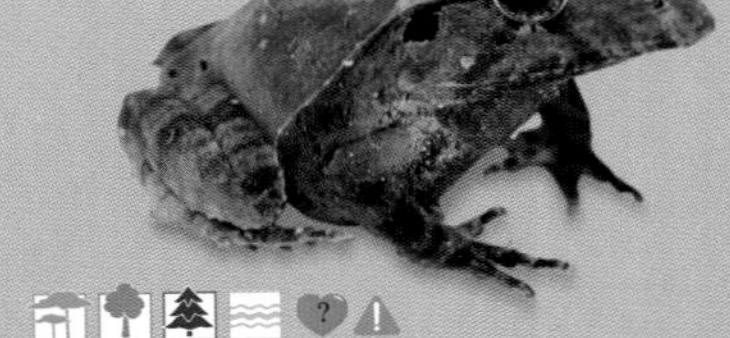

顾氏角蛙
Ceratobatrachus guentheri

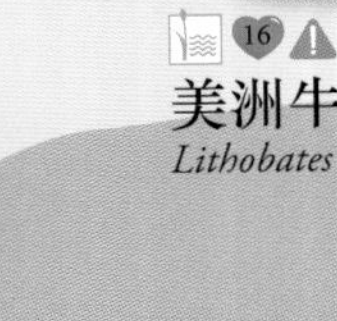

绿曼蛙
Mantella viridis

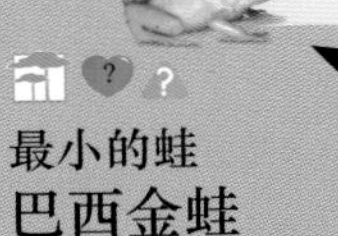

最小的蛙
巴西金蛙
Brachycephalus didactylus

伊伯瑞齿蟾
Eleutherodactylus iberia

黄条丛蛙
Dendrobates leucomelas

翡翠玻璃蛙
Espadarana prosoblepon

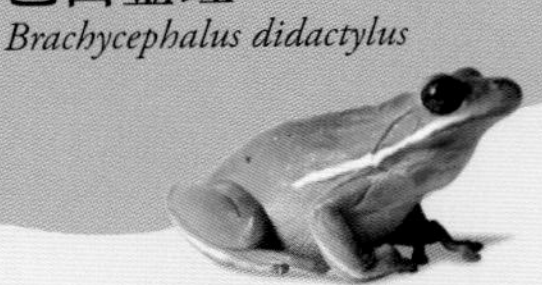

雨蛙
Hyla arborea

黄条蟾蜍
Epidalea calamita

金色箭毒蛙
Phyllobates terribilis

马拉巴尔树蛙
Rhacophorus malabarcius

丽红眼蛙
Agalychnis callidryas

异舌穴蟾
Rhinophrynus dorsalis

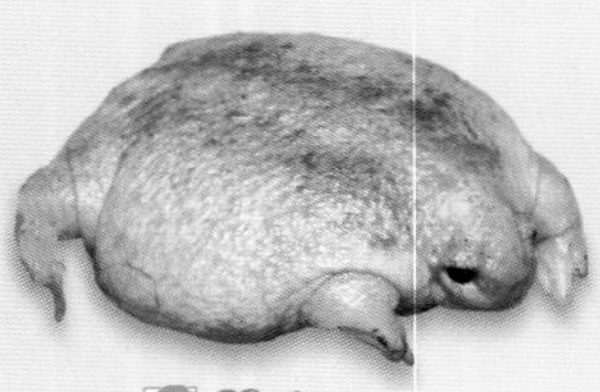

古氏龟蟾
Myobatrachus gouldii

印尼枯叶蛙
Megophrys montana

亚马孙花角蟾
Ceratophrys cornuta

斑点合附蟾
Pelodytes punctatus
绿蟾蜍
Pseudepidalia viridis
负子蟾
Pipa pipa
庭院蟾蜍
Anaxyrus woodhousii
峡谷蟾蜍
Anaxyru punctatus
库奇掘足蟾
Scaphiopus couchii
蔗蟾
Rhinella marina

鱼类

定义：　**鱼**是生活在水中的冷血动物。大多数都有鳍和鳞片，并通过鳃从水中过滤氧气以供呼吸。

什么是鱼类？

超过一半的脊椎动物都是鱼类。最早的鱼类出现在大约5亿年前。大部分鱼类都用鳃呼吸，全身覆盖鳞片并依靠鳍游动，是冷血动物。它们生活在淡水或海水中，有很少一部分在两种水质中均可生活。

小知识

鱼类有不到28,000种。大致可分为3类：无颌鱼、软骨鱼、硬骨鱼。

- **无颌鱼**（盲鳗和七鳃鳗）体型似鳗，无鳞和颌。
- **软骨鱼** 包括鲨、魟及鳐。它们体表覆盖硬鳞，骨骼由软骨构成，无硬骨且有锋利的牙齿。
- **硬骨鱼** 数量最多的种类。这类鱼长有坚硬的骨骼。
- **大小** 有小至7毫米的米诺鱼，也有长达14米的鲸鲨。

鳍

鱼类利用它们的鳍，再结合身体运动，掌控方向，在水中游动。胸鳍（头后方）和腹鳍（体下方）是成对的。背鳍（体上方）、尾鳍（尾部）和臀鳍（靠近尾部）只有一个。

尾鳍
多数硬骨鱼都是靠尾鳍的力量推动身体前进。

臀鳍
维持鱼体垂直的平衡器官。

腹鳍
一对腹鳍增加稳定性并可起到减速的作用。

新生命

许多鱼类的生命都是由卵开始的。它们孵出时属于幼体，通过几个阶段成长为成体。有些鱼可能刚刚破卵而出时就是微型的成体，而另一些一出生即是活体。

一条小鳟鱼从受精卵中孵出

鱼卵

卵囊
角鲨的卵在一个坚韧的像袋子似的囊状物中发育。长长的纤维把卵囊固定在岩石或海藻上。

鱼类的内部结构

硬骨鱼的骨骼主要由3部分组成：头骨、鳍骨、脊骨。

头骨和牙齿
头骨支撑着颌和鳃弓。鱼的牙齿位于口腔顶部的咽喉处，舌的上方或是颌中。

背鳍
它有时是一个单独的鳍，有时又分为若干个鳍。多数硬骨鱼的背鳍用于突然改变方向，同时也起着“龙骨”的作用，保持鱼在水中的稳定性。

有些鱼类在喉部长有“假牙”

鱼类怎样呼吸

为了维持生命，鱼类需要从水中获取氧气。它们以口吸水，通过鳃部（头部两侧的羽状结构）排出。当水从鱼身体中排出，鳃的表面就会提取出氧气，送入血液中。

鳃盖
这片骨质鳃盖覆盖着鳃部。

胸鳍
鱼类依靠头部两侧的胸鳍改变方向。胸鳍还起着品尝、触摸和支撑的作用，同时也是鱼游泳的动力辅助器。

亲代抚育

一些鱼类积极照料着它们的后代。双亲会看护卵和刚孵化的小鱼。育幼工作主要包括喂食、扇动水到小鱼身上以方便它们获取氧气并驱赶捕食者。

▲ 黄头后颌䲢
雄性把受精卵含在口中直到卵即将孵化。

► 父亲们
雄海马携带卵的方式很独特。雌海马把卵产在雄性腹部的育儿袋中，卵在育儿袋中受精并发育成长。

千奇百怪的鱼

在这些奇怪的鱼类中，有的看起来能飞，有的没有颌，有的可脱离水面用鳍“行走”。

▼ 七鳃鳗只有吸盘没有嘴。它们用牙齿咬住猎物，吸食猎物的血肉。

七鳃鳗是无颌鱼

▼ 弹涂鱼可以离水生活很长一段时间。它们在泥滩中利用胸鳍拉动身体移动。

▼ 飞鱼并不是真的会飞，只是翅膀似的大胸鳍能让它们在水面上做短暂的滑翔。

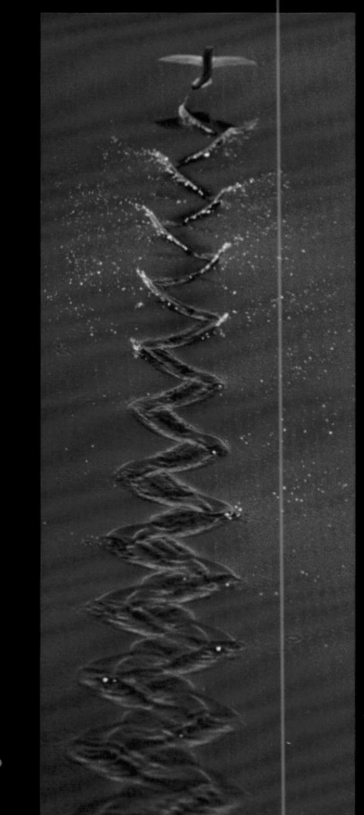

鲨鱼的世界

鲨鱼约有350余种。小抹香鲨的长度只有这页纸宽，而鲸鲨能达到卡车那么长！它们大部分都有着尖尖的鼻子和三角形的背鳍。

鱼类

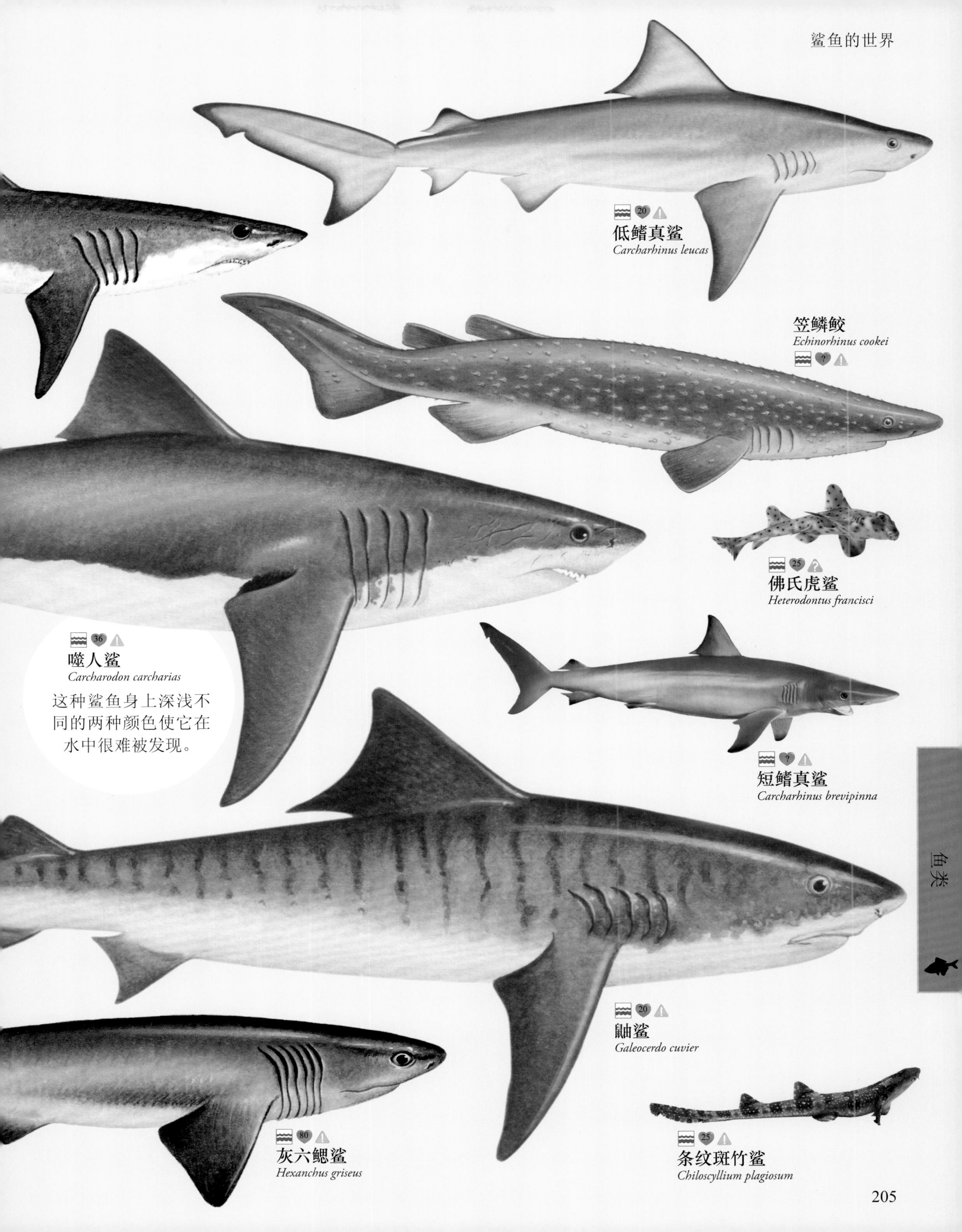
20
低鳍真鲨
Carcharhinus leucas
笠鳞鲛
Echinorhinus cookei
?
25
佛氏虎鲨
Heterodontus francisci
36
噬人鲨
Carcharodon carcharias
这种鲨鱼身上深浅不同的两种颜色使它在水中很难被发现。
?
短鳍真鲨
Carcharhinus brevipinna
鱼类
20
鼬鲨
Galeocerdo cuvier
80
灰六鳃鲨
Hexanchus griseus
25
条纹斑竹鲨
Chiloscyllium plagiosum

无沟双髻鲨

Sphyrna mokarran

- 体长 350 – 600 cm
- 体重 230 – 450 kg
- 食物 小型鲨鱼、魟鱼、硬骨鱼、乌贼
- 分布 全世界范围（温带和热带水域）

9种双髻鲨中最大的一种。生活在温暖的沿海水域。雌鲨可产下20～40条体长达70厘米的幼鲨。

主要特征

无沟双髻鲨的头部很宽，眼睛在头部两侧末端。它的头不停地大范围左右摆动，所以能看到每个角度。无沟双髻鲨的另一些特点是，第一个背鳍大而尖，牙齿呈三角形并且边缘带有锯齿。

▼ 猎物

双髻鲨有时会同类相残，但主要以包括魟在内的鱼类为食。它们猎食其他鲨鱼、章鱼、乌贼及甲壳动物。最喜欢的食物是刺鳐，食用时它们用锤子状的头部固定住刺鳐慢慢享用。它们看起来很凶猛，但很少攻击人类。

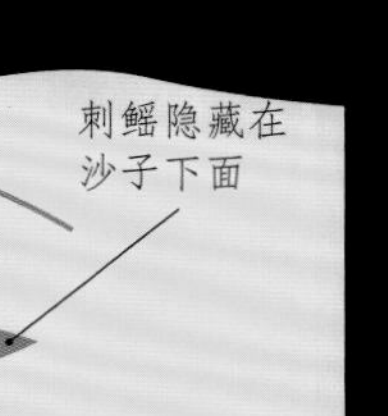

鱼类

大头双髻鲨

双髻鲨群居生活，每群可多达100条。它们是可怕的猎手，通过头部灵敏的器官可以探查到猎物的电信号，通常能比普通鲨鱼更有效地捕捉到潜藏的猎物。

鲨鱼杀手？

多数人认为鲨鱼是配备着邪恶尖牙、行动快速、体表光鲜的杀手。部分鲨鱼的确如此。但也有一些鲨鱼并不是这样，它们有些行动迟缓、体型巨大但却没有牙齿；有些在黑暗中默默发光，身体不比人的手掌大多少。

半带皱唇鲨

Triakis semifasciata

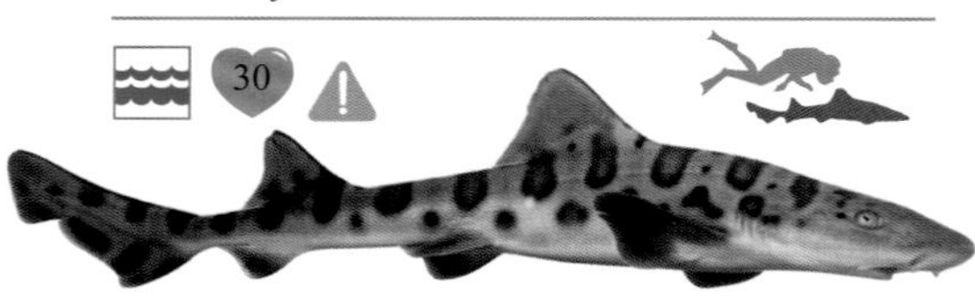

- 体长 约2 m
- 体重 约32 kg
- 食物 甲壳动物、蠕虫、鱼类
- 分布 北太平洋海岸东部地区

半带皱唇鲨鼻子上的灵敏器官能帮助它寻找并挖掘出掩埋在深泥中的猎物。这种鲨鱼因为身上**鲜明的花纹**而受到渔民的喜爱。

小抹香鲨

Squaliolus laticaudus

- 体长 约25 cm
- 体重 无记录
- 食物 乌贼、小虾、小鱼
- 分布 大西洋、印度洋西部、太平洋西部

这种深海鲨鱼是世界上**最小的鲨鱼之一**。与其他鲨鱼不同的是，它的背鳍只有一个鳍棘。腹部上的发光器官能在黑暗中发光。作为一种伪装，这能迷惑深海天敌。

三齿鲨

Triaenodon obesus

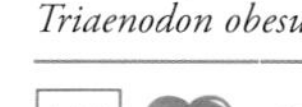

- 体长 1.6 – 2 m
- 体重 18 kg 或更重
- 食物 鱼、章鱼、甲壳动物
- 分布 热带太平洋和印度洋

潜水员经常看到三齿鲨在**珊瑚丘附近觅食**。这种鲨鱼不常攻击人类，但它们曾经从潜水员的鱼叉中抢过食物。

◀ 海床
这些鲨鱼在海床或水下洞穴中栖息。

鲸鲨

Rhincodon typus

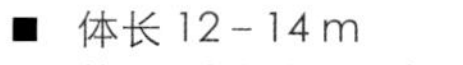

- 体长 12 – 14 m
- 体重 12,000 kg 或更重
- 食物 浮游生物、鱼卵
- 分布 世界范围内的温暖海域

这是**世界上最大的鱼**。尽管它的名字叫鲸鲨，却与鲸非亲非故。它的嘴宽达1.4米，看起来很危险，但实际上是安全的。

鲸鲨行动缓慢，大部分独居，可经常看到它们在海面上巡游。大多通过吸入海水捕食浮游生物——大量浮游的小型甲壳动物和植物。鲸鲨为卵胎生，怀孕的鲸鲨有时会携带上百条正在发育的幼鲨。

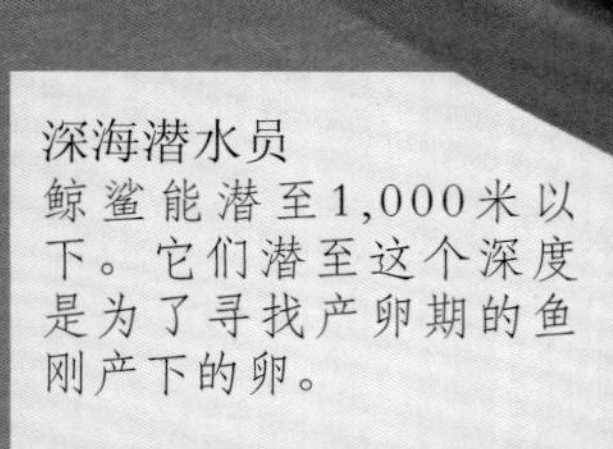
深海潜水员
鲸鲨能潜至1,000米以下。它们潜至这个深度是为了寻找产卵期的鱼刚产下的卵。

噬人鲨
Carcharodon carcharias

- 体长 6－8 m
- 体重 2,000 kg 或更重
- 食物 海豹、海豚及大型鱼类
- 分布 世界范围内的温暖海域

噬人鲨是大海中最可怕的生物之一。虽然它被冠以人类杀手的名号有些夸张，但确实流传着很多噬人鲨攻击人类的故事。发达的肌肉、流线型的身体使它成为行动迅速的致命杀手。一排排锋利的尖牙就是为了**撕咬**而生，它们甚至能一口咬下海豹的头。通常独立生活和捕猎，但有时也会群聚捕杀猎物。当一起进食时，它们彼此间表现得互不侵犯。

杜氏扁鲨
Squatina dumeril

- 体长 约1.5 m
- 体重 27 kg 或更重
- 食物 小型鱼类、软体动物
- 分布 北大西洋

杜氏扁鲨也被称为沙魔或安康鱼，是扁鲨的一种。它主要生活**在海底**，扁平的身体部分隐藏在沙子中。当它锁定猎物，就会突然从藏身的地方冲出抓住受惊的目标，很少有猎物能逃脱。

▲ 美味的鲨鱼
杜氏扁鲨因其肉质鲜美而遭到捕捞。

狐形长尾鲨
Alopias vulpinus

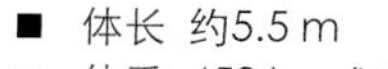

- 体长 约5.5 m
- 体重 450 kg 或更重
- 食物 浅水鱼类，如鲱鱼、鲭鱼、乌贼
- 分布 世界范围内的温暖海域

狐形长尾鲨用鞭子一样的长尾把猎物围拢进一个严密的包围圈，再用尾**击晕或杀死猎物**。游泳是它的强项，偶尔还会跃出水面。

◀ 鞭尾
狐形长尾鲨的尾长可达总体长的一半多。有些人曾遭到过这可怕武器的攻击。

姥鲨
Cetorhinus maximus

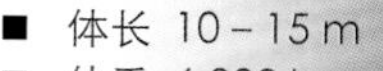

- 体长 10－15 m
- 体重 6,000 kg 或更重
- 食物 浮游生物
- 分布 世界范围内寒冷到温暖海域

这种巨大的鲨鱼体型仅次于鲸鲨。它的进食方式很简单，一路游泳一路**张开巨大的嘴巴，**水流从口中进入，再从鳃部流出，像筛子一样过滤出少量食物。姥鲨的名字来自于它喜欢懒洋洋地在海面上晒太阳。

鳐和魟

这些鱼似乎能在水中飞行，大鱼的鱼鳍甚至能当翅膀使用。它们的身体扁平，有的生活在海底，有的畅游在开阔水面。有的还能释放电荷击晕毫无防备的鱼类。

石纹电鳐

Torpedo marmorata

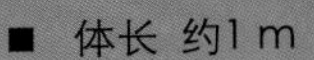

- 体长 约1 m
- 体重 约18 kg
- 栖息水深 10－100 m
- 分布 大西洋东部、地中海

这种鳐释放出的**电量**足以击晕或杀死其他鱼类。人类接触它们也极其危险，但还没有报告表明有人被电击后身亡。有传说古希腊人曾在外科手术前用它们击晕病人。石纹电鳐是夜行性动物，白天它们通常把身体埋在海底。

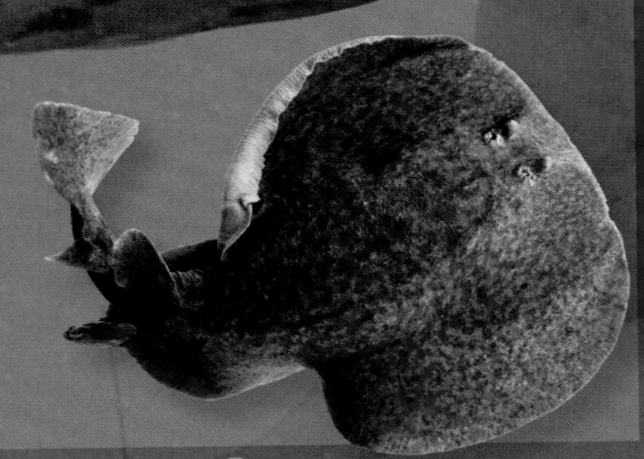

尖吻鳐

Dipturus oxyrinchus

- 体长 约1.5 m
- 体重 约17 kg
- 栖息水深 15－900 m
- 分布 大西洋东部、地中海、加那利和马德拉群岛

尖吻鳐的特征是它那窄而尖的鼻子，同时尾巴上还武装着**三排尖刺**。它习惯在海底休息，几乎全身都被掩埋起来，只留下眼睛视物。尖吻鳐之所以濒临灭绝危险，部分原因是它们成长速度太慢：要经过11年才会成熟并进行交配。

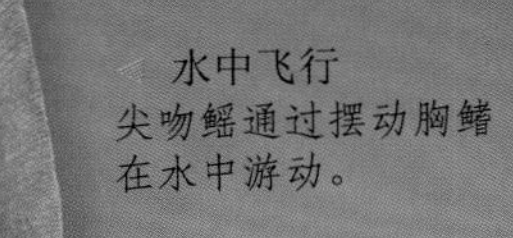

◁ 水中飞行
尖吻鳐通过摆动胸鳍在水中游动。

蓝纹魟

Dasyatis pastinaca

- 体长 约1.4 m
- 体重 约30 kg
- 栖息水深 5－200 m
- 分布 大西洋东北部和地中海

蓝纹魟长达35厘米的**倒钩刺充满了毒液**。当它们发出攻击时倒钩刺可脱离身体，但还会重新长出。这种鱼常被捕捉并食用，它们的鳍翅有时还能提炼出油。

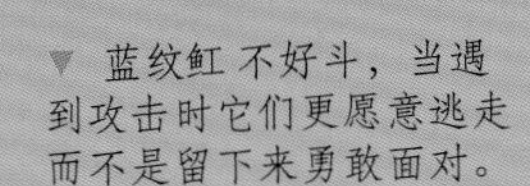

▼ 蓝纹魟不好斗，当遇到攻击时它们更愿意逃走而不是留下来勇敢面对。

飞舞的 滤食者。

前口蝠鲼利用头部两侧的**大叶片**把食物漏进嘴中。水和食物进入口中，但水从鳃部滤出，而食物被消化掉。前口蝠鲼从海水中捕食小鱼，也滤食浮游生物。

前口蝠鲼

Manta birostris

- 体长 约9 m
- 体重 约2,300 kg
- 栖息水深 0－120 m
- 分布 全世界范围热带水域表面，有时在温暖的温带海域

前口蝠鲼是**世界上最大的魟，**它也被称为鬼蝠魟，但并非因为它具有攻击性，而是因为它的外形。虽然这种魟体型很大，却能跃出水面，偶尔还会跃出水面产仔。

波鳐

Raja undulata

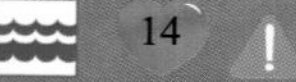

- 体长 约1.2 m
- 体重 约7 kg
- 栖息水深 45－200 m
- 分布 大西洋东部和地中海

波鳐因其错综复杂的花纹也被称作**彩绘鳐**。也正是因为这些斑纹，所以它颇受大型水族馆的欢迎。波鳐通常以蟹、比目鱼和海底的无脊椎动物为食。

产卵
雌性波鳐通常在泥滩或沙洲中产下15枚卵。

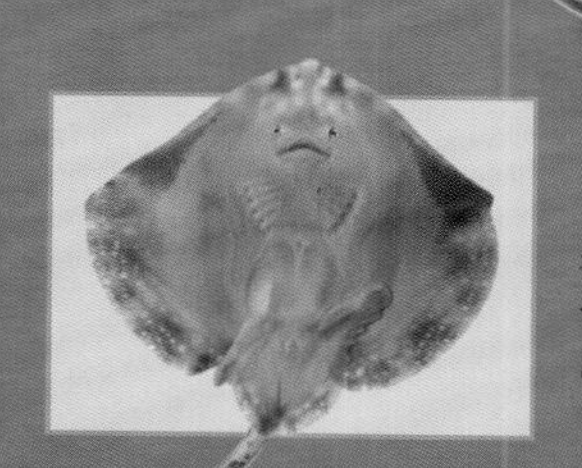

从腹面看，会看到一个完全不同的波鳐。

短尾鳐

Raja brachyura

- 体长 约1.25 m
- 体重 约14.3 kg
- 栖息水深 10－380 m
- 分布 大西洋东部

幼短尾鳐背部摸起来很光滑，而**成年短尾鳐的背部会长刺**。幼短尾鳐要经过整个夏天才会从长方形有角的卵中孵化。它的眼睛很大，鼻子短，翼的外围角度几乎呈直角。

你在哪儿？
短尾鳐的腹面是白色的，但背面布满褐色的小斑点和淡黄色的大斑点，它能伪装成海底的石头，与环境很完美地融为一体。

背棘鳐

Raja clavata

- 体长 105－120 cm
- 体重 约18 kg
- 栖息水深 20－577 m
- 分布 大西洋北部和东部、北海、地中海和黑海

背棘鳐以虾和蟹等甲壳动物为食。它们也吃鲱鱼、沙鳗和比目鱼等小型鱼类。背棘鳐形如其名，**鳍和尾部长满棘刺**。雌性的棘刺比雄性更长。

等待孵化的卵
雌性背棘鳐在夏季产卵，冬季才会孵化。

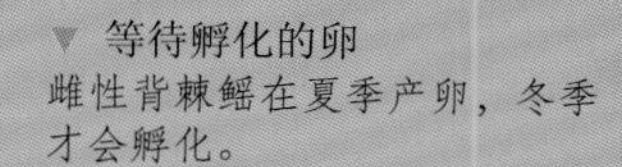

鱼类

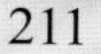

硬骨鱼

硬骨鱼是种类和数量最多的鱼类；10种鱼中差不多有9种是硬骨鱼。它们有的生活在咸水中，有的生活在淡水中，也有一小部分在两种水质中都能生存。它们具有一个共同点：那就是有着轻而结实的内部骨骼。

大西洋鲑
Salmo salar
宅泥鱼
Dascyllus aruanus
查达射水鱼
Toxotes chatereus
蓝枪鱼
Makaira nigricans
大西洋鲱
Clupea harengus
狐篮子鱼
Siganus vulpinus
中华管口鱼
Aulostomus chinensis
眼斑双锯鱼
Amphiprion ocellaris
大西洋鳕
Gadus morhua
深黄镊口鱼
Forcipiger flavissimus
圆斑拟鳞鲀
Balistoides conspicillum
北方鳀
Engraulis mordax
最小的鱼类之一
蓝纹洞穴磨虾虎
Trimma tevegae
最长达1厘米
斑鳍蓑鲉
Pterois miles
最大的硬骨鱼
多耙皇带鱼
Regalecus glesne
最长达8米
管鼻海鳝
Rhinomuraena quaesita
弓背刺盖鱼
Pomacanthus paru
粗毒鲉
Synanceia horrida
条纹裸海鳝
Gymnomuraena zebra
最长89厘米
欧洲康吉鳗
Conger conger
红鳍东方鲀
Takifugu rubripes
斑竹花蛇鳗
Myrichthys colubrinus
鱼类

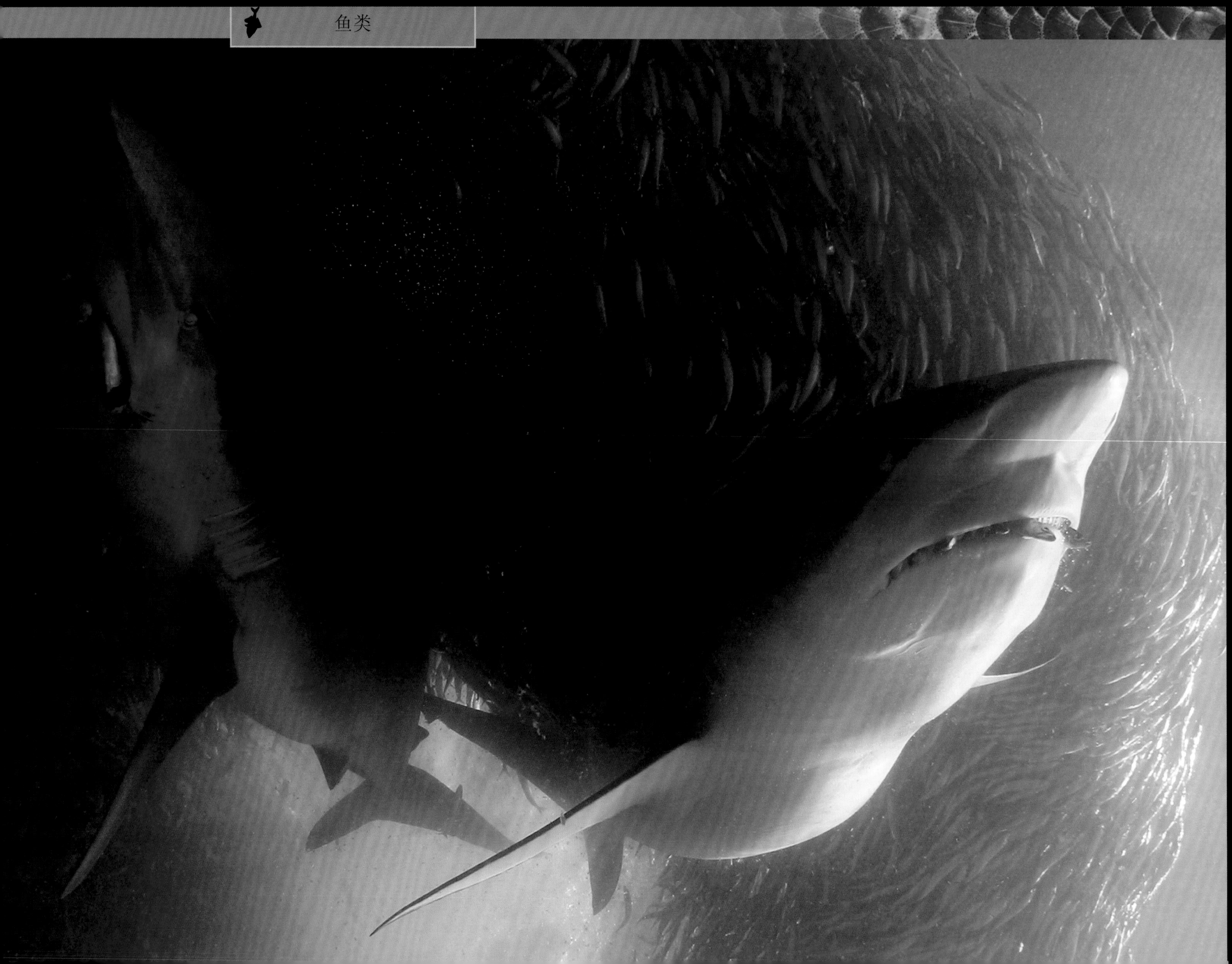

鱼群

对鱼类来说，成群结队的游行更为安全。它们聚集起来的规模比单个的捕食者要庞大得多，因此可以迷惑敌人。捕食者很难从一群游得很快的鱼群中隔离并捕捉到一条鱼。鱼群的另一个优势在于每条鱼的身后还有鱼，它们有更多双眼睛来警戒外敌！

饵球

短尾真鲨或灰真鲨将众多沙丁鱼驱赶形成一个球，满口吞下的同时鲜血和鱼鳞横飞。饵球是鱼群在遭遇大型捕食者时本能所形成的紧密的游动群体。

小群或群？

小群(school)中的鱼紧密地联系在一起且同步行动，而群(shoal)则是一个松散的群体。群可以由很多不同种类的鱼混合组成。它们成群共同觅食、防御外敌并有更多的机会寻找伴侣。

► 为晚餐跳水
南非鲣鸟冲入沙丁鱼饵团中。它们是勇猛的跳水员，会从30米高的地方猛扎入鱼群中。

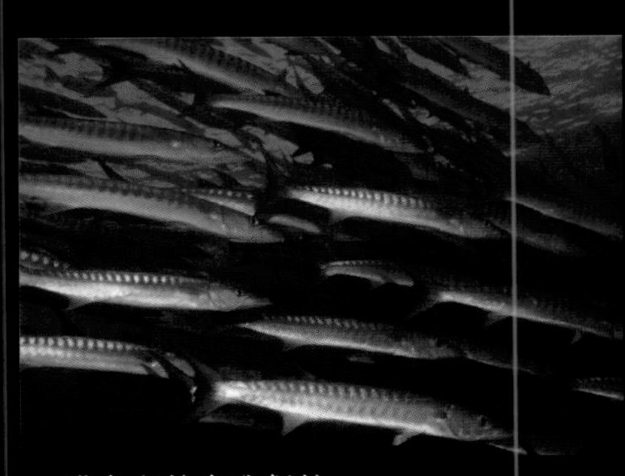

▲ 猎食者的自我保护
作为捕食者的鱼类同样需要防御自己的敌人。小梭鱼白天随鱼群行动，互相保护，共同觅食。一般成年后会独自猎食。

它们如何工作？

- 鱼类利用视觉和敏感的感官系统对周围微小的变动做出反应。这种能力使它们更适于成群游动。
- 当一条鱼在鱼群中很显眼时，它就会更容易引起捕食者的注意。所以鱼类一般会加入与其外表相似的鱼群。
- 鱼群在受到攻击时会采取不同的对策。它们向不同的方向逃散，打个来回再从攻击者的两侧游走，或分小群逃走。

捕猎

一些鱼类天生善于捕捉猎物。层层伪装帮助它们躲避天敌，同时也能隐藏起来不让猎物发现。头顶的鞭状竿末端装着诱饵，看起来像是一个小型海洋生物，但实际上它们是在懒懒地等待着猎物步入陷阱。

鮟鱇

Lophius piscatorius

- 体长 约2 m
- 体重 约57.7 kg
- 分布 大西洋东北部、地中海、黑海

鮟鱇也被称为海魔、海蛤蟆、蛤蟆鱼。它被当作食用鱼，贩卖时也被称作安康鱼。鮟鱇凭借宽大扁平的身体隐藏在海底，静待小鱼游过身边时，张嘴将它们吸入口中。它的头很大，颌骨宽厚，颌齿尖而向内倾斜，进入口中的猎物很难逃脱。

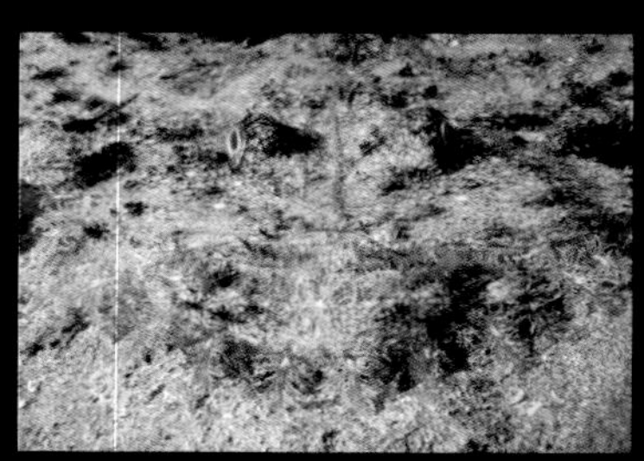

藏起来
当鮟鱇大理石纹理的皮肤与海底沉积物混为一体时，它是很难被发现的。

◄ 优秀的滑步家
鮟鱇利用强壮的胸鳍和腹鳍在海底滑行，看起来好像在走路！

西澳大利亚叶蟾躄鱼

Phyllophryne scortea

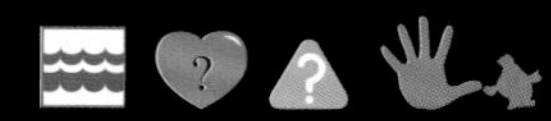

- 体长 10 cm
- 体重 无记录
- 分布 南澳大利亚洲、南大洋

与鮟鱇一样，西澳大利亚叶蟾躄鱼也有蛤蟆鱼的别称。它也是鮟鱇大家族中的一份子。叶蟾躄鱼是长着大头的小型鱼。与其他鮟鱇不同的是，它头部有**3根延长的背鳍鳍棘**。它用最前面的鳍棘当作钓竿吸引小鱼，然后把它们吸进嘴巴。

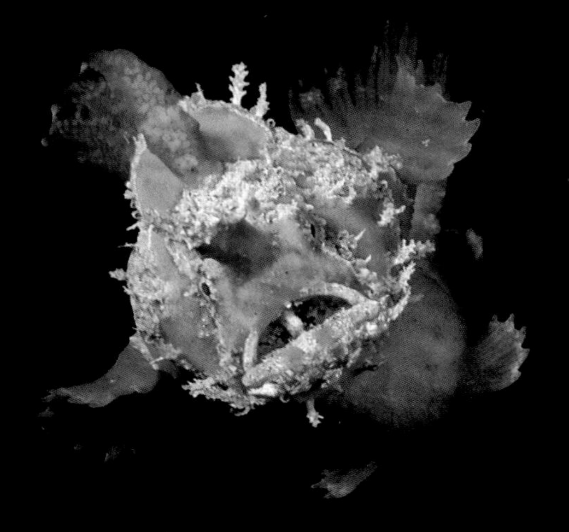

迷幻躄鱼

Histiophryne psychedelica

- 体长 6.5－9 cm
- 体重 无记录
- 分布 亚洲东南部

这种躄鱼得名于身上呈放射状旋转的白色条纹。每条迷幻躄鱼身上的花纹都不相同，由此可以区分个体。和其他的躄鱼不同，它有一张宽大、扁平并遍布褶皱的脸，一对向前的眼睛。它的皮肤呈胶状，肉质厚而松软，胸鳍下垂和身体重叠。迷幻躄鱼既可以在海底行走，也可以依靠鳃喷射出的水的推力而游动。

- 体长 约15 cm
- 体重 无记录
- 分布 太平洋西部、印度洋

大斑躄鱼是鮟鱇家族中的另一员。大部分鮟鱇都生活在深海，但大斑躄鱼却生活在浅海的珊瑚礁中。它的身上装扮着各种各样的斑点。主食小鱼，**偶尔也吃其他大斑躄鱼**。它的背鳍上有一根长鳍棘，末端有一片彩色的皮肤，看起来就像是钓竿上的饵，它会摆动鳍棘吸引猎物。

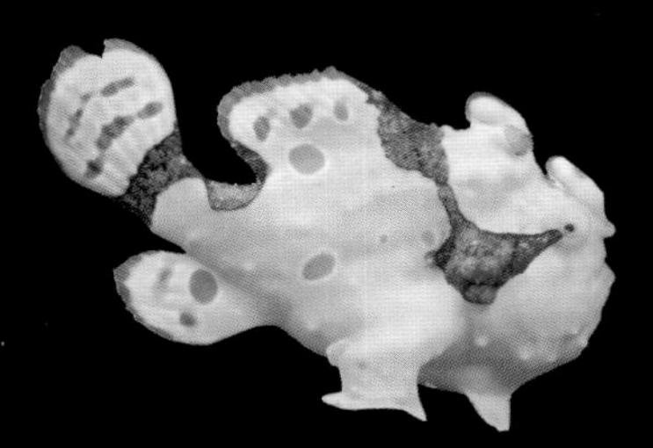

- 体长 约20 cm
- 体重 约400 g
- 分布 世界范围内热带及亚热带海域

这种鱼的拉丁名意为“演员”，因为它与栖息地的水藻完美地融合在一起。裸躄鱼静等着饥饿的鱼自己送上门来。它能**吞掉和自己一样大的鱼类**，成年后它们会同类相残。求爱期的裸躄鱼行为很奇特，雄鱼会追咬雌鱼。

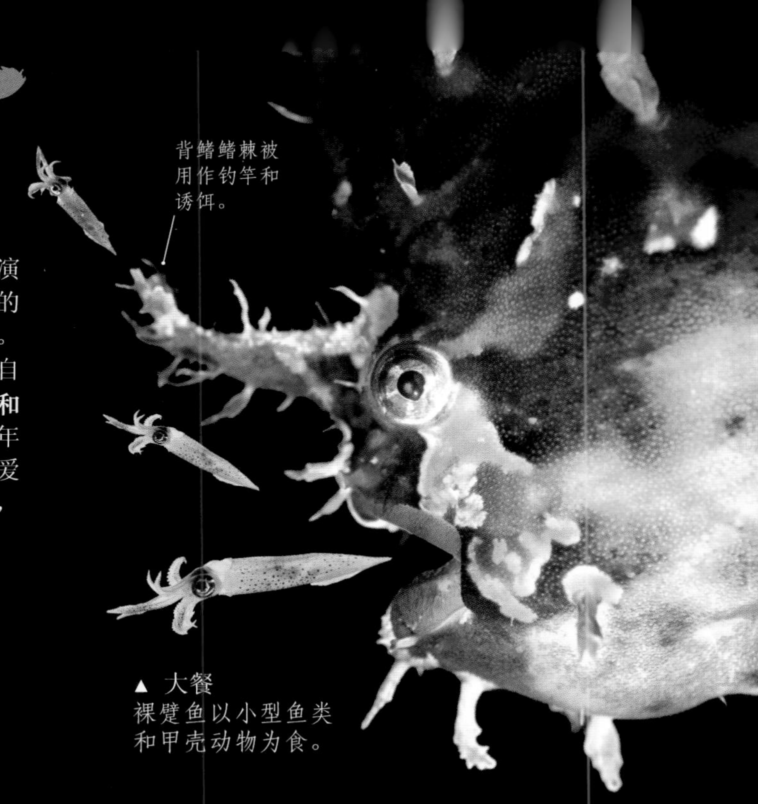

▲ 大餐
裸躄鱼以小型鱼类和甲壳动物为食。

粗毒鲉

Synanceia horrida

- 体高 约60 cm
- 体重 无记录
- 分布 印度太平洋地区

粗毒鲉可以藏在海底的沙石中，将自己伪装成一块不起眼的石头，而不被猎物发现。它是世界上**毒性最强的鱼**。

隐藏和等待

粗毒鲉身上没有鳞片，颜色和形状就是它最好的伪装。它用胸鳍在海底挖一个浅洞，然后在自己周围堆上沙子和石头造成假象，头和眼睛露在外面观察着猎物。粗毒鲉游得很慢，所以只能捕捉到它藏身处附近的猎物。

◀ 毒鳍棘
粗毒鲉长有13根锋利的毒鳍棘。人类若踩到一根就足以致命。

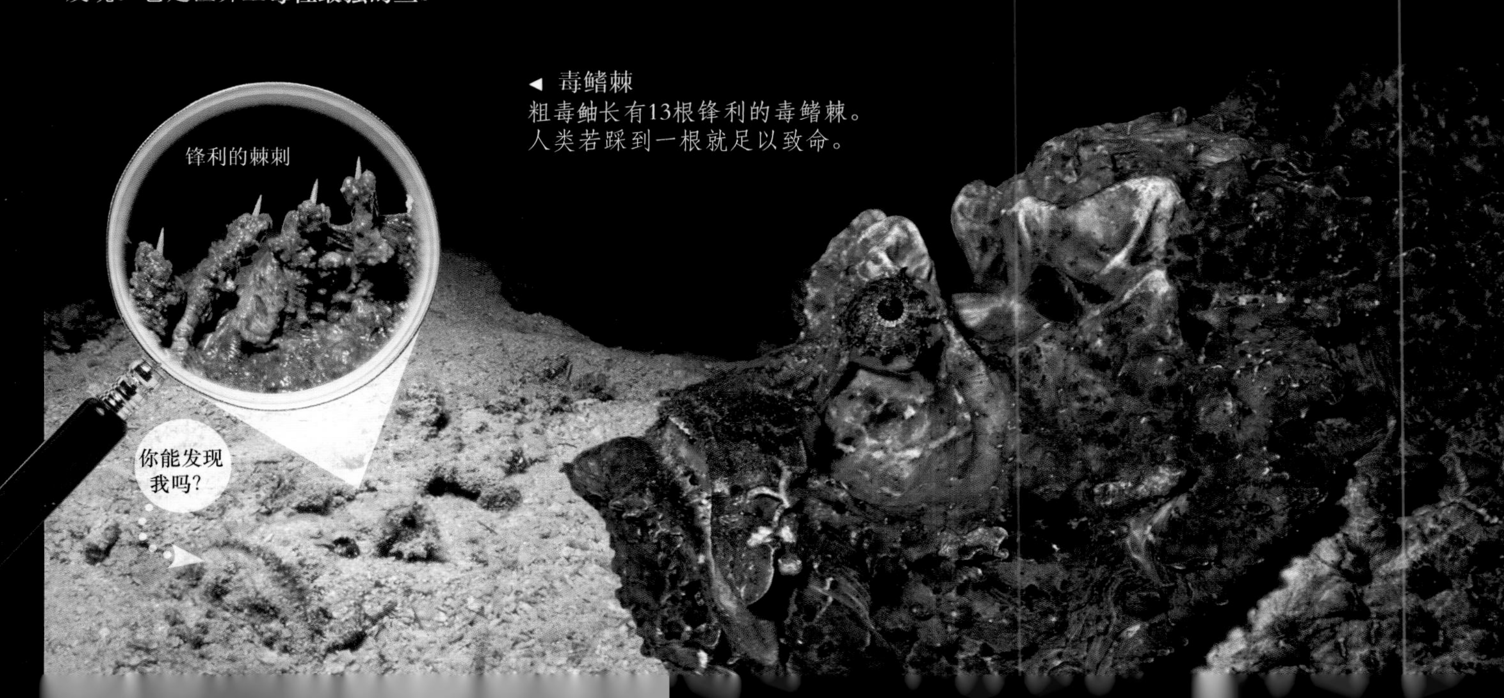

鞍带石斑鱼

鞍带石斑鱼是最大的石斑鱼之一，它常在温暖的浅水水域底部附近独自游动，它喜欢停留在同一处珊瑚礁周围，有时也在洞穴或船骸周围游动。

别靠得太近！

鞍带石斑鱼因其巨大的体型而闻名。它是生活在珊瑚礁中最大的硬骨鱼。小石斑鱼会成为其他鱼的猎物，但是成年后它唯一的危险则来自人类。

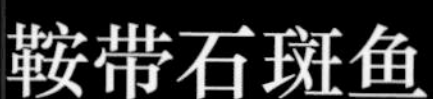

鞍带石斑鱼

Epinephelus lanceolatus

- 体长 约2.7 m
- 体重 约400 kg
- 分布 印度洋、太平洋西部和中部

鞍带石斑鱼有很多名字，比如紫石斑鱼、斑王、龙趸，在澳大利亚被称作昆士兰石斑。它身体的**颜色**随着年龄而**改变**，幼年时身体上有不规则的黑色和黄色斑点，成年后体色变暗。

鱼宴

鞍带石斑鱼的食物范围很广，包括小型鲨鱼等鱼类及小海龟。它主要还是以甲壳动物为食，如大螯虾，偶尔也会吃蟹。由于鞍带石斑鱼体型很大，它们必须吃足够的食物才能维持生命。

▲ 潜水员靠近鞍带石斑鱼通常不会受到伤害，但也曾有死亡的报告出现。

动物保护

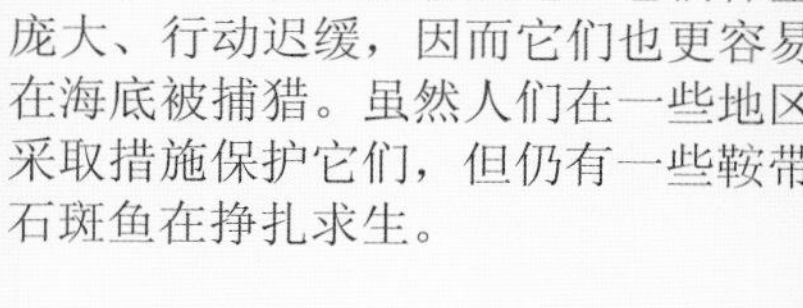

因氰化物污染和人类使用炸药炸礁捕鱼，鞍带石斑鱼面临灭绝。它们体型庞大、行动迟缓，因而它们也更容易在海底被捕猎。虽然人们在一些地区采取措施保护它们，但仍有一些鞍带石斑鱼在挣扎求生。

深海鱼类

海洋深处温度非常低，食物和氧气很匮乏，同时还充满黑暗。尽管如此，还是有些鱼类为了能在这里生存而进化成更加适应这种艰苦环境的种类。因为能抵达深海的装备仪器很昂贵，所以在深海鱼类方面仍有许多未知需要探索。同时还有另一个问题：为了研究而被带离自然生活环境的深海鱼类通常都会死亡。

嘿！
你在看什么？

有些深海鱼有着很大的眼睛，是为了充分利用黑暗海底有限的光线。还有些深海鱼的眼睛很小，但它们仍然能探测出震动，并有优秀的嗅觉。

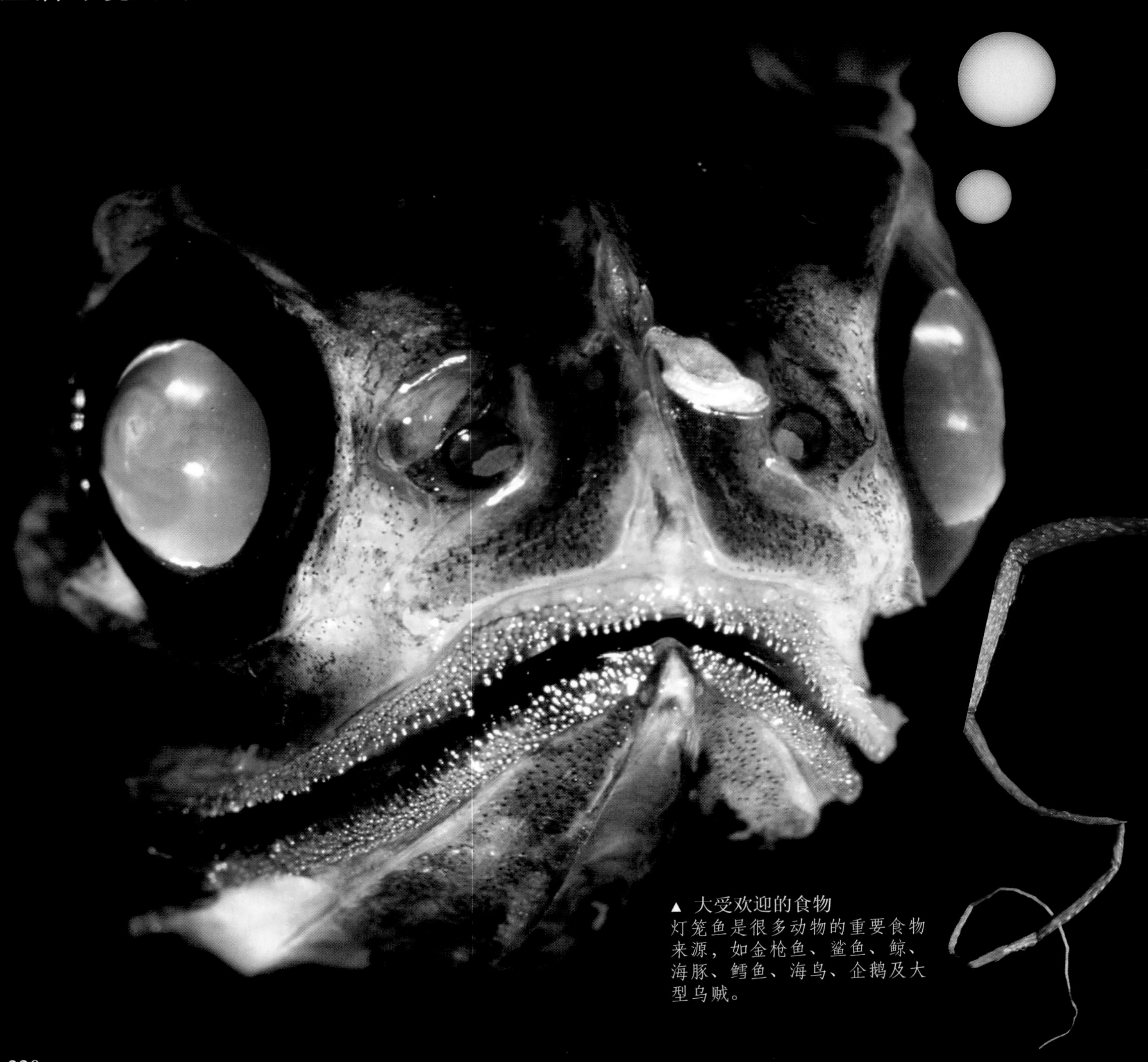

▲ 大受欢迎的食物
灯笼鱼是很多动物的重要食物来源，如金枪鱼、鲨鱼、鲸、海豚、鳕鱼、海鸟、企鹅及大型乌贼。

金光灯笼鱼
Myctophum affine

- 体长 约8 cm
- 体重 无记录
- 栖息水深 0 – 600 m
- 分布 大西洋东部和西部

金光灯笼鱼身上满覆**银色的薄鳞片**。眼睛很大，视力也很好；它们对光线的变化很敏感。金光灯笼鱼的发光器官就像闪闪发亮的小纽扣似的分布在腹侧、腹底及头部。这些亮点在阴暗的地方呈现出绿色、黄色或蓝色。发光器官使鱼群在黑暗中能彼此辨认并待在一起。

蝰鱼
Chauliodus sloani

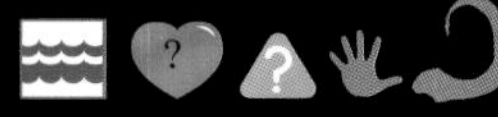

- 体长 20 – 35 cm
- 体重 约30 g
- 栖息水深 473 – 2,800 m
- 分布 世界范围内热带、亚热带、温带水域

蝰鱼是世上仅存的9种蝰鱼之一。若浅水区食物充足，它们夜间就在600米以上的水域捕食。蝰鱼长着可怕的**透明毒牙，**但是最大的毒牙太长，所以当颌闭上时牙还露在外面。

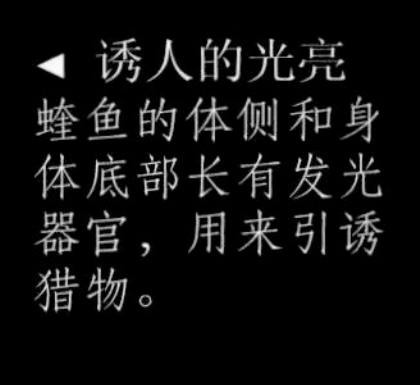

◄ 诱人的光亮
蝰鱼的体侧和身体底部长有发光器官，用来引诱猎物。

鞭冠鱼
Himantolophus groenlandicus

- 雌性体长 约60 cm
- 雄性体长 约4 cm
- 栖息水深 约1,000 m
- 分布 大西洋、印度洋及太平洋

鞭冠鱼**不善游泳，**尤其是雌性，所以它们等着猎物游到身边。雌性鞭冠鱼比雄性大很多，并且嘴部很大。

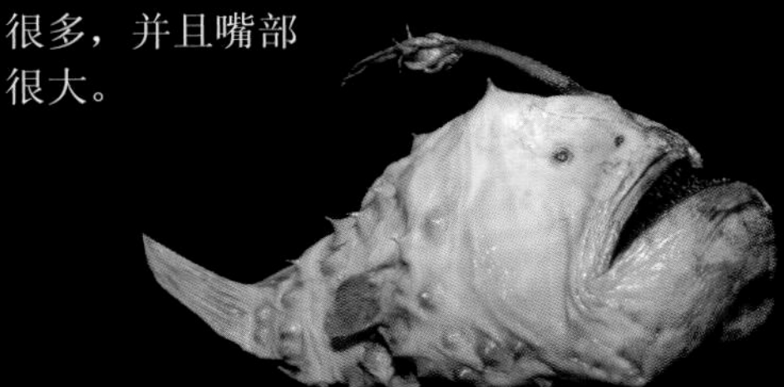

高银斧鱼
Argyropelecus sladeni

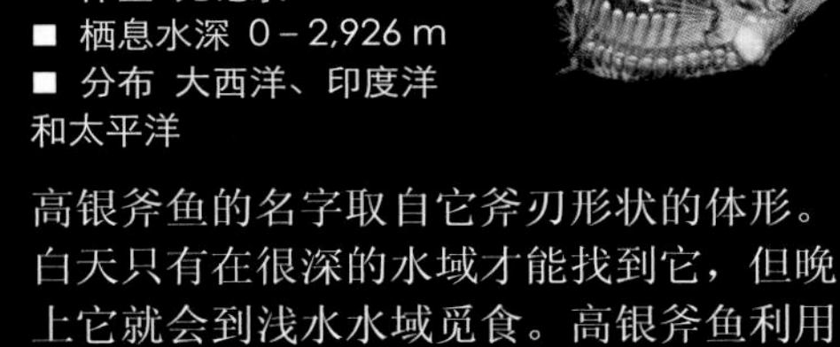

- 体长 约7 cm
- 体重 无记录
- 栖息水深 0 – 2,926 m
- 分布 大西洋、印度洋和太平洋

高银斧鱼的名字取自它斧刃形状的体形。白天只有在很深的水域才能找到它，但晚上它就会到浅水水域觅食。高银斧鱼利用亮光作为它的**保护伪装，**它腹部的发光器官向下发出的光看起来酷似来自于上方。

皱鳃鲨
Chlamydoselachus anguineus

- 体长 约2 m
- 体重 无记录
- 栖息水深 50 – 1,500 m
- 分布 全世界范围

皱鳃鲨有着**鳗鱼似的身体，**看起来与标准的鲨鱼非常不同。它们的繁殖很罕见，雌性皱鳃鲨在受精两年之后才会生产。

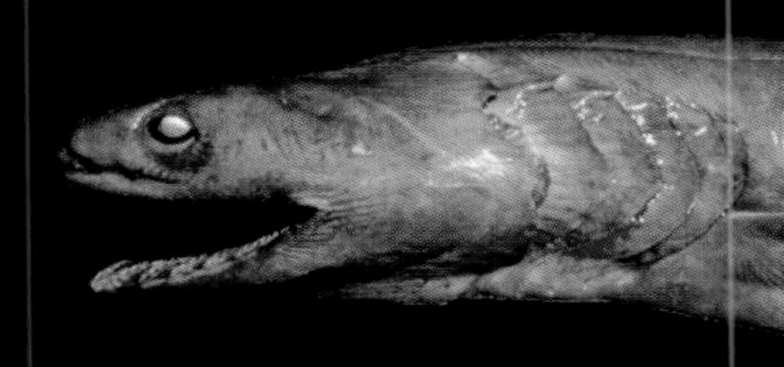

宽咽鱼
Eurypharynx pelecanoides

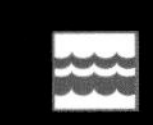

- 体长 61 – 100 cm
- 体重 约1 kg
- 栖息水深 500 – 7,625 m
- 分布 世界范围内热带及亚热带水域

宽咽鱼也被称为伞嘴吞噬鳗，人类很难看到它。它**巨大的嘴**比身体要宽得多。它的胃能扩展，所以它能吞食比自己的身体大很多的猎物。

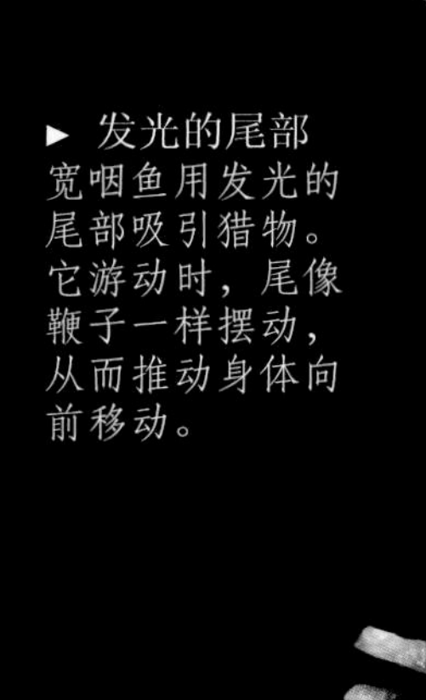

► 发光的尾部
宽咽鱼用发光的尾部吸引猎物。它游动时，尾像鞭子一样摆动，从而推动身体向前移动。

黄鮟鱇
Lophius litulon

- 体长 约150 cm
- 体重 约40 kg
- 栖息水深 25 – 560 m
- 分布 太平洋西北部

黄鮟鱇是食用鱼；日本人认为它的肝脏味道鲜美，常被当作“安康鱼”贩卖。它也常被用于中医药治疗。**雌性黄鮟鱇比雄性大很多。**

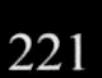

产卵期的鲑鱼

这里所展现的红大麻哈鱼的生命周期就是溯河产卵。这就是说它们在淡水水域出生，然后迁徙到海洋中，最后再返回淡水水域产卵。在产卵前它们的身体会变为很鲜艳的红色。

执行任务

从出生到返回产卵的4年时间里，红大麻哈鱼要旅行1,500千米。经过这不可思议的旅途后，每条雌性红大麻哈鱼会产下4,000多枚卵。

大西洋鲑
Salmo salar

- 体长 约1.5 m
- 体重 约46.8 kg
- 状况 当地很常见
- 分布 北美东北部、欧洲西部及北部、北大西洋地区

大西洋鲑作为食物资源被养殖。这些**游泳健将**凭借**有力的尾**跳出瀑布和水坝，游向淡水水域去产卵。大部分鲑鱼在产卵后就会死亡，但是大西洋鲑有时会幸存下来然后游向海洋。

一个困难重重的旅途
鲑鱼的游泳肌很发达，这在它们溯河产卵这个长长的旅途中起到了重要作用。即使如此，它们还是无法逃离渔网的捕捉。鲑鱼是人类很喜欢的食物。

来自熊的攻击
并不只有人类喜欢美味的鲑鱼，熊也会在产卵期鲑鱼返回淡水河的途中捕食它们。

无脊椎动物

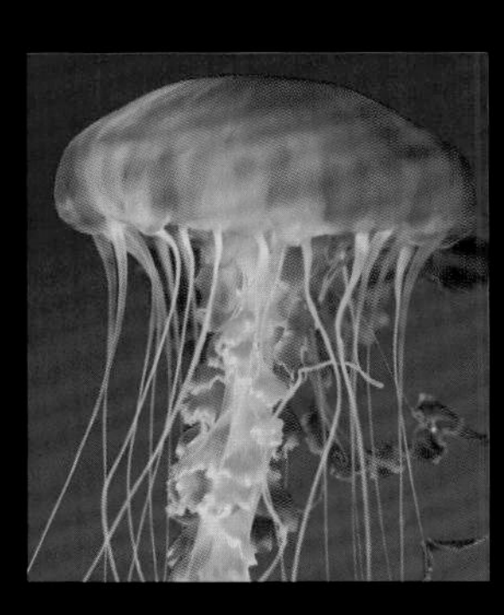

定义：**无脊椎动物**即没有脊柱的动物。包括昆虫、软体动物（如蜗牛和贝类动物）、海绵、水母和蠕虫。

什么是无脊椎动物？

无脊椎动物是指既没有脊柱也没有内骨骼的动物，其种类非常广泛，占动物总数的95%以上。有些无脊椎动物鲜为人知，如微小的轮虫（一种可能比细菌还小的动物）；有些则较为人所熟知。蜗牛、蜘蛛、跳蚤、扁形虫、蜈蚣和珊瑚都是无脊椎动物。还有一些在结构上比较简单的无脊椎动物，如海绵，它们没有大脑和内部器官。而非常聪明的章鱼则是比较复杂的无脊椎动物。

◀ 节肢动物门：昆虫、蛛形纲动物、甲壳动物
（约1,000,000种）
节肢动物都长有一层坚硬的外壳，这层外壳由几部分组成，叫做外骨骼。如蟹壳和甲虫的保护性外壳都是外骨骼。节肢动物还长有分节的附肢，附肢都是成对出现的。

◀ 软体动物门：乌贼、蜗牛、双壳类
（约60,000种）
多数软体动物生活在坚硬的外壳里。它们有的只有一个单独的壳，如蜗牛；有的长有两个相互连接的壳，如蛤和贝。软体动物还包括章鱼和乌贼这些既没有外壳也没有内骨骼的动物。

◀ 腔肠动物门：水母、珊瑚、水螅
（约11,000种）
这个类别包括各种各样的水栖动物，如水母、海葵和珊瑚。腔肠动物都有触手，上面具有刺细胞。有些腔肠动物会游泳，有些则依附在海底。

◀ 环节动物门：蚯蚓、蛭类、多毛类
（约12,000种）
这类动物被称为环节蠕虫，它们的身体分成许多形态相似的体节。生活中最常见的蚯蚓就是其中一员。此类动物中一些多毛类也被称为毛足纲。它们生活在水里和陆地上。

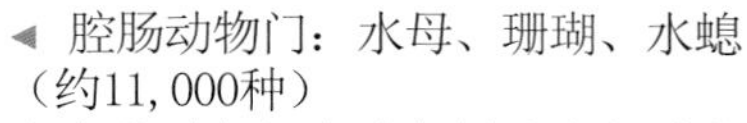

◀ 棘皮动物门：海星、海胆、海参
（约7,000种）
这类海生动物俗称棘皮动物。多数棘皮动物的主要特征是外皮坚硬多刺，几乎所有的棘皮动物都生活在海底，其中多数会移动觅食。

◀ 多孔动物门：海绵
（约9,000种）
海绵看起来像植物，但实际上不是，它们是结构最简单的生物，它的身体基本由一个纤维管组成。海绵依附在海底岩石上，涌动的水流能为它们带来食物。

▲ 两只蝴蝶正在产下受精卵。所有昆虫的最初形态都是卵，随后要经历毛虫和蛹等不同阶段的变化，最后发育为成虫。

小知识

现今约有5,000,000种无脊椎动物，随着我们对它们生活环境的了解，这个数量可能会成倍增长。

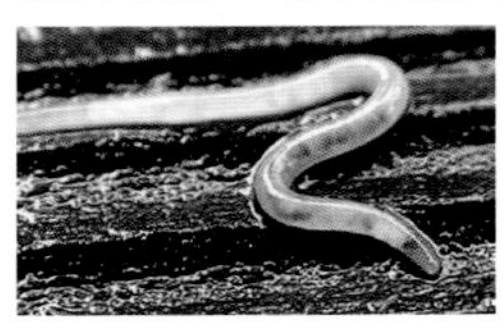

■ **线虫**(或称圆虫)或许这是地球上种类最多的生物。有些线虫非常小，小到在一个腐烂的苹果上可以寄生90,000条。

■ **无脊椎动物**有时集大群生活。有记录记载，最大的蝗虫群聚集了72亿只蝗虫，覆盖范围约1,200平方千米。

■ **章鱼**展现了它们的聪明才智。德国动物园里的一只雌性章鱼通过观察饲养员怎样拧开虾罐头的盖子，然后亲自动手实践。

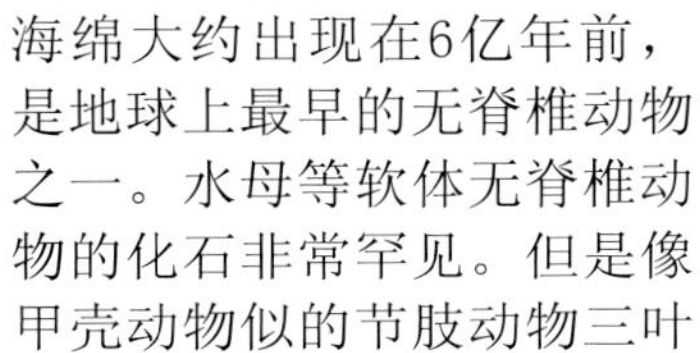

远古的无脊椎动物

海绵大约出现在6亿年前，是地球上最早的无脊椎动物之一。水母等软体无脊椎动物的化石非常罕见。但是像甲壳动物似的节肢动物三叶虫的化石数量颇丰。三叶虫（上图）在地球上生存了3亿年，约2.5亿年前灭绝。其他被发现的化石包括巨大的狮鹫蝇，其翅展达75厘米；2米长的水蝎和巨大的海生软体动物，其外壳长达9米。

寄生

世界上的寄生生物多数是无脊椎动物。寄生生物指的是生活在其他动物（包括人类）体表或体内的动物。多数寄生生物是有害的。常见的寄生生物有各种各样的蠕虫，它们生活在宿主肠内。有害的寄生生物如牛蝇（上图），它们在马、牛等哺乳动物毛发间产卵，幼虫孵化后钻进宿主皮肤里，使其疼痛异常。有些昆虫在别的昆虫身上产卵，新出生的幼虫甚至会吃掉宿主。

创造新生命

无脊椎动物的繁殖方式多种多样。并非所有的无脊椎动物都需要寻求配偶。海绵和海星身体的任何部位都能再生为新的个体。事实上，如果把透过滤网的同一种的两只海绵混合在一起，它们会结合形成一个新的个体。很多昆虫产下未受精的卵，这些卵孵化并成长为它们父母的翻版，竹节虫、水蚤、蚜虫都采用这种繁殖方式。

▼ 单亲家庭
如蚜虫，它们可以由未受精的卵繁殖下一代，这是扩大种群的快捷办法。

海绵

海绵生活在全球海洋的底部。尽管生长方式和外形看起来和植物无异，但它们实际上是结构简单的动物。海绵曾经是海洋里生命形式最多样的种群，它们的骨骼形成巨大的暗礁。而现在，海绵必须同珊瑚和其他海洋生物争夺海床上的生存空间。

形状和大小

海绵有8,000多种，形状和大小也不尽相同。其中最小的是简单的管状动物，只有几毫米长。而最大的则长达1米或更长，形状分为球状和枝状。多数海绵骨骼的组成物质柔软而充满韧性。

▼ 有毒的海绵
许多海绵，包括这种扇形海绵生长在暗礁上。其中一些含有毒物质，这是它们抵御猎食者的武器，这些有毒物质被人类用于制造毒品和药品。

扇形海绵

Ianthella basta

■ 分布 印度洋、太平洋及其邻近海域

这种巨大、扇形的海绵拦截住冲刷过暗礁的水流，从中摄食。它们的**骨骼松软**，因而可以随水流轻微摆动，从而避免在汹涌的洋流中受损。该属的几种海绵，其形状、大小和颜色各不相同。

小知识

■ **解剖** 海绵的体细胞共同工作，但没有形成器官、组织和明确的身体结构。海绵有两种繁殖方式：通过出芽生殖进行无性繁殖，复制出新的个体；或释放精子与卵细胞融合形成受精卵。

■ **食物** 海绵通过进食获取能量。它们从海水中摄取食物，海水从其体表的小孔进入身体内的水沟系，水沟系和长着鞭毛并捕捉食物的细胞相连。过滤后的水通过出水口被排出体外。

过滤系统 海绵以“滤食生物”著称。

红海绵
Negombata magnifica

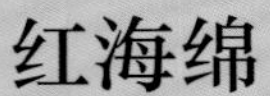

■ 分布 红海和阿拉伯海

这种有着奇特外形、生活在浅水中的海绵能长出下图中的枝状结构，它们通常附着在岩石上开枝散叶。它们会产生一种名为“latrunculin”的**有毒蛋白质**来对抗猎食者。可惜这并不能吓退敌人，这种海绵仍然被海蛞蝓当作美食享用。海蛞蝓把毒素储藏在身体中，享受着毒素的保护，而不会被毒素所伤。

面包软海绵
Halichondria panicea

■ 分布 大西洋、波罗的海和地中海

这种海绵通常生活在洋流汹涌的地带，附着在岩石的悬垂物上，跨度可达60厘米。面包软海绵的名字和它看起来易碎的外表有关，它的表面长有杯状的开口。

加勒比美丽海绵
Callyspongia plicifera

■ 分布 加勒比海

这种多彩海绵是寻常海绵纲的一员，寻常海绵纲包括所有柔软、易碎和洗浴型海绵。它们**生活在阳光照耀的浅水区**，能长到45厘米高。一个大型的寻常海绵能在一小时的时间里吸进千余升水，以此滤食水藻、浮游生物和其他微小的食物。

樽海绵
Sycon ciliatum

■ 分布 所有海域

樽海绵是钙质海绵纲最常见的成员。它们体型小巧，**骨骼精致**，由碳酸钙组成，通常附着在海藻或暗礁的表面生长，这样它们可以处在摄食的有利位置。**纤细的针状顶冠**不仅能抵抗猎食者，同时还可避免残屑堵塞。

阿氏偕老同穴
Euplectella aspergillum

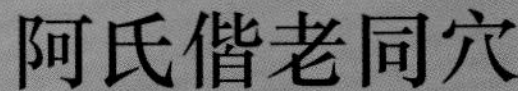

■ 分布 太平洋西部

这种管状海绵是由易碎的骨刺组成非常奇特的带花边的格子状后支撑起来的，因此这种海绵还有一个别名叫“维纳斯的花篮”。这个管子是**海绵虾夫妇**的家，海绵虾在少年时期进入阿氏偕老同穴的身体，在里面度过余生，它们无法离开的原因是由于身体太大。

海葵

这些“海中花”通常生活在浅水区或潮水坑里，但仍约有50%生活在深海区。海葵看起来外表脆弱，但实际上他们却是名副其实的捕猎者，用有毒的刺捕食猎物。

毒刺

海葵的触手上布满了刺细胞，每个刺细胞都含有毒液、倒刺和“发射”毛发。猎物碰触到毛发，倒刺就会射出，将毒液注射进猎物体内。之后倒刺通过长毛发附着在海葵身上。

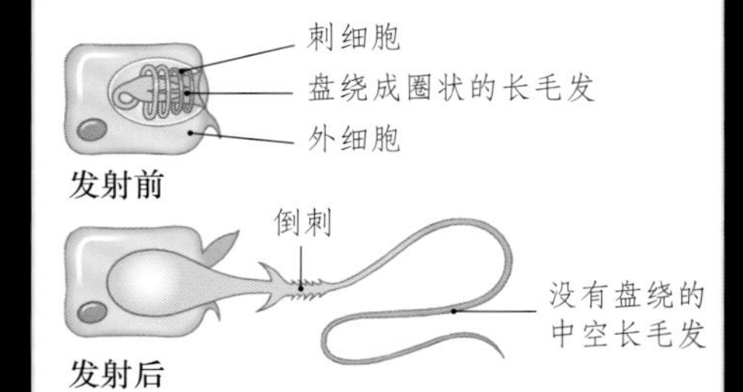

小知识

■ **海葵大小不一，**直径从小于15毫米到将近1米的都有。触手从12只到几百只不等。

■ **海葵**长有柔软的体囊，通过有黏性的基盘附着在海底。身体呈圆柱形，顶端扁平称为口盘，口盘中央开口，口边长刺的触手可收缩（进来）。

粉红珍珠海葵的横切面图

华丽黄海葵
Anthopleura elegantissima

20

- 直径 2 – 5 cm
- 食物 小型海洋生物
- 分布 太平洋西部

这种海葵营**群居生活**，常见于潮水坑中。退潮后，它们会把触手缩回身体里，**藏身于沙石**和贝壳碎片中，避免被晒干。

猩红膨大海葵
Stomphia coccinea

20

- 直径 1.8 – 2.3 m
- 食物 小型海洋生物
- 分布 北大西洋、北太平洋

这种海葵与它的近亲的行为大相迥异。如果受到惊扰，它会从附着的岩石上弹开，靠前后摆动身体**游走**。安全后，它会再潜回海底。

多琳巨指海葵
Macrodactyla doreensis

20

- 直径 10 – 15 cm
- 食物 小虾、小鱼
- 分布 印度洋

这种海葵的触手可长达17厘米，通常呈卷曲状，因此它有个更通俗的名字叫**螺旋海葵**。这种海葵喜欢把基盘嵌进海底松软的泥沼里，它们有各种不同的颜色，最常见的是各种色度的灰色或紫色，触手则间以白色条纹。

我是朋友，不是猎物。

图中的眼斑双锯鱼喜欢藏在海葵的触手里寻求庇护，这种鱼体表的黏液能防止它们被海葵刺蜇伤。

水母

水母是一种结构简单的、能自由游动的动物，长刺的触手能吸引和击晕猎物。水母的名字来源于它摇摆的、果冻一般的身体。水母大概有300种。

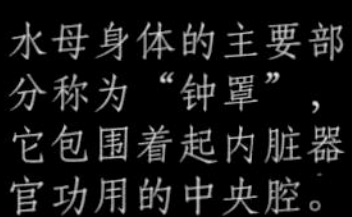

水母身体的主要部分称为“钟罩”，它包围着起内脏器官功用的中央腔。

通向内脏的开口能带来食物并带走排泄物。流苏状的带刺触手用于吸引猎物。

◀ 水做的身体
水母身体的主要成分是水，十分适于海洋生活。但因缺少骨骼支撑，一旦被冲上海滩，成堆的水母就会遭遇毁灭。

水母怎样移动呢

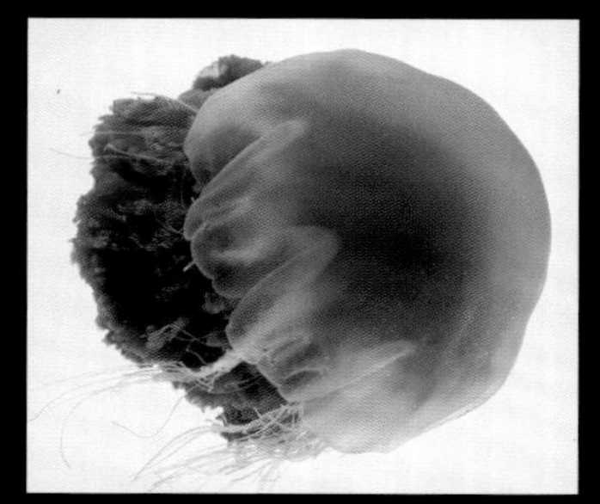

准备……水母要么随着洋流漂浮，要么确定某一特定方向后靠喷射出的水的推力移动。

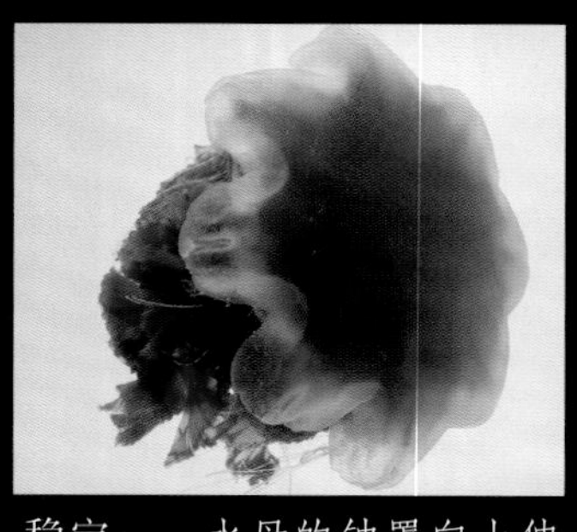

稳定……水母的钟罩向上伸展，水从下方涌入其中，它已经准备好向前冲了。

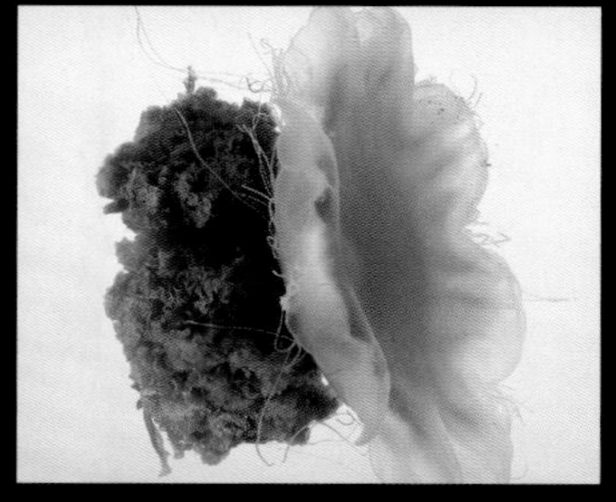

出发……肌细胞慢慢收缩，迫使水流出钟罩，当水开始排出体外时，水母开始移动了。

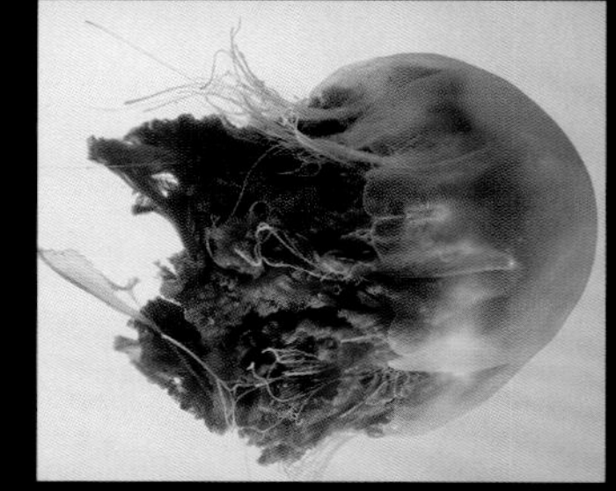

离开……水排出水母身体产生的推力趋使水母向反方向移动。

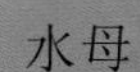

我成了一道美味的点心！

大量的野村水母被捕捞，当地居民用它们来取代平时吃的鱼。

巨型水母
一名潜水者与一只野村水母并排游离日本海岸。这种巨大的海洋生物能长到约2米宽，220千克重。

▼ 星型水母
这种新发现的水母得名于体内微小的带有颜色的点点，看起来就仿佛小星星一般。

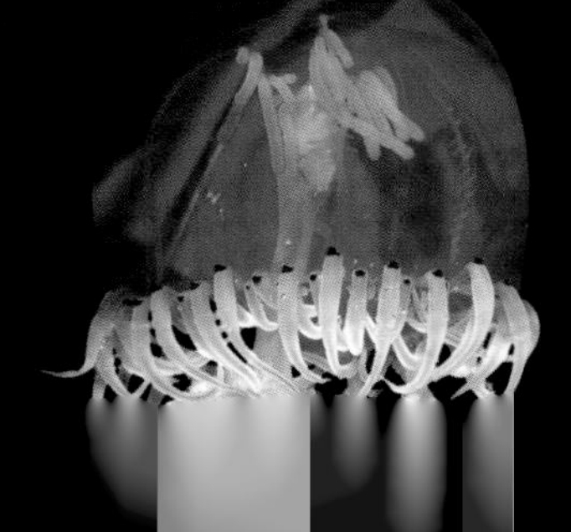

▲ 噢，疼！
太平洋刺水母的触手上遍布着成千上万个刺细胞，这些刺细胞能紧紧地抓

野村水母
Nemopilema nomurai

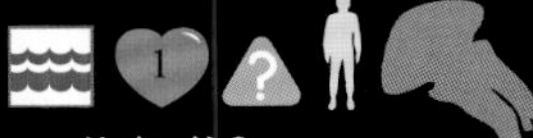

- 体宽 约2 m
- 体重 约220 kg
- 分布 环中国、韩国和日本海域
- 食物 浮游生物和一些甲壳动物

野村水母通常漂浮在浅水区，但为了避免箭鱼、金枪鱼和其他猎食者的攻击，它们也会潜入更深的水里。**近年来，这种巨型水母的数量激增，**但很多被渔网捕获。野村水母的重量能帮助它们挣脱甚至破

珊瑚

珊瑚有两种，即软珊瑚和硬珊瑚。硬珊瑚的内骨骼由石灰石组成，这种珊瑚构成了热带海洋中巨大的珊瑚礁。大部分软珊瑚通常看起来像植物，它们具有柔韧的内骨骼。所有珊瑚都是由一种叫做珊瑚虫的动物聚合起来的，珊瑚虫繁育出新的珊瑚虫，珊瑚虫群体就会慢慢扩大，最终形成珊瑚。

小知识

- **触手的数量**：硬珊瑚的珊瑚虫拥有12只或者更多的触手；软珊瑚只有8只。
- **最初的珊瑚**：地球上最早的珊瑚出现在距今5.4亿年前。
- **繁殖**：珊瑚群在暗礁上采取的繁殖方式为“播种繁殖”，也就是说珊瑚在水中产卵和受精是同时进行的，繁殖通常发生在满月时分。

柱珊瑚

Dendrogyra cylindricus

- 体高 约2 m
- 栖息水深 1 – 20 m
- 分布 大西洋西部

这是很常见的礁石珊瑚。柱珊瑚**厚厚的尖顶**向上笔直地生长。在远离危险的安全地区，这种珊瑚礁会生长得非常巨大。它毛茸茸的外表是由珊瑚虫向外**伸展**寻觅食物的**触手**形成的。

太阳花珊瑚

Tubastraea coccinea

- 直径 1 – 2 cm
- 栖息水深 约10 m
- 分布 太平洋西北部

常见于潮水坑中，橙锥珊瑚**喜欢附着在阴暗的岩石上**。它有两种捕食方法，一种方法是伸出触手捕猎，另一种方法是收回触手，并张开杯状开口上的嘴巴等待猎物上钩。

鹿角珊瑚

Acropora cervicornis

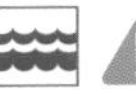 

- 体高 无记录
- 分布 净水区的礁石斜坡和潟湖上

鹿角珊瑚有120种，大多数呈树枝状， 就像**鹿角**。这种珊瑚生长迅速，但也很**容易**被狂暴的海浪**毁灭**。

洞丘星珊瑚

Montastrea cavernosa

- 体高 无记录
- 栖息水深 12 – 30 m
- 分布 大西洋

洞丘星珊瑚群通常形成**巨大的隆起**。在深水区，这种珊瑚尽情伸展，形成扁平的片状。在夜间，珊瑚虫伸展触手捕食。

蘑菇珊瑚

Anthomastus ritteri

- 直径 约15 cm
- 栖息水深 200 – 1,500 m
- 分布 太平洋东部

当这种深水珊瑚展开它脆弱的触手捕食时，看起来就像一朵**奇异的水中花**。当触手收回时，这种珊瑚正如它的名字一样，看起来就像是一朵蘑菇。

曲形双沟珊瑚

Diploria labyrinthiformis

- 体高 无记录
- 直径 约1.8 m
- 分布 大西洋西部

组成这种珊瑚的珊瑚虫蜿蜒排列，赋予了珊瑚群**浓密的褶皱外表**，很像人脑。如有沙子落入其沟缝中，游离的珊瑚虫就会将它推出去以维持珊瑚的清洁。

蠕虫

多数人认为蠕虫是在土壤中蠕动爬行的、黏糊糊的生物。但实际上，上百万种不同种类的蠕虫分布在世界的各个角落。它们有些生活在地下掩埋着的洞穴里，有些生活在河流或海洋中，还有一些是寄生虫，会给人类和其他动物带来致命的疾病。

小知识

蠕虫或许是地球上种类最丰富的动物，它们的主要类型有：

- 扁形虫　扁平，呈带状。它们没有肺，通过皮肤进行呼吸，大多是寄生虫。
- 圆虫　体形细长，呈圆形，大多以寄生的方式生活在其他动植物的体内。
- 环节蠕虫　身体分节，每一体节都有一组基本器官，靠长长的内脏相互连接。包括陆正蚓和沙蚕。

深海火山口周围的生命
在很多深海底部都有火山活动形成的火山口，很多火山口会喷出汩汩沸腾的富含矿物质的海水。多种动植物生活在这些火山口周围，它们通常比浅水区的同类动植物长得更大。

厚翼海沟虫

Riftia pachyptila

  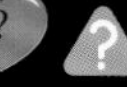 

- 体长 2－2½ m
- 食物 深海火山口的化学物质
- 分布 太平洋

如果从坚硬的**保护性白色管子**中爬出来，这种鲜红色的蠕虫看起来就像是一管巨大的口红。它们生活在太平洋底**灼热的火山口**附近。靠吸收海水中的**化学物质**茁壮成长。这些化学物质通过寄生在它们体内的一种**特殊细菌**的化合转变为可吸收的营养。它们几乎没有天敌，但如果它们从管子中探出脑袋，也会有某些鱼或蟹将它们吞食掉。

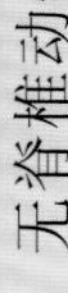

陆正蚓
Lumbricus terrestris

- 体长 9 – 30 cm
- 食物 腐烂的植物
- 分布 全世界

陆正蚓只在土壤表层下方挖洞，它们边爬行边进食，不能消化的食物从身体中排出后成为“蚯蚓粪”，它们通常在草地上留下很明显的印迹。像陆正蚓这样的环节蠕虫移动时**一连串的肌肉会起伏，**并带动体节伸展和收缩。体节上坚硬的刚毛能抓住土壤。

鳞沙蚕
Aphrodita aculeata

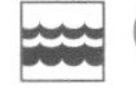   

- 体长 7 – 20 cm
- 食物 主食其他蠕虫、小型双壳贝类
- 分布 大西洋、地中海

这种海生蠕虫看起来像披了一层浓密的皮毛，而实际上是**刚毛**。它还长有**长长的毛发，**根据光照角度的不同，闪烁着红色到绿色的光芒。鳞沙蚕通常生活在深海海底的沙石或泥土中。

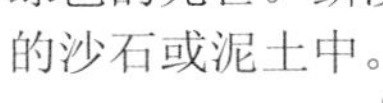

绿沙蚕
Nereis virens

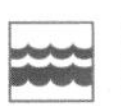   

- 体长 30 – 40 cm
- 食物 小型海洋动物、腐烂的海藻和植物
- 分布 大西洋

这种巨大的蠕虫有着强壮的钳子式口器，它们以此彼此争斗，咬人也很疼。绿沙蚕是毛足纲家族的一员。这些海洋动物在海底表面爬行，在沙砾或软泥中挖穴，用口器抓住那些误入洞穴的动物吃。它们也是游泳高手。

欧洲医蛭
Hirudo medicinalis

- 体长 12 cm 或更长
- 食物 血
- 分布 欧洲、亚洲

这种蛭身体扁平，两端都有**吸盘，**头部顶端是口和颚。蛭在咬住猎物时会**注入某种物质**使之感觉不到疼痛，同时阻止血液凝固。欧洲医蛭只需几个月进食一次即可。

缨鳃虫
Sabella penicillus

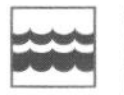  

- 体长 20 – 30 cm
- 食物 小型海洋动物、微小的浮游生物
- 分布 欧洲、北美洲、加勒比海

这种细长的环节蠕虫在自己建造的能包裹住身体的**柔韧管子**中度过一生，管子由黏液黏合沙子和泥土的混合物而成，管子驻扎在近海的岩石上。缨鳃虫口部周围是**冠状的柔软触须，**呈红色、褐色和紫色的带纹。进食时触须会从保护管中伸出。悬浮在水中的食物微粒会掉落到顶冠部，触须上像毛发一样微小的纤毛会将微粒扫入口中。

软体动物

软体动物是无脊椎动物中数量庞大、种类繁多的一个类群。它们的形态和大小的差异很大，从小到0.5毫米的大西洋单壳贝（*Ammonicera rota*），到大到14米的大王酸浆鱿（*Mesonychoteuthis hamiltoni*）——它也是地球上最大的动物之一。

鹦鹉螺
Nautilus pompilius
鹦鹉螺和它已灭绝的近亲菊石曾是地球海洋中最繁盛的动物群体之一。但是，除了鹦鹉螺外，其近亲属种已在6.500万年前和恐龙一起灭绝了。

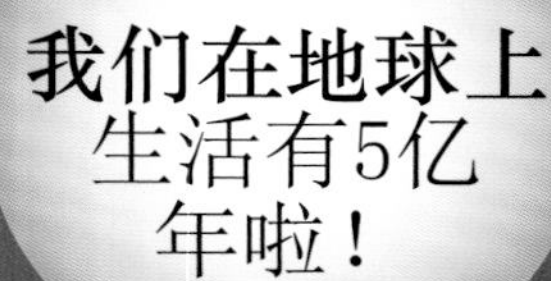

软体动物的种类

大多数的软体动物都有壳，或至少有一个退化的残余物。 壳是由外套膜分泌出的碳酸钙组成的，是软体动物身体构成的一部分。

■ **腹足动物，** 也称作单壳类。一般具有一个单独的壳，有时没有壳。蜗牛、蛞蝓和海蛞蝓都是腹足动物，腹足动物拥有的强健的足，便于爬行。

■ **双壳类的壳由两片组成。** 当一个双壳类动物想要闭合它的壳时，强壮的肌肉就把两片壳合上，将它安全地封闭在里面。蛤和牡蛎都是双壳类动物。

■ **头足动物** 包括大型无脊椎动物，如乌贼。乌贼的壳在身体内部，支撑着柔软的身体。然而章鱼的内壳却已经完全退化了。

大小比较

巨型章鱼
Enteroctopus dofleini

■ 大小 臂距达3-5m
■ 体重 约50 kg
■ 食物 蟹、龙虾、鱼和其他章鱼
■ 分布 北太平洋

世界上**最大的**章鱼，它能瞬间改变皮肤的颜色和质地，借此逃避和吓走大型捕食者。它与其他章鱼一样是**最聪明的**无脊椎动物。

密纹泡螺
Hydatina physis

■ 体长 壳 约45 mm
■ 食物 小型蠕虫
■ 分布 印度西太平洋地区和大西洋

这种海螺**颜色鲜艳，**壳很薄。遇到危险会缩回壳中，但这壳很难真正起到保护作用。它通常在海底沙地上缓缓爬行，与其他有壳腹足动物不同的是，**它还能游泳。**

彩色海兔
Chromodoris quadricolor

■ 体长 约24 mm
■ 食物 海洋海绵
■ 分布 地中海、印度洋西部

有些软体动物身上已找不到贝壳的踪迹，像海蛞蝓就是其中一类，海蛞蝓约有3000种。为了保护自己，有些海兔，如彩色海兔，会用身上鲜艳的花纹警告潜在的猎食者，它们体内含有气味难闻的化学物质，**会很难吃。**如遭遇袭击，它皮肤下面的腺体会分泌出化学物质。

大西洋海神鳃
Glaucus atlanticus

■ 体长 30 cm
■ 食物 僧帽水母
■ 分布 全世界

大西洋海神鳃是**猎食者，**它以有毒的僧帽水母（通常被认为是一种水母，但实际上是水螅的集合体）为食，对其毒刺免疫。事实上，它将这些**毒刺储藏**在身体两侧伸出来的羽毛般的“手指”中，遭遇攻击时会释放出来。

食用牡蛎
Ostrea edulis

■ 体长 约110 mm
■ 食物 植物和动物、有机物质
■ 分布 欧洲大西洋海岸

这种双壳类牡蛎附着在岩石上度过一生。**幼时为雄性，**3岁左右变为雌性。和其他牡蛎一样，如有微小的食物或沙子落入牡蛎的壳中，牡蛎会分泌出含有矿物质和蛋白质的**黏液把它包裹起来**并最终生成珍珠。

皇后海扇蛤
Equichlamys bifrons

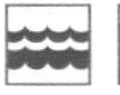   

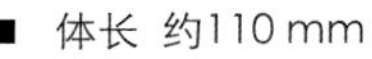

■ 体长 约110 mm
■ 食物 浮游生物
■ 分布 南大洋

这种双壳动物的贝壳内部通常呈浅紫色。和其他蛤一样，皇后海扇蛤在水中依靠打开和闭合贝壳时喷射的水流所产生的力量来推动它**迅速移动**。皇后海扇蛤是人类喜爱的食物。

大砗磲
Tridacna gigas

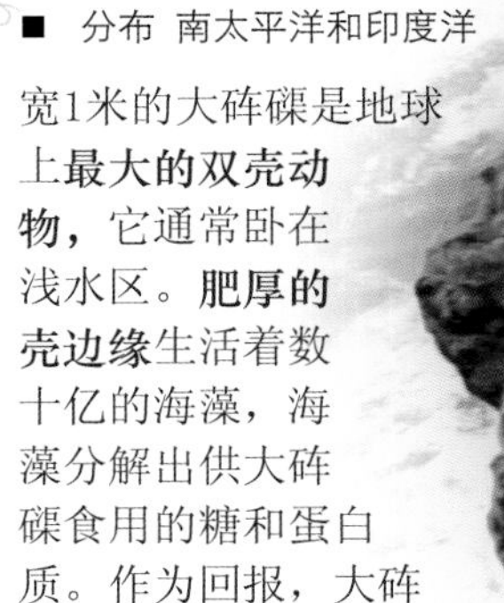

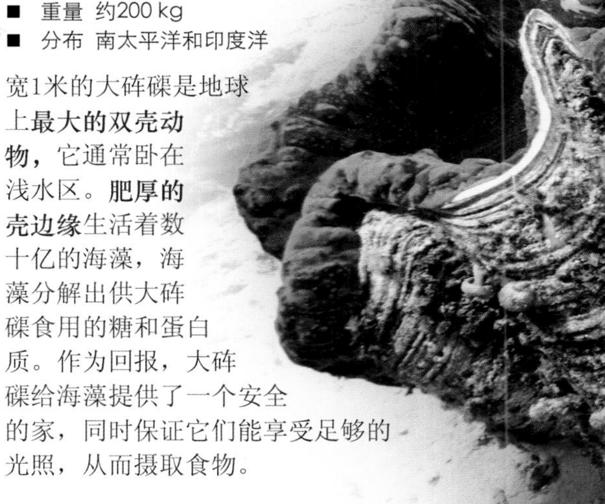

■ 体长 约1 m
■ 重量 约200 kg
■ 分布 南太平洋和印度洋

宽1米的大砗磲是地球上**最大的双壳动物，**它通常卧在浅水区。**肥厚的壳边缘**生活着数十亿的海藻，海藻分解出供大砗磲食用的糖和蛋白质。作为回报，大砗磲给海藻提供了一个安全的家，同时保证它们能享受足够的光照，从而摄取食物。

蜗牛和蛞蝓

蛞蝓是黏稠的、果冻似的生物，通常生活在园地里，以植物为食。长有螺旋状外壳的蛞蝓被称为蜗牛，蜗牛和蛞蝓都是腹足动物。所有的腹足动物都有一个长着触角的大头，还有一个用吸盘似的单足驮着的柔软身躯。

▲ 漂浮之舟
紫螺，又名海蜗牛。它能分泌黏液形成浮囊仰浮在温暖的海水表面。这种蜗牛是目盲，壳像纸那么薄。

► 岩石附着者
帽贝用它柔软的、肉质的足紧紧地吸附在岸边的岩石上，涨潮时它就会缓慢移动以摄食海藻。退潮时帽贝则会窝在岩石上不动。

水栖和陆栖

有些腹足动物生活在陆地上，有些生活在水中，它们都产卵。水栖腹足动物的卵孵化出幼虫后，经过阶段性成长变为成体；陆栖腹足动物直接孵化成父母的小型翻版。腹足动物有一排细细的牙齿，食物范围非常广泛。

警告色
因为没有外壳保护，海蛞蝓长有刺毛，它们鲜艳的颜色警告敌人躲远点。

绿海天牛
Elysia crispata

- 体长 约8 cm
- 食物 植物
- 分布 热带大西洋水域

身体呈褶皱状，看起来像莴苣叶子。这种海天牛的能量来自于日光！它从进入体内组织的海藻中获取食物，海藻在吸收阳光后转化为能量。褶状裙边能增加身体的表面积，从而尽可能地吸收更多的阳光。

狗岩螺
Nucella lapillus

- 大小 2 – 4 cm
- 食物 其他腹足动物
- 分布 大西洋北部海岸

也叫大西洋狗岩螺，它**钻透猎物的外壳，**然后吸食猎物的身体。

▲ 岩石上的窝
在春季，狗岩螺会在岩石裂缝中产下一串卵。

褐云玛瑙螺
Achatina fulicula

  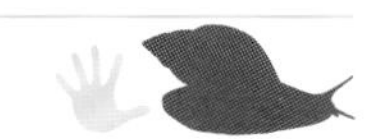

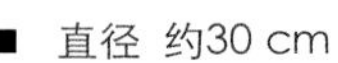

- 直径 约30 cm
- 食物 植物
- 分布 东非、亚洲南部

这是**世界上最大的陆生蜗牛，**这种动物会给其繁殖兴盛地区的农业带来巨大灾难。它原产于热带，生命力很强，在寒冷甚至下雪的情况下，也能通过缩回壳内冬眠的方式继续存活。一般成年褐云玛瑙螺能活5～6年。

散大蜗牛
Helix aspersa

- 直径 2.5 – 4cm
- 食物 植物
- 分布 全世界

这种蜗牛也不为园丁所喜爱，它的**壳很薄，**壳上有四五个螺旋。休息或受到惊吓时，它会**缩进壳中**。它头部有**四个触角，**顶端的两个触角上长有眼睛。这种散大蜗牛是罩盖大蜗牛（*Helix pomatia*）的近亲。

阿勇蛞蝓
Arion distinctus

- 体长 约 3 cm
- 食物 植物
- 分布 北美洲和欧洲

这种很常见的蛞蝓**被全世界的园丁所痛恨，**它们用锉刀般的齿舌啃食栽培植物、块茎和球根。它们通常在**夜间活动，**白天多待在潮湿隐蔽的地方。这种灰黄色的生物一年中大部分时间都能进行繁殖。

▼ 热带的怪物
褐云玛瑙螺的壳呈浅棕色，间以棕黑色和淡黄色的带纹。

章鱼和乌贼

不管你相信与否，这两种海栖生物都是软体动物，还是蜗牛和蛞蝓的近亲，它们被称为头足动物。长长的触腕和带有毒性的吞咬能帮助它们轻而易举地捕捉猎物。它们在海中通过吸水和排水所产生的推力移动。

章鱼的触腕十分灵活，既能用来探测狭窄空间，也能用来打开贝壳和抓住猎物。在决定是否要吃掉猎物前，章鱼会用吸盘“品尝”食物的味道。

新西兰章鱼

Octopus maorum

- 体长 约23 cm
- 腕展 约120 cm
- 分布 澳大利亚、新西兰海域

章鱼以蟹、龙虾和软体动物为食。它的视觉敏锐，喜欢暗中跟踪猎物，搞突然袭击。它时常游弋在猎物上方，然后突然下沉，用网一般的身体兜住猎物。

▲ 危险的吞咬

蓝环章鱼（*Hapalochlaena lunulata*）生活在澳大利亚海域和某些太平洋岛屿沿岸。若被它咬一口将会是致命的。

你骗不了我……

章鱼智商很高，它是脑袋最大、最聪明的无脊椎动物。经实验，章鱼在迷宫中能找到出路，还能打开容器的盖子。

捕猎冠军

鱿鱼和乌贼长有内壳，它们都有8条短腕，还有2条长触腕，长腕顶端有吸盘，它们用强壮的腕捕捉鱼和其他软体动物。

◀ 真枪乌贼 (*Loligo vulgaris*)
真枪乌贼生活在开阔水域深处，很少靠近海岸。它的身躯像鱼雷，便于在海中游动。尾端的两只鳍起到舵的作用。为了安全，枪乌贼通常群体出游。

◀ 商乌贼 (*Sepia officinalis*)
这种动物扁平的身躯对于在海底生活来说非常理想，它的内壳就是海滩上很常见的乌贼骨骼。和其他头足动物一样，乌贼可以改变颜色、喷射墨汁以迷惑掠食者。

贝壳的世界

小知识

所有的贝壳都是海生有机物。

除了鳞砖碟，其他软体动物还没有已知的濒危种类。

带壳的软体动物，包括通常只带一片壳的腹足类和有两个能打开的壳的双壳类。并非所有的软体动物都有壳，章鱼和乌贼是软体动物，但它们没有外壳。

欧洲棘鸟尾蛤 *Acanthocardia echinata*

配景轮螺 *Architectonica perspectiva*

色东氏芋螺 *Conus cedonulli*

眼斑宝螺 *Cypraea ocellata*

蚯蚓锥螺 *Vermicularia spirata*

斑芋螺 *Conus ebraeus*

梯螺 *Epitonium scalare*

中美海菊蛤 *Spondylus princeps*

射肋珠母贝 *Pinctada radiata*

百肋杨桃螺 *Harpa costata*

大刀蛏 *Ensis siliqua*

澳大利亚大香螺 *Syrinx aruanus*

虎斑钟螺 *Maurea tigris*

利氏透孔螺 *Diodora listeri*

巨海扇蛤 *Pecten maximus*

旋梯螺 *Thatcheria mirabilis*

黑壳菜蛤 *Mytilus edulis*

主教芋螺
Conus dorreensis
4 cm
40 cm
澳大利亚海扇蛤
Pecten australis
海之荣光芋螺
Conus gloriamaris
鳞砗磲的宽度可达40厘米。而主教芋螺只有约4厘米宽。
褐斑笋螺
Terebra areolata
笋锥螺
Turritella terebra
虎斑宝螺
Cypraea tigris
鳞砗磲
Tridacna squamosa
当鳞砗磲遇到捕食者的威胁时，会将壳紧紧闭合。
女神涡螺
Scaphella junonia
阳刚芋螺
Conus circumcisus
星螺
Guildfordia triumphans
女王凤凰螺
Strombus gigas
大马蹄螺
Trochus niloticus
波纹甲虫螺
Cantharus undosus
弗林德氏拳螺
Vasum flindersi

节肢动物

我们所知的地球生物中，节肢动物占80%以上。这个类群的动物形态多样、大小不一，从需要放在显微镜下才能看到的瘿螨，到大小达4米的巨螯蟹，后者和一辆汽车的长度相当。节肢动物几乎能在你想到的任何环境下生存，如海豹的鼻子中、汽油池里、碎石深渊和冰川中。

篦子硬蜱 (*Ixodes ricinus*)

- **蜱不能像跳蚤一样跳跃。** 它等待宿主经过，伺机而动。蜱生活在灌木和高草丛中。
- 蜱用**足紧紧抓住**选中的宿主，它们能探测到宿主身上散发的热量。
- 虽然它们的宿主目标主要锁定鹿，但这种**寄生物**也会在大型哺乳动物身上安营扎寨，包括人类。
- 蜱携带**多种病菌，**并传播给它们的宿主。

这只蜱把它叉子一般的口器刺进肉里，直到刺中血管为止。

在饱餐血液后，它的身体膨胀为最初时的200倍。

蜕皮

和多数节肢动物一样，礁龙虾有一层坚硬的外骨骼，在成长过程中会蜕去。新生的外骨骼要经过一段时间才能慢慢变硬，这时的龙虾很容易被猎食者攻击。

节肢动物

昆虫

蝴蝶
黄蜂
蝗虫

昆虫有100余万种，是地球上适应力最强、物种最丰富的种群之一。

蜈蚣和马陆

这些多足节肢动物长长的身体由多体节组成，蜈蚣具有一对毒爪。

蟹、龙虾和小虾

甲壳动物主要为水生，有坚硬的外骨骼、两对触角和一对复眼。

蜘蛛、蝎子、蜱和螨

这个类群被称为蛛形纲动物，它们的身体由两部分组成，没有翅膀和触角。

海蜘蛛

尽管这种海生节肢动物名字为海蜘蛛，但实际上并不是蜘蛛。不同种的大小从1毫米到75厘米不等。

鲎

鲎并不是真正的蟹，它和蛛形纲动物更为接近。鲎有罕见的本领，可断肢再生。

美洲鲎

Limulus polyphemus

- 体长 28 – 60 cm（包括尾）
- 体重 约4.5 kg
- 分布 北美洲东海岸

这种动物3亿多年来外表几乎没有变化，有**"活化石"**之称，它和已灭绝的三叶虫相近。尽管又被称作马蹄蟹，但它实际上**并不是蟹，**而和蛛形纲动物的关系更为亲近。一只雌性鲎可产下15,000～60,000枚卵。鲎成长缓慢，一只鲎需要12年才会步入成年期。

帝王蝎

Pandinus imperator

- 体长 12 – 23 cm
- 分布 非洲

依靠体型和**强有力的、锯齿状的螯肢，**帝王蝎无需致命毒液的保护。它偷偷接近猎物发起突袭，碾碎猎物的外骨骼或**刺穿肉体，**它用小小的、钳一样的口器把猎物撕成碎片。帝王蝎为卵胎生，幼蝎会待在母蝎背上，由母蝎哺育，直到它们能独立生活。

蝎子一旦挥舞起尾刺，猎物就会被这根刺反复刺穿。

蝎子就会用强有力的螯肢碾碎猎物。

海蜘蛛

Colossendeis australis

- 肢长 约50 cm
- 分布 全世界海域

海蜘蛛分布广泛，从热带海岸到极地都有它们的身影。有一种大型海蜘蛛（*Colossendeis australis*）是住在**深海中的巨人，**肢长可达50厘米。它们吸食无脊椎动物柔软的身体，或以小型水生动物为食。其他的海蜘蛛则体型较小，主要分布在海岸水域和暗礁上。

小知识

- **种的数量**：约5,000
- **主要特征**：身体长且薄，非常适于飞行；两对大而透明的翅，栖息时平展于体侧（蜻蜓）或叠立于体背（豆娘）；巨大的复眼视物清晰；它们是凶猛的猎手；其幼虫被称为若虫，完全水栖。

蜻蜓和豆娘

如果你生活在3亿年前，你会发现那时天空中飞翔的昆虫和现在的蜻蜓与豆娘几乎完全一样。人们熟悉成虫鲜艳的色彩和娴熟的飞行技巧，但这些优雅的、引人注目的昆虫一生中的大部分时间是以幼虫或若虫状态隐身于河、湖的黑暗深处。

蓝晏蜓

Aeshna cyanea

- 体长 6.5–7 cm
- 翅展 7–8 cm
- 分布 欧洲

若虫需3年时间才能长出翅，但成虫在死亡之前只有短短数周时间进行交配。雄性在建立交配领域时的时速可高达30千米，它会凶猛地驱逐入侵者和其他雄性蜻蜓。

帝王伟蜓
Anax imperator

- 体长 7－8 cm
- 翅展 10－11 cm
- 分布 欧洲、亚洲中部和非洲北部

这是世界上体型最大、力量最强的蜻蜓之一。它也是**最快飞行速度的纪录保持者**，俯冲时的时速可达38千米。成虫在飞行中捕食蝴蝶和其他飞虫等猎物。幼虫或若虫，需一年时间成长为有翅的成虫，但之后只能存活10天左右。雄性通常会誓死捍卫它的领地。

条斑赤蜻
Sympetrum striolatum

- 体长 约38 mm
- 翅展 约58 mm
- 分布 欧洲、亚洲西部

条斑赤蜻的**飞行方式会令人捉摸不定**它们色彩鲜艳、身体厚壮，喜欢生活在潮湿地区。产卵时，雌性会在水面上盘旋，把卵产在水中。

小斑蜻
Libellula quadrimaculata

- 体长 4－4.5 cm
- 翅展 7－7.5 cm
- 分布 欧洲、亚洲北部、北美洲

小斑蜻能**辨认颜色**，它们的眼睛对移动的物体非常敏感。这种好斗的蜻蜓在几米外就能锁定猎物。随后从下方猛扑向猎物，用它们腿上**锐利的刺针**将猎物拢住。

心斑绿蟌
Enallagma cyathigerum

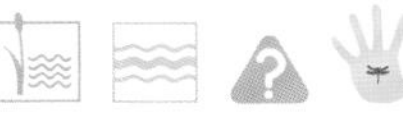

- 体长 3－3.5 cm
- 翅展 3.5－4 cm
- 分布 欧洲

一旦雌性在雄性的领地上着陆，雄性就会马上飞到雌性头顶盘旋展示自己**明艳的双翅**，希望借此加深雌性对它的印象，证明自己是一个好伴侣。雄性还会在流经自己领地的水域上盘旋并数次着陆，以此来使雌性相信这是一片理想的产卵地，若虫孵化后会有最佳的存活机会。

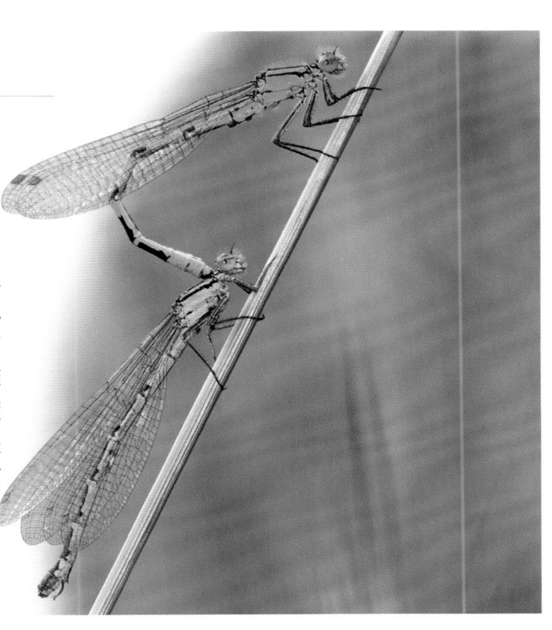

蜉蝣

蜉蝣的祖先或许是3.54亿年前最早出现的飞虫，和它们的表亲蜻蜓一样，它们的外貌与那时相比几乎没变。

- **成体蜉蝣从不进食。** 只有幼虫即若虫才会进食。若虫需要3年时间才能完全进化为成虫，但成虫的生命仅有短短几小时。
- **种的数量：** 约2,500
- **主要特征：** 成体蜉蝣有两对透明的翅，直立于体背。腹部末端有2～3根突出的长尾须。和蜻蜓一样，它们的触角短，但眼睛稍小。

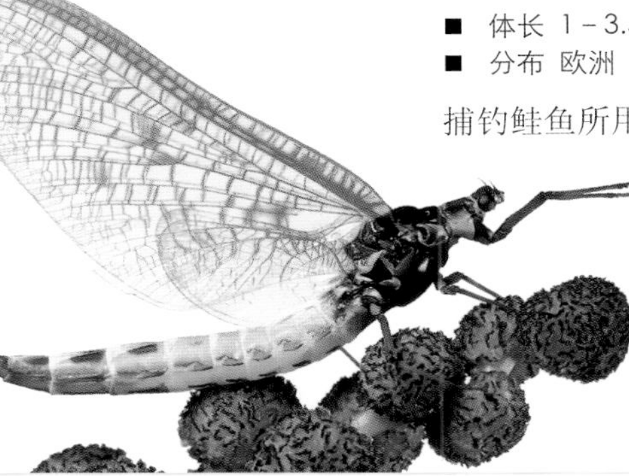

蜉蝣
Ephemera danica

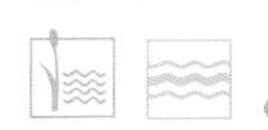

- 体长 1－3.5 cm（不包括尾须）
- 分布 欧洲

捕钓鲑鱼所用的人造“蝇”饵食就是以这种蜉蝣为模型制作的，它也**被称为绿蜉蝣**。卵产于河和湖水中。若虫咀嚼淤泥开出一条通往底部的道路，以那里的微小植物和动物为食。

竹节虫和叶䗛

这些奇异的昆虫能伪装成细枝和树叶，几乎可以乱真。竹节虫（或称杆䗛）和叶䗛一样分布在世界各地，多数种类生活在热带地区繁茂的植被中。由于古怪的外形，很多人喜欢把这些独特的昆虫当宠物饲养。

叶状昆虫
泛叶䗛（*phyllium celebicum*），生活在亚洲东南部潮湿的热带雨林中，身体有线状条纹，看起来像是叶脉纹路。

叶䗛
Family Phylliidae

- 体长 3－11 cm
- 种 约30
- 食物 树叶
- 分布 澳大拉西亚、亚洲东南部、毛里求斯和塞舌尔群岛

叶䗛能用它扁而圆、暗绿色和褐色的身体**伪装成树叶**。有些叶䗛的身体上还有斑点和污点，以此增强伪装效果，这样其他动物就会误以为它们是枯萎的树叶。

伪装高手

竹节虫无愧于伪装高手的称号，它细枝般的身体与周围环境完美融合，以此避免被吃掉。微风来时它还会随风轻轻摆动，以增强效果。

破记录者

竹节虫体色呈现不同程度的绿色和棕色的渐变，加上身体的隆起，让它看起来更像细枝。它们是世界上最长的昆虫，其中体长最长的竹节虫生活在婆罗洲，长达30厘米。

我可以变换颜色。

一些小叶䗛在孵化后会改变颜色。在孵化后约一周的时间里，叶䗛第一次蜕皮。蜕皮后，它们身上犹如披上了一件独特的绿色外衣。

蝗虫和蟋蟀

这个类群有20,000多种，其行为和外表的差异极大。它们通过吵闹的鸣叫声进行交流，到了交配季节，世界上每个温暖的角落都充满了这种声音。

罗氏螽蟴
Metrioptera roeselii

成长

所有的蝗虫和蟋蟀都要经历不完全变态，这意味着幼虫要经过多次蜕皮，逐渐发生变化。这些种类的昆虫长有坚韧的前翅，以保护脆弱的后翅。蟋蟀的触须比蝗虫要长许多，通常比它们的身体还要长。

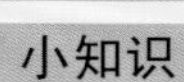

▲ 鼓膜
丛林蟋蟀利用前肢上像鼓一样的薄膜来听声辨位，蝗虫的体侧也有这种膜。鼓膜能筛选出潜在伴侣发出的歌声。蝗虫以足摩擦翅膀发出声音，蟋蟀则是互相摩擦翅膀发出声音。

1，2，3，跳！

蝗虫和蟋蟀的后肢长而强壮。尽管它们有翅膀，但多数时候它们选择跳离危险，而不是飞走。这增加了猎食者捕捉它们的难度。

小知识

■ 许多蝗虫用色彩鲜艳的翅膀吓退猎食者，有的则用保护色伪装作为防御手段。

■ 蝗虫嚼食植物的茎、叶，蝗群会给农作物带来巨大的灾害。

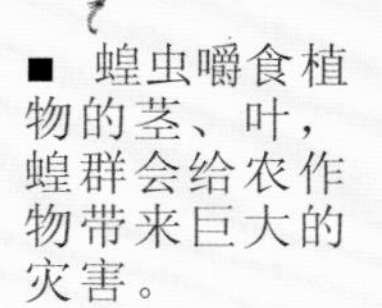

■ 蟋蟀的食物多种多样，从植物到厨房碎屑都可为食。它们多是猎手或食腐动物。

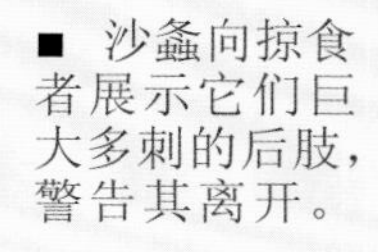

■ 沙螽向掠食者展示它们巨大多刺的后肢，警告其离开。

乳草蝗虫

Phymateus morbillosus

■ 体长 约70 mm

■ 分布 南非

雄性乳草蝗虫能短距离飞行，雌性虽有翅膀却不能飞，这可能是因为雌性的身体太重，无法起飞。这种昆虫**以鲜艳的体色吓退**猎食者，遇袭时会立即喷出**臭味泡沫**。

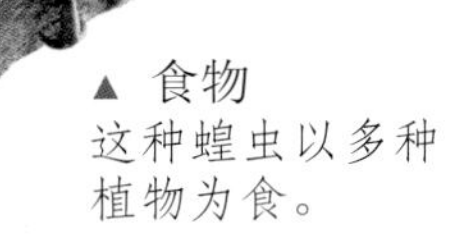

▲ 食物

这种蝗虫以多种植物为食。

条纹草地蝗

Stenobothrus lineatus

■ 体长 约18 mm

■ 分布 欧洲中部和南部到亚洲西部

这种蝗虫前翅边缘饰有白色窄条纹。通常为绿色，但是也可变换成黄、褐、红等多种颜色。这种蝗虫是所有蝗虫里**最安静的歌手**之一。

欧洲蝼蛄

Gryllotalpa gryllotalpa

■ 体长 约45 mm

■ 分布 欧洲

蝼蛄的前足宽、短、多齿，适于挖洞。雌性挖穴是为了产卵，雄性挖洞则是为了在此唱歌，让歌声更响亮。世界上约有60种蝼蛄，它们周身覆有**短而柔的毛发**，很像是穴生哺乳动物。

沙漠蝗

Schistocerca gregaria

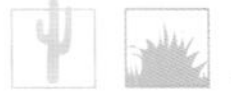

■ 体长 约60 mm

■ 分布 非洲、亚洲西部

这种沙漠蝗因组成**庞大的蝗群**而闻名，蝗群覆盖数百平方千米，包含四千万到八千万个个体。当蝗虫数量过多时，其颜色会从绿色变为褐色。沙漠蝗可独居，但缺乏食物时会集结成群。蝗群每天能飞约130千米。

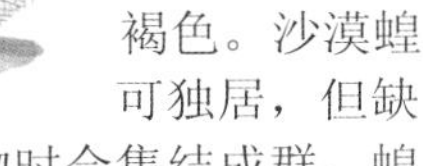

有斑螽蟖

Leptophyes punctatissima

■ 体长 约18 mm

■ 分布 欧洲

正如其名，这种蟋蟀的身体上覆有黑色小斑点。它**不能飞**，但能依靠细长的腿**跳跃很远的距离**。因为音调过高，人类很难听到雄性螽蟖的歌声。但雌性螽蟖能听见这种声音，然后以它们特有的歌声进行回应。

非洲穴居灶马

Pholeogryllus geertsi

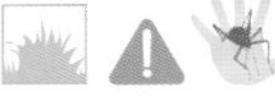

■ 体长 约38 mm

■ 分布 非洲北部、欧洲南部

穴居灶马很好辨认，它的显著特征是**隆起的后背**，因此又被称为驼灶马。穴居灶马的**后肢非常长**，用于跳跃，而触须则更长，更敏感，用于探知猎食者。世界上有大约250种穴居灶马。

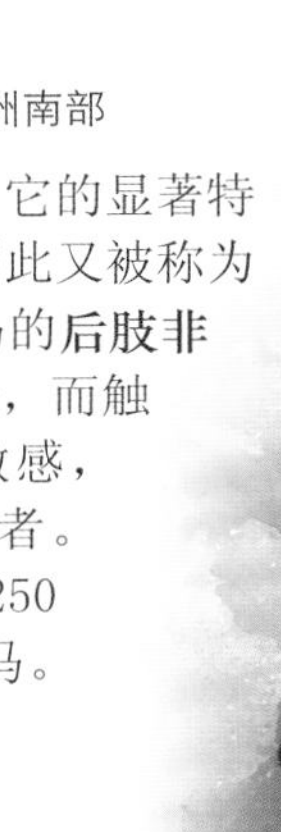
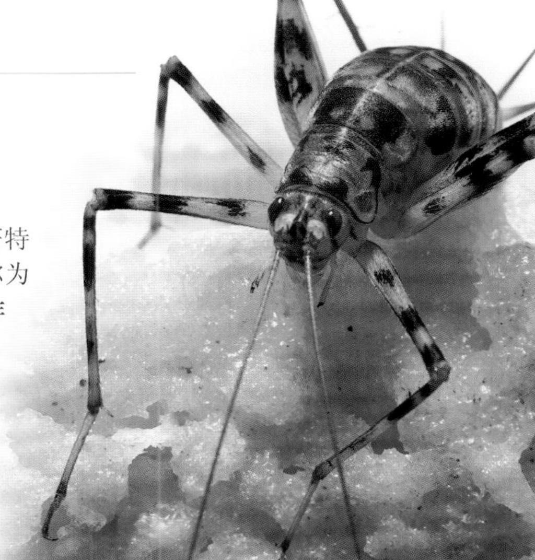

无脊椎动物

螳螂

蝗螂是种外形奇特的生物，头部呈三角形，且能转动自如地看向后方。它之所以被称作“祈祷螳螂”（praying mantis），是因为它的前肢呈祈祷状，而并非因其娴熟的捕猎技能。

谁藏在我后面？

猎物如果认为自己还没有被盯上，那它最好再认真想想。螳螂有把头旋转300度的奇特能力，这意味着它能看清谁埋伏在自己身后。

■ 体长 约14 cm
■ 分布 撒哈拉以南的非洲地区

非洲魔花螳螂是**世界上最大的螳螂之一**，它们生活在非洲东部干燥的灌木丛中。魔花螳螂潜伏在这里，并伪装成有着甜美花蜜的花朵，这种景象会吸引很多昆虫上当。

▲ 祈祷等待
螳螂是伏击型猎食者。通常在白天狩猎，它利用自己视力上的优势，匍匐静待猎物靠近。

▲ 闪电出击
螳螂用它带利刺的、强有力的前肢以惊人的速度出击并牢牢抓住猎物。在这个过程中，它的身体始终保持着令人难以置信的平衡和稳定。

▲ 吃相凶猛？
螳螂捕猎一掐一咬，它们没有毒液。完全依靠捕捉技巧和外形迷惑敌人来保护自己。

蜚蠊

即蟑螂。这种强壮的、体表似皮革的昆虫有一个扁平的卵圆形身体，这有利于它钻进狭小的空间以躲避天敌或寻找食物。多数蜚蠊生活在黑暗潮湿的环境中，晚间外出觅食。在天然生境中，蜚蠊以掉落的水果、树叶和其他植物为食，有的蜚蠊还会吃死去动物的残骸。有些蜚蠊是害虫，它们在房间里大量滋生，传播疾病。

▲ 产卵机器
一只成年美洲大蠊的生命只有一年或稍久，但在这短短的一生中，雌性平均可产卵约150枚。幼虫或若虫从卵荚也就是卵鞘中孵出。若虫在一年内长为成虫。

活的载体
马达加斯加发声大蠊等蜚蠊为卵胎生，雌性将卵产在卵鞘中，随后又把卵鞘收回腹部，幼虫在它体内发育。

小知识

- **种的数量**：蜚蠊目约有6,000种，分为7个不同的种群或科。
- **主要特征**：身体呈扁平、卵圆形，体表似皮革，有鞭一样的长触角。
- **大小**：蜚蠊能长得很大，大型洞穴蜚蠊可长到约10厘米长。

大小比较

马达加斯加发声大蠊
Gromphadorhina portentosa

- 体长 5 – 7.5 cm
- 体重 约23 g
- 分布 马达加斯加

这种大蟑螂生活在堆满落叶和腐烂原木的雨林地面上，它在**夜晚出来**觅食水果和腐烂的植物。在打斗或交配时，它会通过气孔发出嘶嘶的声音，这种声音也作同类之间的**警报**。雄性发出声音的次数比雌性多。

犀牛蟑螂
Macropanesthia rhinoceros

- 体长 约8 cm
- 体重 约35 g
- 分布 澳大利亚

货真价实的“巨人”，是世界上**最重的蜚蠊**。犀牛蟑螂挖掘地洞，深达地下1米。夜间觅食，以树叶碎片和其他腐烂的植物为食，找到食物后带回洞穴进食。

澳洲蟑螂
Ellipsidion australe

- 体长 约2.5 cm
- 分布 澳大利亚

这种灌木蜚蠊白天在澳大利亚的植物间漫游。幼小的若虫也一样**引人注目**，腹部有亮黄色的圆点，呈带状分布。和所有的蜚蠊一样，澳洲蟑螂的若虫也要经历几个阶段的**蜕皮**才会发育为成虫。它以花粉、蜂蜜和霉菌为食。

德国小蠊
Blatella germanica

- 体长 12 – 15 mm
- 分布 除气候寒冷地区外的全世界范围

只要有人类居住的地方就有德国小蠊，但它们不喜欢严寒。野生德国小蠊生活在温暖、黑暗、潮湿的缝隙里。虽然有翅膀，但**几乎不能飞**。多为夜间活动，以腐肉为食。它们**不挑食**，在食物紧缺时，也吃肥皂、胶水、牙膏，甚至同类。

死人头蟑螂
Blaberus craniifer

- 体长 4 – 6 cm
- 分布 中美洲；美国南部引进

这种蟑螂的俗名源于它头部后面的胸部，即前胸背板上，有“头颅”或“吸血蝠”图案。若虫无翅，成虫有翅却不能飞行。它们不能攀爬光滑的玻璃，因此适合养在开放式玻璃缸里当**乖宠物**。植食性，但也吃提供的其他食物。

绿香蕉蟑螂
Panchlora nivea

- 体长 约2.5 cm
- 分布 加勒比海和美国墨西哥湾

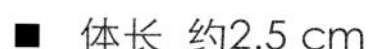

因产自古巴，这种小绿蟑螂又称古巴蟑螂。它们最初随加勒比海的水果被运送到美国并繁衍开来。若虫在木头和其他碎片下挖洞筑巢，成虫通常在灌木丛中和树上爬行。它们在**夜晚现身**，趋光而动。

美洲大蠊
Periplaneta ame ricana

- 体长 2.5 – 4 cm
- 分布 全世界

这种**害虫**在温暖、潮湿的室内外环境中繁殖迅速。在地下室、下水道和建筑物等能找到食物的地方，如面包房、饭店和家里，都能看到这种蟑螂的身影。该物种体型大、**发育缓慢**。在寒冷的天气里会在房子里寻求温暖和食物。和德国小蠊一样，它们也一切通吃。

蝽

对生物学家来说，“蝽”这个词意味着一群非常特殊的昆虫，即半翅目昆虫。蝽有各种各样的形态，生活方式也各有不同，它们的进食方式很特别，翅的结构也很独特。

典型的蝽
这只红足真蝽展现了典型的蝽的基本特征：前翅尖硬，覆盖着小而纤细的后翅，长有结实的、吸管般的口器。

刺入和吸食

近距离观察蝽，我们会发现它没有口，只有一个像是加固的吸管形状的结实的“喙”，它的作用是刺穿猎物或植物以吸食体液或树液。蝽无法咬食固体食物。

小知识

■ **种的数量**：昆虫学家现记录在案的有80,000多种，但可能至少还有同样数量的蝽有待发现。

两个种族
蝽主要分两类：一类是植食性的异翅类昆虫，前翅基部加固，末端为膜质。另一类是同翅类昆虫，前翅均质，常吸食其他动物的体液。

盾蝽
典型半翅类

叶蝉
肉食同翅类

吹绵蚧
Icerya purchasi

- 体长 约5mm，不包括卵鞘
- 状况 害虫
- 分布 原产澳大利亚，现遍布全世界

这种吸食树液的小型昆虫是**毁坏橘树和柠檬树等柑橘类作物的主要害虫**。雄性很少见，多数是雌雄同体，即使不交配也可繁殖。

十七年蝉
Magicicada septendecim

- 体长 约4 cm
- 状况 偶尔是害虫
- 分布 美国东部

生活周期最长的蝉，**寿命长达17年**。在一群成虫集体出土前，若虫在泥土中要默默发育17年。蝉群能毁灭小树，还有记载表明它们曾**阻断交通、引发交通事故**！新生的成虫在交配产卵后短短几周内死去，在下一个17年来临前一切归于沉寂。

猎蝽
Eulyes illustris

- 体长 约2 cm
- 状况 中性
- 分布 菲律宾

图中这种有黑色斑点的红色猎蝽只是千余种猎蝽中的一种。就像名字所提示的一样，这是一种**猎食动物**。有些以吸食血液为生。猎蝽分布在全世界范围，尤其是热带和亚热带地区。它们在植物、土地和树叶堆中筑巢。有些猎蝽咬人的时候会**传播病菌**。

水黾蝽
Gerris lacustris

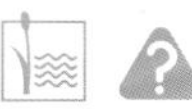

- 体长 8–20 mm
- 状况 中性
- 分布 全世界

水黾蝽是匍匐于静水或池塘水面的**猎食类蝽**。细长的腿分散了它自身的重量，足上的防水毛发保护它不会沉入水中。水面对水黾蝽的意义就如蜘蛛网之于蜘蛛，它们轻轻震动水面，捕获潜在猎物。冬季水黾蝽会离开水面进行**冬眠**。

甘蓝蚜
Brevicoryne brassicae

- 体长 1.5–2.5 mm
- 状况 害虫
- 分布 原产欧洲，后传播到各地

和其他蚜虫一样，甘蓝蚜**以植物体液为食**。它们集大群破坏植物，并**传播多种植物病菌**，是大约250种危害植物的蚜虫中的一员。

红足真蝽
Pentatoma rufipes

- 体长 约14 mm
- 状况 偶尔是害虫
- 分布 全世界

它是森林或种植园里的**常见物种**。通常与橡树为伴，它以植物汁液和昆虫为食，但是也会成为商业果园的公害。在冬季，雌性在树皮的裂缝中产卵，若虫在来年春天孵化。

南美蜡蝉
Fulgora lanternaria

- 体长 约3 cm
- 状况 中性
- 分布 秘鲁

长相奇特。是**头部相当大**的蜡蝉中的一员，又被称为花生头提灯虫。它的后翅上长有巨大的眼睛状斑点，用来吓退猎食者。另一个自保方法是从树液中提取植物毒素，储藏在身体里以备不时之需。

灰蝎蝽
Nepa cinerea

- 体长 约2 cm
- 状况 中性
- 分布 欧洲

这种树叶形蝽栖息在静水池塘中，在那里它用**抱紧的前腿**捕捉其他昆虫和小鱼，然后吸食体液。它身体底端的长管子起通气管的作用，每30分钟伸出水面来补给氧气。

角蝉

角蝉最早出现在5,000万年前，昆虫学家认为角蝉约有3,200种，它们生活在世界上较为温暖的地区，尤其是热带丛林中。多数角蝉的前胸背板有大而多刺的突起，因此被称作角蝉。

▼ 刺突胸背板
如果臭味不能吓退猎食者，那么猎食者就将遭遇角蝉胸背板上角刺的挑战。

小知识

- **种的数量**：约3,200种
- **分布**：全世界
- **食物**：角蝉吸食植物体液，无法消化的体液以蜜露的形式从角蝉身体里分泌出来。蚂蚁喜欢蜜露，因此会守护在这种昆虫身边保护它。

拟态之王
从远处看，角蝉胸背板上的角状突起割裂了身体形状。当它趴在枝条上时，猎食者会误认为这是植物的一部分。

角蝉

Umbonia crassicornis

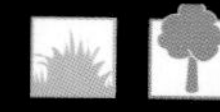

- 体长 长达1cm
- 食物 植物汁液
- 分布 中美和南美以及佛罗里达南部

角蝉背部**独特的突起**锋利到可刺穿鞋子，并能刺破人的皮肤。**这种角蝉是害虫，**它们通过破坏所在区域的植物而繁殖生长。

◄ 关于刺突
成年角蝉背部只有一个突起，但是若虫最初却有三个。不同种类的角蝉，刺突的形状、大小和颜色大有不同。

别踩我！

角蝉以蜜露为食，蜜露的主要成分是糖，所以不小心踩在它们身上形成的伤口极容易感染。

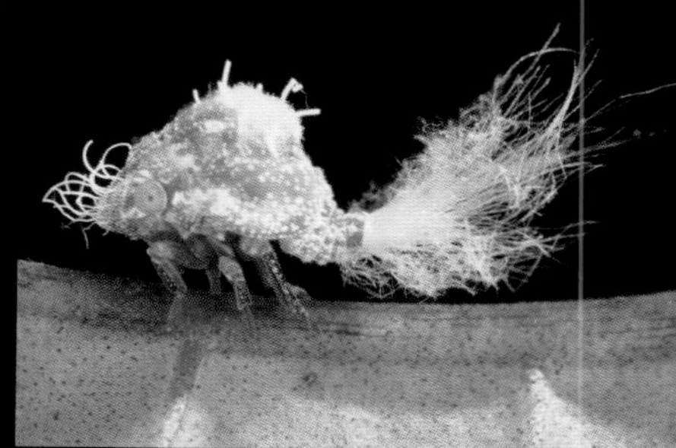

▲ 化学物的保护
猎食者一般都会避开角蝉和它们的若虫，因为这种独特的角蝉体内含有难吃的毒性化学物质。为了保护卵，雌性角蝉甚至会喷出含有这种有毒化学物质的泡沫，将卵裹起来。

▲ 若虫
雌性角蝉会产下数百枚卵，若虫孵化约需20天，雌性会一直保护它们。若虫孵化后，雌性角蝉也会一直看护它们。角蝉和它们的若虫裹附在它们生活的树枝上。

甲虫的世界

昆虫中约有1/3是甲虫。甲虫大小不一，小的甲虫肉眼仅见其形，大的甲虫长达19厘米。甲虫分布在世界各地，生活环境各不相同，有的生活在陆地，有的生活在淡水中。甲虫坚硬的前翅叫鞘翅，鞘翅覆盖在后翅上，起保护作用。

小知识

国际自然保护联盟的濒危物种名单上还没有出现过任何甲虫的名字，有关这个名单的更多详情请参见4～5页。

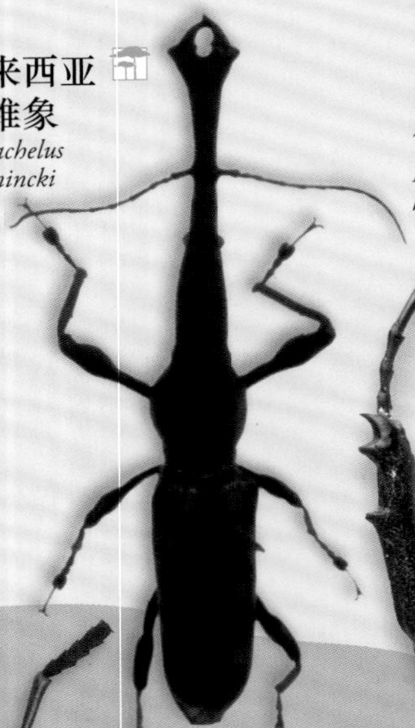

马来西亚三锥象 *Eutrachelus temmincki*

巨犀金龟甲 *Dynastes hercules*

长鼻竹象 *Cyrtotrachelus dux*

宝石丽金龟 *Chrysina resplendens*

叩甲 *Semiotus angulatus*

布氏茎甲 *Sagra buqueti*

绿点椭圆吉丁 *Sternocera aequisignata*

七星瓢虫 *Coccinella 7-punctata*

这只雄性巨犀金龟甲长达19厘米，是世界上最长的甲虫之一。而七星瓢虫只有约5毫米长。

彩虹锹 *Phalacrognathus muelleri*

大牙坚天牛 *Callipogon barbatus*

赤斑白条天牛 *Batocera rufomaculata*

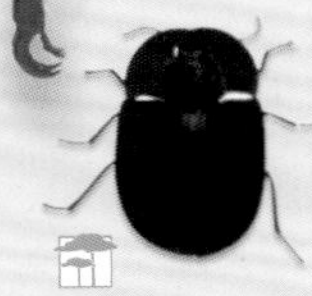

碟形甲虫 *Helea subserratus*

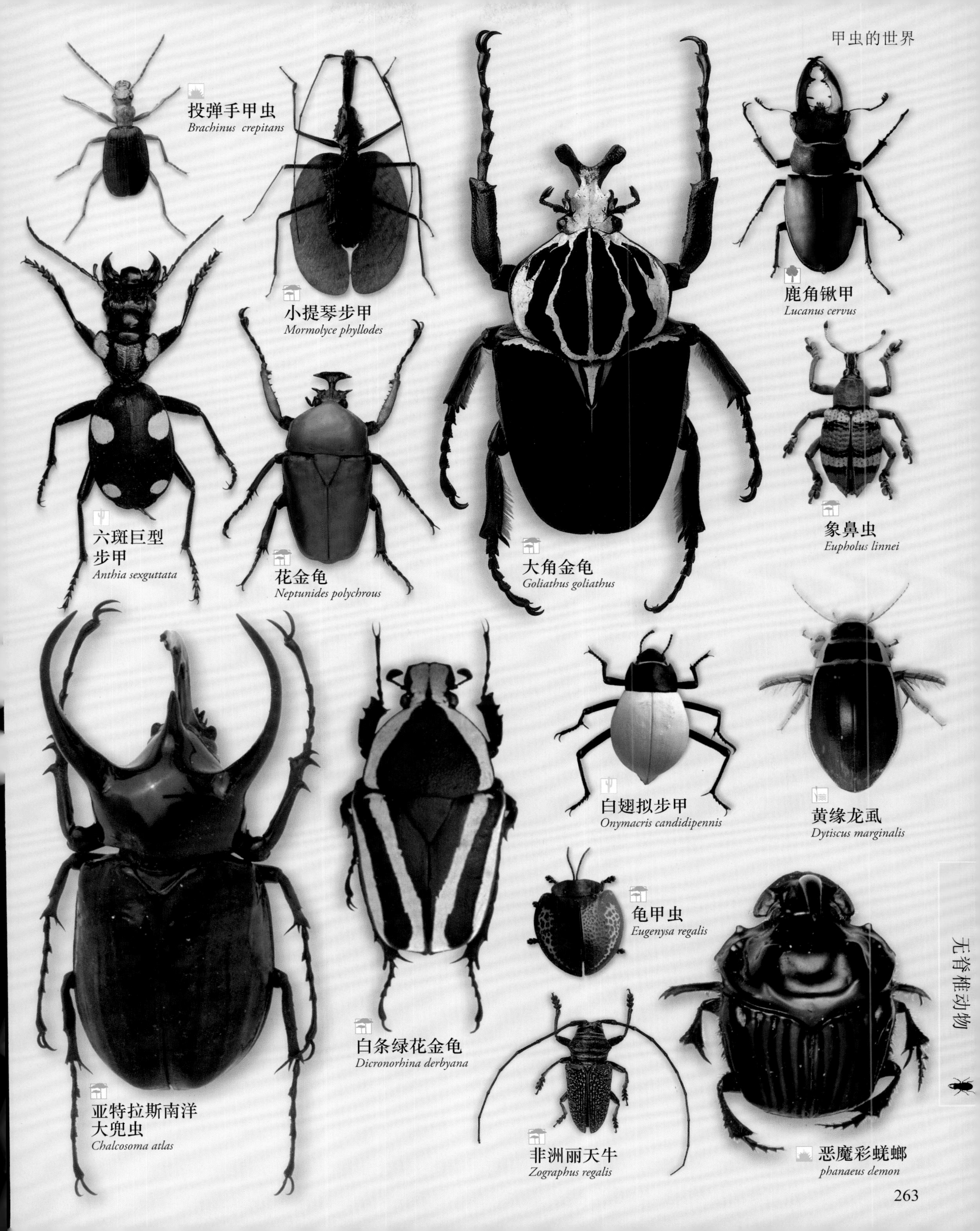
投弹手甲虫
Brachinus crepitans
小提琴步甲
Mormolyce phyllodes
鹿角锹甲
Lucanus cervus
六斑巨型步甲
Anthia sexguttata
花金龟
Neptunides polychrous
大角金龟
Goliathus goliathus
象鼻虫
Eupholus linnei
白翅拟步甲
Onymacris candidipennis
黄缘龙虱
Dytiscus marginalis
龟甲虫
Eugenysa regalis
白条绿花金龟
Dicronorhina derbyana
亚特拉斯南洋大兜虫
Chalcosoma atlas
非洲丽天牛
Zographus regalis
恶魔彩蜣螂
phanaeus demon

沙螽

新西兰的这种不能飞的沙螽是世界上现存最古老的物种之一。不同的物种大小各异，巨型沙螽是世界上最大的昆虫之一。沙螽来自当地的毛利语wetapunga，意为“丑陋之物的上帝”。

山石沙螽
新西兰的气候多变，山石沙螽能完全适应这种天气。冬季,在高海拔地区，山石沙螽能在零下10℃的冰冻天气下生存。

普尔奈茨沙螽

Deinacrida fallai

- 体长 15 – 20 cm
- 状况 易危
- 分布 普尔奈茨群岛、新西兰

普尔奈茨沙螽是11种巨型沙螽之一，它们将时间一分为二，在树上生活和在地面产卵。它们是**夜行动物，以水果和真菌为食，**偶尔也吃昆虫。尽管普尔奈茨沙螽体型巨大，但是最重的沙螽桂冠属于小巴里尔岛的威塔庞加沙螽，怀孕的雌性沙螽重达70克左右。

动物保护

近年来，巨型沙螽的数量剧减，主要原因是它们的天敌老鼠和田鼠的引入。巨型沙螽被列为易危物种，新西兰已建立了相关的养殖保护计划。

巨型沙螽并不是新西兰唯一的沙螽种类。另外还有10多种树沙螽生活在这片土地上。正如它们的名字所揭示的，树沙螽主要在树上爬行，比巨型沙螽小，营小群生活，常能在吉丁虫的若虫凿好的木质洞穴里发现它们。要注意，这种沙螽虽小，但是咬起人来非常疼！

昆虫界的哺乳动物。

数百万年前，新西兰群岛从大陆分离出来，这些岛上的哺乳动物较少，沙螽经过进化，它的行为逐渐地与小型啮齿动物类似，如挖洞、捕食小型昆虫。

▲ 恐吓行为

很显然，这只沙螽看起来陷入了一种悚然的状态，但它并不像表现得那么害怕，反而散发出一种威胁的气息。为了保护自己，雄性灌木沙螽采取了自卫的姿势：张开大大的口器、把多刺的足高举过头顶，并且发出嘶嘶的攻击声。

蚂蚁

除了寒冷的北极和南极，蚂蚁生活在这个星球上的每个角落。它们生活在一个非常有组织的群体中，这个群体通常包含一个蚁后或具有生殖能力的雌蚁、一群雌性工蚁和雄蚁，工蚁负责筑巢、觅食和护卫。

小知识

- **种的数量**：约12,600
- **主要特征**：身体分为明显的3部分，它的口器有力，腰身细小。一个群体里有3种不同的蚁型：蚁后、工蚁和雄蚁。

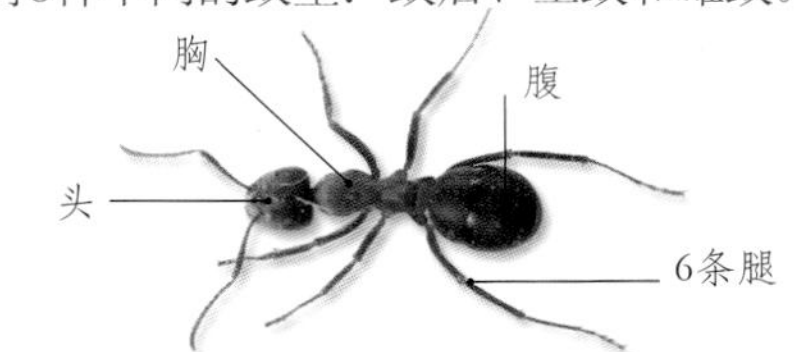

- **大小**：非洲的成年雄性行军蚁（*Dorylus sp.*）是世界上最大的蚂蚁，长达40毫米。最小的是日本的稀切叶蚁（*Oligomyrmex sp.*），其工蚁体长只有0.75毫米。

大小比较

猛蚁

Dinoponera gigantea

- 体长 约40 mm
- 食物 昆虫和蚯蚓
- 分布 南美洲

世界上最大的蚂蚁之一，营**小群群居**生活，每群约有100只。它们把巢筑在小土堆里，巢里是**相互连接的网状地道**。通常夜间觅食，主食活着的小型动物。

王权在握

猛蚁蚁群里没有蚁后，但它们有一只繁殖蚁，称作母蚁。如有竞争者挑战母蚁的地位，母蚁就会用带有化学物质的刺蜇它，然后将它留给工蚁杀死和处置。

▼ 猛蚁用它锯齿状的口器，即下颚，把大片的食物切碎。

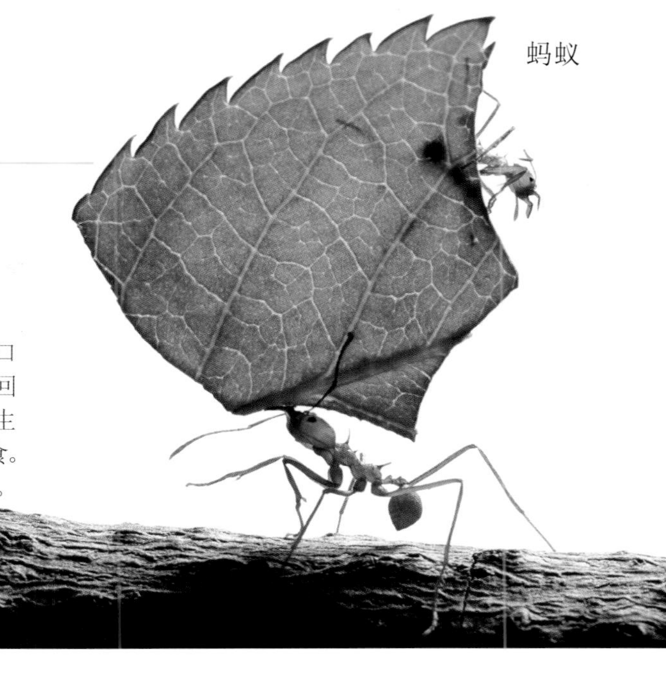

大头美切叶蚁
Atta cephalotes

- 体长 蚁后约35 mm
- 食物 菌类
- 分布 美国南部、美洲中部和南部

这种蚂蚁有**尖利的口器**，它们用口器把森林里树叶的碎片切下来搬回巢中发酵。逐渐腐烂的树叶会催生出菌类，切叶蚁就以这种菌类为食。**每个巢里约有1,000,000只蚂蚁**。

蜜蚁
Myrmecocystus mimicus

- 体长 蚁后约13 mm；工蚁约10 mm
- 食物 昆虫和花蜜
- 分布 美国南部和墨西哥

这些蚂蚁**生活在炎热干燥的环境中**。工蚁被称作“容器”，它们**吞咽花蜜**，直到腹部肿胀膨大。它们充当活体食物储藏器，将花蜜喂给同群的其他蚂蚁吃。当两群蜜蚁狭路相逢，它们会展开激烈的厮杀，最终数量多的一方获胜，失败的一方则落荒而逃。

红褐林蚁
Formica rufa

- 体长 约10 mm
- 食物 蚜虫、蝇、毛虫、甲虫、蜜露
- 分布 欧洲

作为好斗的猎手，红褐林蚁会**吃其他昆虫**。它还会像“挤牛奶”一样敲击每只蚜虫的身体，直到蚜虫流出一滴滴蜜露。一个巢里林蚁的数量高达1, 000, 000只。如果巢被破坏了，林蚁会**蜂拥而出，撕咬**入侵者。

入侵红火蚁
Solenopsis invicta

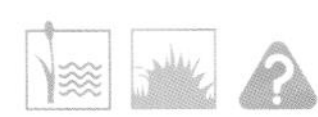

- 体长 蚁后约8 mm
- 食物 幼小植物和种子、昆虫
- 分布 南美洲、美国、澳大利亚、新西兰

这种体型小、**有刺**的蚂蚁生活在草地、牧场或路边的泥土巢穴里。如被侵扰，它们会分泌出一种化学物质警告周围其他同类，随后它们聚集在一起发动攻击。被火蚁咬的感觉非常疼痛，就像灼伤一样，有些对叮咬过敏的人甚至会**因此死亡**。

黄猄蚁
Oecophylla smaragdina

- 体长 蚁后约15 mm；工蚁约11 mm
- 食物 蜜露
- 分布 亚洲和澳大利亚

黄猄蚁将树叶收集起来，用幼蚁吐出的丝将树叶**编织**成巢。一个群体大概有500, 000只蚂蚁，可以爬满10棵或更多的树。

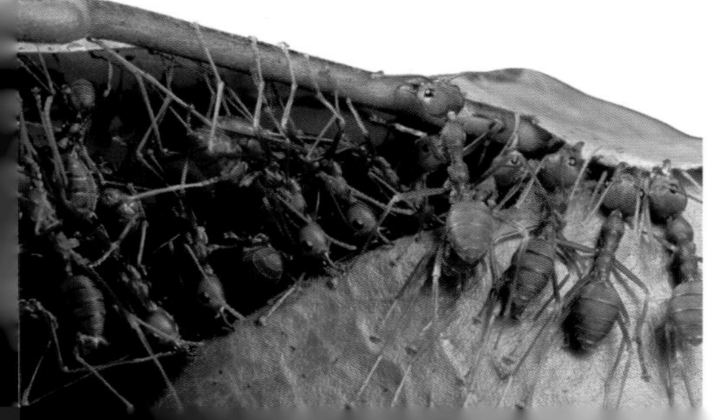

公牛蚁
Myrmecia gulosa

- 体长 约21mm
- 食物 蜜露、花蜜和小型昆虫
- 分布 澳大利亚

公牛蚁的视力非常好，它还长有**锯齿状的大口器**和强有力的刺针。公牛蚁会静待猎物进入狩猎范围，然后突然发动**伏击**。它们会把所有捕获的猎物带回巢里，哺育发育中的幼虫。

白蚁

作为蟑螂的近亲，某些白蚁筑起的巨型蚁堆形成了一道风景。白蚁以植物为食。由于白蚁啃噬农作物、侵蚀房屋，甚至咀嚼木墙和房梁直到房屋被完全毁坏，因此它们被认为是害虫。

1,000,000
只白蚁
居住在这座教堂式的白蚁堆中，它们费尽全力筑造了这个巢，也会誓死捍卫它。

小知识

- **种的数量**：约2,800
- **主要特征**：6条腿，身体无明显分节。工蚁通常体型小，苍白色。兵蚁体型稍大，有大口器。两者通常都没有眼睛，均营群居生活。

相对大小

磁石白蚁堆
在澳大利亚北部，白蚁建筑的蚁堆高达4米。这些蚁堆如同具有磁力的罗盘，窄边朝向北方和南方，宽边面朝东和西，这就保证了在炽热的正午，蚁冢上能被阳光照射到的范围很小。

教堂白蚁堆
这座威严坚固的教堂白蚁堆是由大白蚁（*Macrotermes*）用泥土和唾液建造的。白蚁堆内呈网状布局，通风良好，空气通过开放的小孔流入，小孔用泥土封上即可防止热量散失。蚁冢保护着蚁群，防止蚂蚁、蜘蛛和蜥蜴等敌人的入侵。

非洲斗大白蚁

Macrotermes bellicosus

■ 体长 工蚁约10 mm；兵蚁约12 mm；蚁后约140 mm
■ 食物 菌类、树木和植物干物质
■ 分布 非洲

和所有白蚁一样，非洲斗大白蚁是**群居性昆虫**。它们的群体和蚂蚁、蜜蜂一样，组织十分有序。**主要食物是**长在蚁冢内的**菌类**，这种菌类以非洲斗大白蚁咀嚼后排出体外的木头碎屑为食。

教堂白蚁堆的横切面。食物储存室和育幼房通常在大蚁堆的底部。

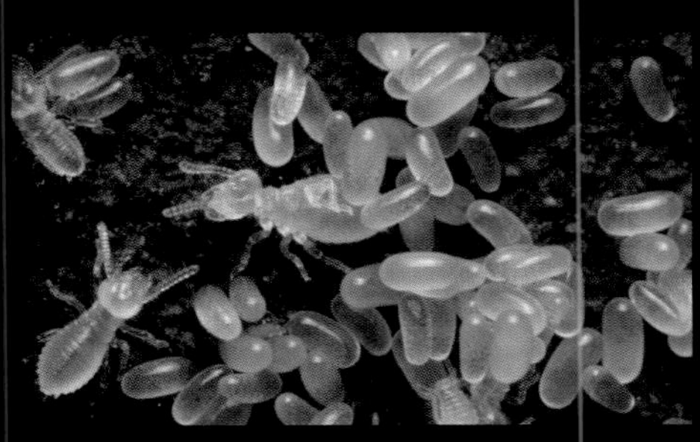

▲ 工蚁
白蚁群的主要成员是工蚁，它们的使命是建造和维护蚁冢、搜寻食物和照看卵。

▲ 成为蚁后
唯一一个有能力繁殖下一代的白蚁可以说是生育机器。当雌性和雄性完成交配，雌性产下卵后，一个新的蚁群就诞生了。这个雌性现在是蚁后（上图），它的配偶是蚁王。

▲ 蚁后的身体
蚁后逐渐成熟后，腹部会变得很大，它就有能力产下更多的卵。一只完全成熟的蚁后一天可产2,000余枚卵。

蜜蜂和黄蜂

除了低等的蚂蚁外，蜜蜂和黄蜂也是地球上数量最多的类群之一。它们是夏日最常见的动物，人们已习惯依赖它们捕捉害虫、授粉及生产蜂蜜。

意大利蜜蜂
Apis mellifera

■ 体长 8－15 mm
■ 分布 源自亚洲，现遍布全世界

蜜蜂最早是由4,500多年前的古埃及人驯养的。许多年来，人类对蜂蜜的需求并没有降低，养蜂技术仍在全世界范围内广泛应用。野生蜜蜂群居生活，一个群体里有50,000多只工蜂和一只负责繁殖后代的蜂王。蜂王的寿命长达两年，而工蜂却只能活一个月左右。

小知识

■ **种的数量**：世界上约有16,000种黄蜂和20,000种蜜蜂。

■ **主要特征**：蜜蜂和黄蜂都有两对翅和大大的复眼，多数营群居生活，少数独居。一般情况下，黄蜂是无绒毛的猎食动物，蜜蜂有绒毛，它们的主要食物是花粉和花蜜。

蜂巢
(左图和下图)

朋友还是敌人

由于在授粉方面的杰出表现，蜜蜂被公认为园丁们的朋友。但黄蜂的作用也不能小视，作为一个猎手，黄蜂能有效地控制害虫。事实上，几乎每种害虫都有一种专门捕食它的黄蜂。

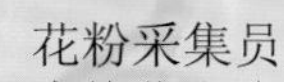

花粉采集员
蜜蜂停留在花朵上收集花蜜，用于制造蜂蜜；收集花粉，用于饲养幼蜂。当它们停在花朵上的时候，花粉会粘在蜜蜂的脚上，它们后脚上的花粉篮可以储藏这些花粉。

泰加大树蜂
Urocerus gigas

- 体长 约40 mm + 17 mm 长的产卵器
- 分布 欧洲

大树蜂通常给人留下的印象是恐惧的，但实际上它是**完全无害**的。雌性身体上刺状突起实际上是一种产卵器，是大树蜂生殖器官的一部分，用于在**树上钻孔**，这样雌性可以把卵产在树孔中，幼蜂孵化后会以这棵树为食。

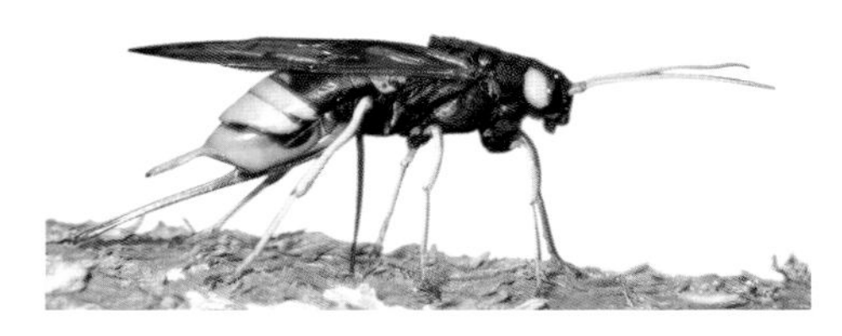

猎蛛蜂
Pepsis formosa

- 体长 40 – 50 mm
- 分布 美国和墨西哥

猎蛛蜂是世界上最大的黄蜂之一，它的名字来源于它能用强效毒液麻痹并**抓获大型捕鸟蛛的能力**。捕鸟蛛被当作幼蜂的食物。猎蛛蜂用来注射毒液的刺长达7毫米，它的刺被称为昆虫界**最痛之刺**。

黄尾熊蜂
Bombus terrestris

- 体长 12 – 22 mm
- 分布 欧洲

年轻的已受精的蜂后身上覆有**厚厚的绒毛**帮助它度过寒冷的季节。冬天过后，黄尾熊蜂通常是最早现身的熊蜂。它们的蜂巢筑于地下。

紫木蜂
Xylocopa violacea

- 体长 20 – 23 mm
- 分布 欧洲

这种木蜂用**强有力的口器**在木头上钻洞筑巢，但它并不食用木头，木头要么被扔掉，要么用来做巢内的隔断。雄蜂勇猛地保卫蜂巢，它发出嗡嗡的声音冲向任何靠近蜂巢的动物。但是这些都是表象，无法造成实质伤害，因为**雄蜂不具备蜇的能力**，雌蜂虽能蜇但却不好斗。

黑背皱背姬蜂
Rhyssa persuasoria

- 体长 约40 mm + 30 mm 长的产卵器
- 分布 北半球

这是一种**寄生型黄蜂**。雌蜂通过感知泰加大树蜂幼虫咀嚼木头产生的震动从而捕捉它们。雌蜂用它长长的产卵器凿开木头，把卵产在这些泰加大树蜂幼虫身上。它的孩子们长大后会慢慢**吃掉它们的幼虫宿主**。

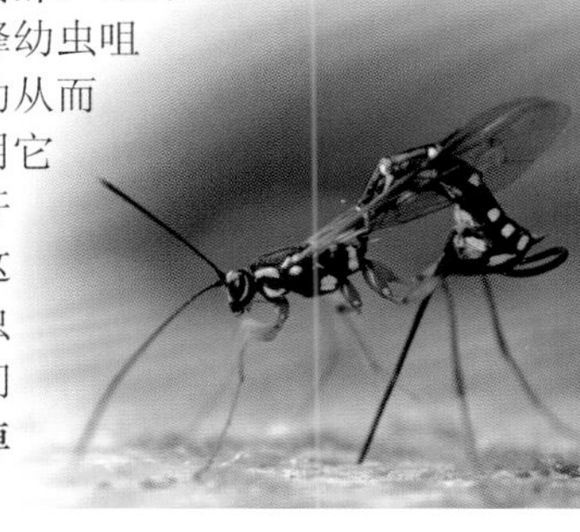

欧洲胡蜂
Vespa crabro

- 体长 20 – 35 mm
- 分布 欧洲、亚洲和北美洲

欧洲胡蜂是**社群型胡蜂，群居**，通常500多只营一群。狰狞的外表以及好斗的嗡嗡声，让欧洲胡蜂背上了一个坏名声。实际上，除非被严重激怒，它很少蜇人。

壶蜾蠃
Eumenes fraternus

- 体长 13 – 18 mm
- 分布 北美洲

这种狡猾的小黄蜂的名字来源于它用泥和水建造的**壶状的巢**。它在巢里只产下一枚卵，备好充足的食物，幼虫通常是不能动弹的毛虫。成年壶蜾蠃**独自生活**，以花蜜为食。

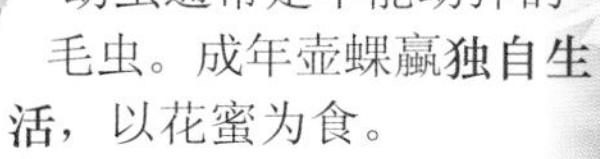

蝇

蝇是包括普通家蝇和引入种蚊在内的一个大类群。蝇有一对翅，但它们也有萎缩的第二对翅的残余。这对翅又被称作平衡棒，起飞行稳定器的作用，它赋予了这些飞虫不可思议的、敏捷的飞行技巧。蝇几乎什么都吃，如肉、血、粪便、腐烂的植物、汗液和花蜜。

小知识

- **种的数量**：约160，000
- **主要特征**：多数长有很大的复眼。有些长有可刺穿猎物的锋利口器；其他的长有能舐吸食物的肥厚口器。
- **大小**：从小蚊蚋到翅展达8厘米的澳洲丽蝇，大小不等。

大小比较

舐吸式口器

蚊子能致命。雌性蚊子用它针筒一样的口器从其他动物身上吸取血液。冈比亚疟蚊（下图）叮咬人类时会传递一种引起疟疾的寄生虫。

冈比亚疟蚊
Anopheles gambiae

潜叶蝇

属潜蝇科

- 体长 1–6 mm
- 食物 植物
- 分布 全世界

许多农民认为这种蝇是**严重的害虫**，它们的幼虫遇到任何阻挡在面前的植物，都会咀嚼植物叶子，咬开一条道路，它们的这种行为经常会毁掉整个作物。

家蝇
Musca domestica

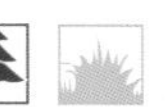
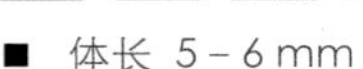

- 体长 5－6 mm
- 食物 有机垃圾，包括剩饭、腐肉和粪便
- 分布 全世界

家蝇的身影**遍布全世界**，它们主要以人类和其他动物丢弃的食物为食。家蝇能传播霍乱和伤寒等**100多种疾病**。但如果没有它们，大量的有机垃圾就无法得到分解，只能堆积如山。

沼泽大蚊
Tipula paludosa

- 体长 18－25 mm
- 食物 植物根部、花蜜（成虫）
- 分布 全世界

这种**脆弱的蚊子**有时又被称作“长脚叔叔”，尽管它们的翅膀很大，却**不善飞行**，几乎不能飞离地面。它们外表丑陋，幼虫长约40毫米，叫长脚蝇蛆。通常生活在腐烂的木头、沼泽和潮湿的土壤中，在那里它们吃植物的根，尤其是草根。沼泽大蚊经常被路过的鸟类当作美味的点心吃掉。

突眼蝇
Cyrtodiopsis whitei

- 体长 7－10 mm
- 食物 真菌、细菌、腐烂的植物
- 分布 东南亚

为了证明谁是最优秀的，谁最能吸引配偶，雄性突眼蝇通常**进行对眼比赛**。眼柄最宽的是胜利者，失败者则毫发无伤地踏上寻找下一个雄性对手的道路，希望遇到眼柄比自己小的突眼蝇，这样它就能通过挑战获得配偶。

刺舌蝇
Glossina morsitans

- 体长 7－15 mm
- 食物 血液
- 分布 非洲

成年的刺舌蝇是**吸血生物**，它用尖尖的口器从人类和其他动物身上吸食血液，一次能一口气喝三倍体重的血液。通过吸食血液，刺舌蝇将**致命的昏睡疾病**传播给人类和牲畜。

饱餐后，膨胀的腹部充满血液

饱餐前

反吐丽蝇
Calliphora vomitoria

- 体长 10－15 mm
- 食物 腐肉和植物、粪便
- 分布 欧洲、北美洲和亚洲北部

反吐丽蝇是青蝇。即使远在8千米以外，这种蝇也能**嗅到腐肉或粪便的味道**。这些**食物令人作呕**，但也意味着青蝇在做一项重要的工作，那就是清理让人厌恶的有机垃圾。雌性青蝇在进餐时产卵，一次产卵多达2, 000枚。

盗虻
Asilus crabroniformis

- 体长 20－25 mm
- 食物 昆虫、腐烂的有机物
- 分布 欧洲

大大的眼睛，瘦长的身体，善于抓握的刺足让盗虻成为**出色的空中猎手**。它用匕首一样的口器将具有麻痹作用的唾液注入到猎物体内，然后吸食猎物。

大蜂虻
Bombylius major

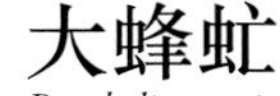
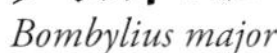

- 体长 12－15 mm
- 食物 花蜜、幼蜂
- 分布 欧洲、北美洲、亚洲北部

蜂虻坚实的、毛茸茸的身体和高分贝的嗡嗡声，十足像是一只蜜蜂。但它头部前方伸展着的长而刚硬的喙（进食管）让一切都真相大白，要知道真正蜜蜂的喙在不用时是卷曲的。蜂虻的幼虫在独栖蜂的巢穴里过着寄生虫的生活，以储存的花蜜和幼蜂为食。

蝴和蛾

蝴蝶翅上奇妙的花纹和亮丽的颜色让它与绝大多数昆虫相比显得更受欢迎。但这个大类群中的很多成员实际上都是毛茸茸的褐色小蛾。这种看起来娇弱的生物实际上比它们的外表显现得更为坚韧，它们能在沙漠甚至是冰冻的北极生存。

小知识

- **种的数量**：约170,000
- **主要特征**：4个翅，大复眼。绝大多数有长而卷的进食管（喙）。
- **大小**：最大的蛾：乌桕大蚕蛾(*Attacus atlas*)；最小的蝶：褐小灰蝶(*Brephidium exilis*)。

大小比较

大桦斑蝶
每年冬天，上千万的大桦斑蝶从寒冷的加拿大和美国东部迁徙到阳光充足，气候温暖的墨西哥和加利福尼亚。有时要飞越4,000千米。

变态
当一只蝶或蛾破卵而出时，从里面爬出来的是一只毛虫。毛虫的主要工作是进食和成长，它们要尽可能长大，然后停止进食，裹上一层坚硬的皮革制外套。现在它变成了一只蛹。在这层保护性外壳里面，毛虫逐渐成为带翅的成虫。当一切准备就绪，新的蝶或蛾便破蛹而出，飞向蓝天。

毛虫破卵而出

蛹的形态

新的蝶诞生

准备起飞

乌桕大蚕蛾
Attacus atlas

- 翅展 20 – 28 cm
- 分布 中国南部、亚洲东南部

这是世界上**最大的蛾**，但是它的体型虽大，却抵挡不住许多动物把它当作美食享用。为了吓退猎食者，这种蛾的**翅上**有一种**特殊的保护性斑纹**，看起来和一种剧毒眼镜蛇身上的斑纹类似。乌桕大蚕蛾能分泌出一种类似于毛线的丝，中国某些地方用这种丝织布。

红带袖蝶
Heliconius melpomene

- 翅展 8 – 10 cm
- 分布 南美洲中部和北部

这种多彩的蝴蝶能存活6个月甚至更长时间。绝大多数的蛾和蝶只有短短数周的寿命，红带袖蝶**长寿**的秘密可能是因为它的食物营养价值非常高。与所有的蝶和蛾一样，红带袖蝶主要依靠**长喙**或进食管吸食花蜜。同时，它还摄取大量富含健康营养成分的花粉。

枯叶蛱蝶
Kallima inachus

- 翅展 6 – 8 cm
- 分布 印度北部、中国西部

这种蝶休息时，我们**很难发现**它，这是因为它的翅腹面的颜色让它**看起来像一枚树叶**。但是被惊扰后，它会迅速展开翅膀，闪动表面上亮蓝色和橙色光芒，这种变化会迷惑猎食者，为蝴蝶争取几秒钟的逃生时间。

孔雀蛱蝶
Inachis io

- 翅展 5.5 – 6 cm
- 分布 欧洲、亚洲北部

成年孔雀蛱蝶**整个冬天**都在树洞、建筑物缝隙，甚至是花园的工棚等隐蔽场所**冬眠**。在春季第一个阳光灿烂的天气里，雌性孔雀蛱蝶就会飞出来寻找刺荨麻产卵。每只**雌蝶可产卵约500枚**。

骷髅天蛾
Acherontia atropos

- 翅展 9 – 12 cm
- 分布 欧洲南部、亚洲西部

这种蛾**喜爱蜂蜜**，经常进入蜂巢偷食蜂蜜。蜜蜂有时对它发动攻击，但多数时候对它视而不见，这或许是因为骷髅天蛾能散发**类似蜜蜂的味道**。它还会发出吵闹的声音，毛虫摩擦口器会发出咔哒声，成虫则发出吱吱的尖叫声。

黑框蓝闪蝶
Morpho peleides

- 翅展 9 – 11.5 cm
- 分布 美洲中部和南部

这种蝶翅膀上的鳞片实际上是透明的，而非蓝色，原理和**棱镜类似**。呈现蓝色的原因是因为“棱镜”把照射在翅膀上的阳光分解成单色。翅膀的颜色如此**亮丽**，在远离1千米外的地方也能看见。

彩燕蛾
Chrysiridia croesus

- 翅展 9 – 11 cm
- 分布 非洲东部

这是极少数在**白天活动**的蛾之一，和其他白天活动的蛾一样，它的色彩亮丽。与黑框蓝闪蝶相同，它**耀眼的颜色**不是因为特殊色素，而是由于翅膀上的鳞片起棱镜的作用，把阳光分解成彩虹的颜色。

黄纹菲粉蝶
Phoebis philea

- 翅展 7 – 8.5 cm
- 分布 美国南部、美洲中部和南部

在炎热的夏天，数千只这种闪闪发亮、金黄色的蝴蝶**聚集**在干涸河床的岸边。它们在那里吸食泥浆，因为泥浆里溶解了大量富含营养的矿物质。这种不寻常的行为被称为“泥浆搅拌”。

蛾和蝶

世界上约有170,000种蝶和蛾，其中90%是蛾。很难分辨出蛾和蝶的不同，但多数蝶在白天活动，多数蛾在夜间活动；蛾长有粗的单触角和羽状触角，蝶的触角为棒形。

芳香木蠹蛾
Cossus cossus

蝶

提示

除亚历山大鸟翼凤蝶外，本页所示蝶和蛾均非濒危物种，它们都被贴上数据不足的标志。

蝎

蝎厚厚的装甲板让它成为蛛形纲动物里的坦克车。它有四对足，两只强健的螯肢和一个长而弯曲的尾。尾上带有毒刺，这是蝎主要的防御武器，也能用来麻痹猎物。某些种类蝎的毒液对人类来说是致命的。蝎白天多数时候躲在阴凉的地方，晚上外出寻找猎物。

它们认为我提供**出租车**服务！

幼蝎以活体的形式来到世界上，出生后，雌蝎会将一窝幼蝎驮在自己背上到处游走，有时会有多达100只幼蝎挤成一团。在幼蝎长出硬壳和尾刺之前，它们需要母亲的保护以抵抗猎食者。

螯肢运动
蝎用螯肢抓捕猎物，如果猎物很小，蝎轻易地就能捏碎它。

沙漠金蝎
Hadrurus arizonensis

- 体长 10 – 15 cm
- 分布 美国（亚利桑那州和加利福尼亚州）

这是北美当地最大的蝎，名字来源于它的体型以及覆在其足和尾上的棕色毛发。这些毛发能**感知空气和地面的振动**，对于寻找猎物非常有用。这种蝎子通常会埋伏在一旁，等待合适的猎物出现。尽管它的**视力很弱**，但听觉和触觉却非常敏锐。

▲ 防守战术
如遇威胁，蝎会举起两只螯肢勇猛地在侵略者面前挥舞。如果不奏效，它会伸出尾巴蜇敌人。

▼ 大小各异
帝王蝎是最大的蝎之一，体长可达20多厘米。这种蝎产自非洲，尽管蜇人很疼，但有时仍被当作宠物饲养，人类过度的收集让帝王蝎的数量大减。欧洲蝎只有3厘米长，平常躲在墙缝里。欧洲蝎蜇人痛感轻微。

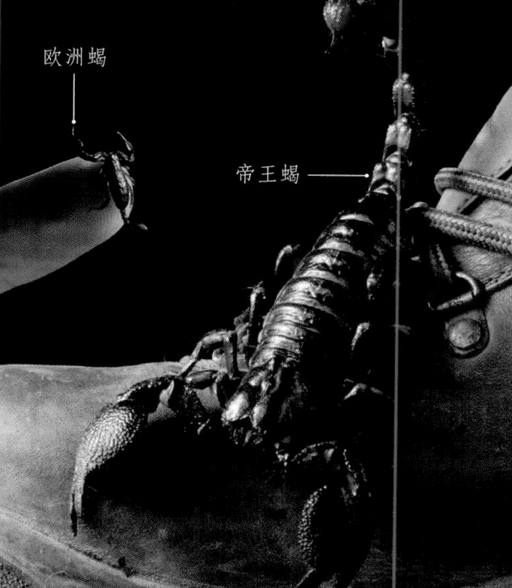

蜘蛛

蜘蛛用8条长足爬行。它们中的大部分都有8只眼睛。蜘蛛的大小从几毫米到30厘米不等。它们的生活习性也千差万别，许多生活在地洞里，另一些则生活在人类的房屋中。

▼ 弓足梢蛛(*Misumena vatia*) 这种蜘蛛时常像蟹一样静坐在花朵上等待猎物，蝴蝶和蜜蜂是它的美味大餐。

纺纱工

蜘蛛吐的丝对其有多种不同的用途。许多蜘蛛用蛛丝织网诱捕猎物，织好网后，蜘蛛只需坐等猎物上钩即可。蜘蛛用蛛丝做成的卵茧来保护卵，还用它来封住自己的巢穴。

▲ 水蛛（*Argyroneta aquatica*）唯一生活在水下的蜘蛛。它生活在自己编织的钟罩形蛛网中。雌性用蛛丝把卵包起来，在这个钟形住所中度过一生中的绝大多数时光。

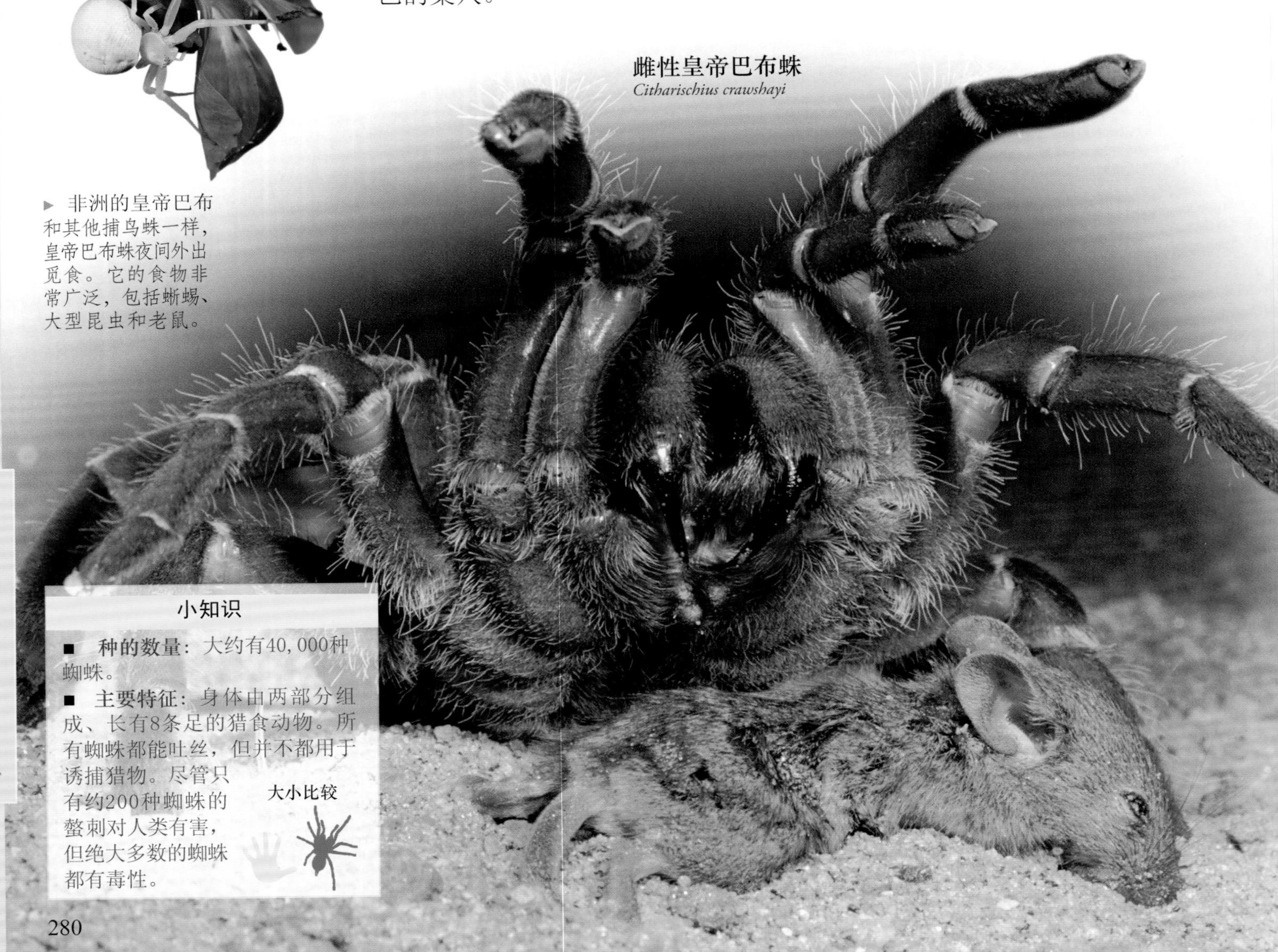

雌性皇帝巴布蛛
Citharischius crawshayi

► 非洲的皇帝巴布和其他捕鸟蛛一样，皇帝巴布蛛夜间外出觅食。它的食物非常广泛，包括蜥蜴、大型昆虫和老鼠。

小知识

- **种的数量**：大约有40,000种蜘蛛。
- **主要特征**：身体由两部分组成、长有8条足的猎食动物。所有蜘蛛都能吐丝，但并不都用于诱捕猎物。尽管只有约200种蜘蛛的螯刺对人类有害，但绝大多数的蜘蛛都有毒性。

大小比较

北美黑寡妇蛛

Lactrodectus variolus

- 体长 15 – 40 mm
- 分布 北美

这种蜘蛛具有**效力强大的毒害神经的毒素**，腹面明亮的沙漏图案警告猎食者不要打扰它们。雌性比雄性体型大、寿命长，毒性也更强。雌性一个夏天可产4～9囊卵，每个卵囊含有100～400枚卵。

曼氏窨蛛

Meta menardi

- 体长 40 – 50 mm
- 分布 欧洲

曼氏窨蛛的**成虫有避光性**，这意味着它不喜欢光，尽一切可能寻找洞穴、隧道和黑暗的洞。与之相反，曼氏窨蛛的幼虫则有趋光性，这样它们的活动范围才能向居住的洞穴以外的地方延伸。它们通常**捕食小型无脊椎动物**，尤其是蛞蝓。虽有毒，但毒性不强，再加上它们并不好斗，这种蜘蛛有“温柔巨人”的称号。

狩猎巨蟹蛛

Heteropoda venatoria

- 体长 75 – 125 mm
- 分布 北美、亚洲和澳大利亚

狩猎巨蟹蛛的名字源于它**快速捕捉猎物的能力**以及强有力的口器。它织出的网是乱糟糟的一团，只是用来拖延猎物逃跑的速度。它的主要**食物是蟑螂**，因此深受居民欢迎。狩猎巨蟹蛛也有毒，但是毒性不强。受到惊扰后，它会选择逃走。

印度华丽雨林蛛

Poecilotheria regalis

- 体长 180 – 230 mm
- 分布 印度

印度华丽雨林蛛属**捕鸟蛛科**。通常生活在树木高处，它们**长长的足**有助于攀登。雌性呈银灰色，体型比褐色的雄性大。印度华丽雨林蛛**行动敏捷**，毒性很强。主要食物是大型昆虫、蜥蜴和鸟类。

皇帝巴布蛛

Citharischius crawshayi

- 体长 120 – 200 mm
- 分布 非洲东部

这种蜘蛛非常**好斗**，无缘无故就会发动攻击，它用长长的毒牙刺咬对手。如果受到惊吓，它会暴跳着露出尖牙，并发出**嘶嘶**的声音。它们通常在夜间觅食和挖穴，巢穴能深入地下2米多。

乳头棘腹蛛

Gasteracantha cancriformis

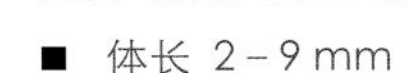

- 体长 2 – 9 mm
- 体宽 9 – 13 mm
- 分布 美洲北部和南部

乳头棘腹蛛很容易辨认，其体**色鲜艳，身体尖尖的**。通常雌性体型比雄性大，它们在蛛网里过着**独居的生活**。蛛网距地面1～6米，一圈圈环绕呈螺旋状。它的捕猎范围达60厘米，主要的猎物是蝇、蛾和甲虫。

蛛丝

蜘蛛以善于吐丝而闻名，蛛丝的化学成分是丝蛋白，由其纺器吐出。多数蜘蛛用蛛丝捕猎，它们将其结网，引诱昆虫飞陷其中。借助微风，一些蜘蛛还将蛛丝当做自己的交通工具。

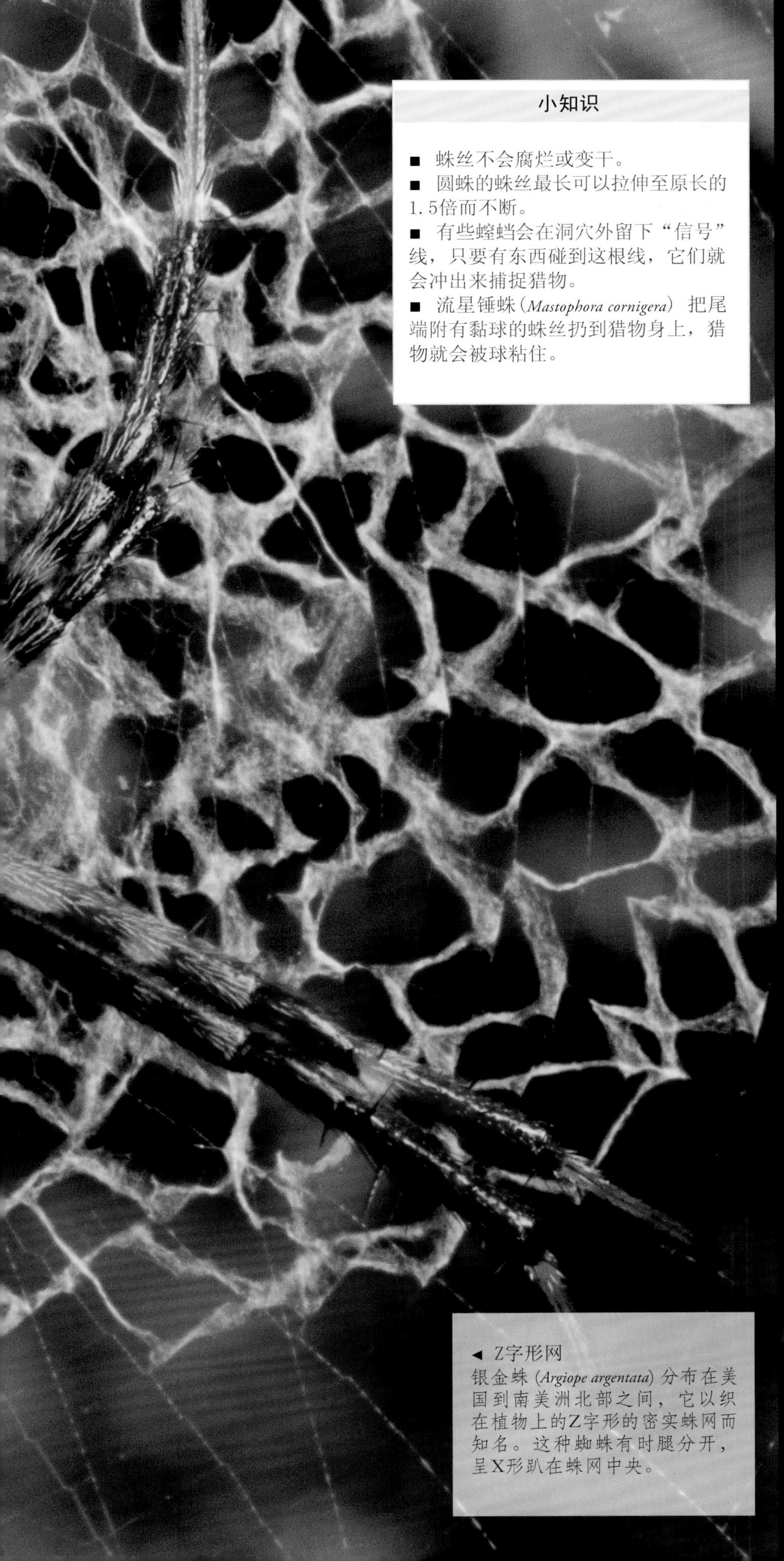

小知识

- 蛛丝不会腐烂或变干。
- 圆蛛的蛛丝最长可以拉伸至原长的1.5倍而不断。
- 有些蝗蚂会在洞穴外留下“信号”线，只要有东西碰到这根线，它们就会冲出来捕捉猎物。
- 流星锤蛛（*Mastophora cornigera*）把尾端附有黏球的蛛丝扔到猎物身上，猎物就会被球粘住。

◀ Z字形网
银金蛛（*Argiope argentata*）分布在美国到南美洲北部之间，它以织在植物上的Z字形的密实蛛网而知名。这种蜘蛛有时腿分开，呈X形趴在蛛网中央。

▲ 纺纱中
圆蛛建造蛛网是从中心起向外呈线状放射，随后再用它们具有黏性的长丝线呈螺旋状进行填充。

▲ 装饰品
岛艾蛛（*cyclosa insulana*）用蛛丝织成的带子装饰蛛网，没有人明白这是为什么，或许是为了掩藏自己的行踪，或许是为了巩固蛛网，抑或是为了避免鸟类撞坏蛛网。

捕鸟蛛

许多捕鸟蛛把蛛丝铺在巢穴里，这或许是为了防止巢穴坍塌并保持一定的湿度。在攀爬垂直面时，有些捕鸟蛛吐出黏性蛛丝缠在足上，以防自己掉下来。

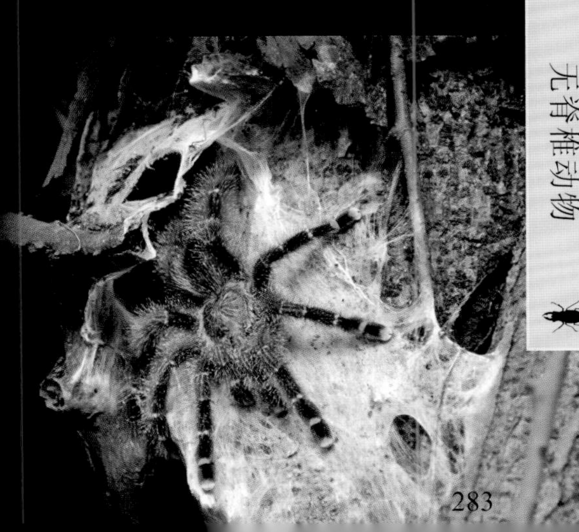

甲壳动物

节肢动物的一类，其物种丰富、色彩多样，大多为我们所熟知。多数甲壳动物是水生动物，生活在淡水或海水中。还有一些和我们一样生活在陆地上，其中一部分寄生在别的动物身上，另一部分附着在岩石上谋生。

小知识

- **种的数量**：约52,000
- **主要特征**：甲壳动物的身体包括头部、胸部和腹部。头部有两对触须和一对复眼。体外包裹着坚硬的外骨骼。
- **大小**：甲壳动物中的盗蟹，当它的螯肢完全展开时可达150厘米，而微小的虱则寄生在其他生物身上。

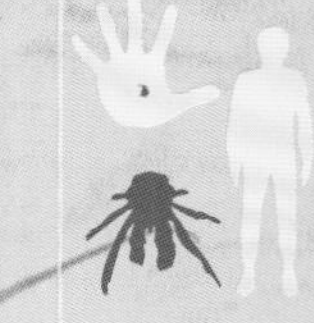
大小比较

寄生生活

有些甲壳动物依附在别的动物身上生活，它们被称作寄生虫。一些甲壳动物寄生虫，如鱼虱，虽然附着在鱼类的皮肤上，但也可单独游开。其他的寄生虫如舌形虫，则更加依赖宿主，舌形虫利用五条口状附肢把自己舌头般的身体附着在爬行动物、鸟类和哺乳动物身上，宿主的血液是舌形虫赖以生存和繁殖的食物。

跟着头儿走
水温下降引发美洲龙虾排成一列纵队进行迁徙，迁徙的真正原因尚不清楚，但生物学家认为这是出于寻找温暖、平静海域的需要。

▲ 深海居民
基瓦多毛雪蟹（*kiwa hirsutd*）被发现生活在海面下2200米的热液口周围。它们长着长长的、多毛的螯，而且没有眼睛及视觉功能。

美洲龙虾

Panulirus argus

- 体长 20–45 cm
- 分布 大西洋西部

美洲龙虾是一种**害羞的**、**夜行性**甲壳动物，它们白天潜藏在暗礁和珊瑚中保护自己。和绝大多数龙虾不同，美洲龙虾没有大大的螯。它们夜晚出来寻觅软体动物和棘皮动物，同时也吃腐食，常常打扫死去的海洋生物的残渣和在海床上觅得的死掉的植物。

蟹形鲎虫

Triops cancriformis

- 体长 20 – 40 mm
- 分布 欧洲

蟹形鲎虫被认为是**活化石**。在2.2亿年间没有什么变化，在适宜的环境中，它们的出生存活率极高并能大量繁殖，卵能在结冰的气候和极干燥的情况下存活。它们是甲壳动物中足的数量最多的，胸部有11对，每个体节有多达6对足。

蝉形齿指虾蛄

Odontodactylus scyllarus

- 体长 12 – 18 cm
- 分布 印度太平洋地区

这种虾看起来很漂亮，但它却**出奇地凶狠**。它在巢穴中用超级敏锐的视力锁定目标，然后用强有力的螯出其不意地**伏击**猎物。

蚤状溞

Daphnia pulex

- 体长 2 – 5 mm
- 分布 全世界

这种小型淡水甲壳动物以忽动忽停的方式游动，通常利用触角向食物靠近。它们以小型甲壳动物为食，**吸食**单细胞生物。蚤状溞的繁殖方式是有性繁殖，成虫将幼溞放在体外甲壳的**囊内养育**。

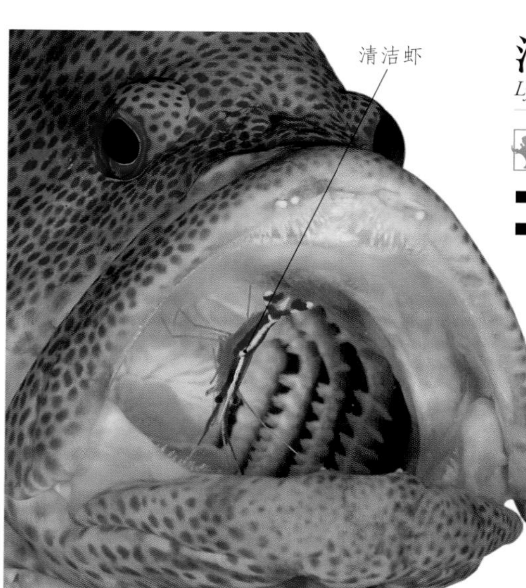

清洁虾

Lysmata amboinensis

- 体长 60 – 70 mm
- 分布 红海和印度太平洋地区

这种小虾给人的第一印象是**训练有素**，或许你可能认为它们的行为有些疯狂。它们聚集在珊瑚礁上提供“清理站”服务，把各种各样的鱼（其中包括这种虾的**天敌**）身上的死亡组织和寄生虫清理掉。清洁虾是**食腐**动物，它们这样做的目的是为了吃清理出的物质。

椰子蟹

Birgus latro

- 体长 100 – 150 cm（含伸展的足）
- 分布 印度洋和太平洋西部

椰子蟹是最大的陆生蟹，生活在洞穴里，它们曾在深达6千米的地下被发现。因为它们曾被认为以椰子为食，因此被称为椰子蟹。它们有**强壮有力的螯**，能让它轻易砸开坚果和种子。

潮虫

Oniscus asellus

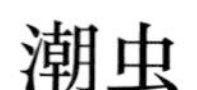  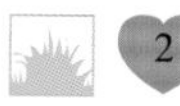 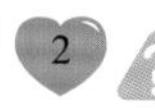 

- 体长 10 – 16 mm
- 分布 欧洲西部和北部

这是欧洲最大的潮虫之一，它们在潮湿黑暗的环境中大量繁育，**喜食死去的植物**和腐烂的动物。它们是著名的分解者，**帮助分解并重新利用大量有机垃圾**。

神女指茗荷

Pollicipes polymerus

- 体长 10 – 15 cm
- 分布 太平洋北部和东部

也称为鹅颈茗荷，因其附着在岩石上的**坚韧的肉质茎**酷似鹅颈而得名。它是**滤食动物**，主食较小的甲壳动物和浮游生物。中世纪，人们认为它是被困在河床上的幼鹅。

蜘蛛蟹

蜘蛛蟹非常容易辨认，它们长着三角形的外壳和细长的足。它们把海绵、海藻、海葵甚至木屑黏在身体和步足的体毛上做伪装，会随时改变伪装以适应新的环境。

这里是最最幽暗的海底！

巨螯蟹的身体像大型餐盘，它伸开长长的步足在海床上缓慢前行寻觅食物的样子像一只巨大的机械蜘蛛。它潜伏在日本附近冰冷的海底深处。

巨螯蟹

Macrocheira kaempferi

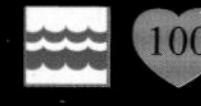

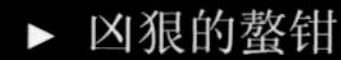

- 体宽 约4 m（包括螯展）
- 体重 约20 kg
- 栖息水深 50 – 300 m
- 分布 日本太平洋海域

这种蟹是蟹中体型最大的成员，也是现存最大的节肢动物。它们通常都长有**多节的橙色身体**，足上有白色斑点。最大的巨螯蟹标本体宽达37厘米，每条步足长达2米。

► 凶狠的螯钳
雄性巨螯蟹体型比雌性大，前足也更长。雄雌两性都生有一对螯钳，能轻松撬开软体动物的壳，另外8条步足末端呈尖状，用来在海床上挖掘。

美味的午餐
尽管是海洋中最大的甲壳动物，巨螯蟹还是逃不掉被巨型章鱼等更大的猎食动物吃掉的命运。巨螯蟹还会被渔夫捕捞。

挑剔的食客

尽管它们长着长长的腿，但这些长腿甲壳动物在速度上却没有傲人的成绩。由于行动缓慢而很难捉住敏捷的猎物，于是它们选择穿越海底寻找死去的动物或行动缓慢的无脊椎动物。有些巨螯蟹曾被看到进食植物和海藻。它们用前足把食物分成片，并将其送入口中。

◄ 镶边拟蠢蟹（*Libinia emarginata*）在河口湾地区可以发现镶边拟蠢蟹的踪影，它的背上长着海绵和海藻组成的“花园”。甲壳有光泽，上覆短毛，这些短毛能困住微小的海生生物，使之在其背上筑巢。它行动缓慢，吃一切找到的食物。

蜈蚣和马陆

尽管看起来很相似，实际上蜈蚣和马陆却完全朝着不同的方向进化。马陆是行动缓慢、武装重重的食草动物；而蜈蚣是行动迅速、体型轻盈的食肉动物。它们足的数量也大不相同，马陆每个体节上有两对步足，而蜈蚣只有一对。

巨马陆
Archispirostreptus gigas

球马陆

■ 第一眼看去，球马陆很像一种名叫潮虫的陆生甲壳动物。但马陆头部后方有一个大的盾状背板，有更多的足，外表光滑黑亮。

◄ 球马陆有13个光滑的体节，而潮虫有11个粗糙的体节。

► 如果遭受猎食者攻击，球马陆会把身体卷成一个球状装甲。

我的脚真的具有伤害性……

所有蜈蚣的前足进化为中空的有毒颚足，用来向猎物注射毒液。北美巨人蜈蚣的步足顶端长有尖锐的爪，能划破人类的皮肤，从伤口处注入毒液。

带马陆
Harpaphe haydeniana

- 体长 30 – 40 mm
- 分布 北美洲

由于具有黑色和黄色的**警告色**，这种马陆的天敌很少。如果受到威胁，它会从体侧的毛孔中释放出具有刺激性的剧毒氰化物。迄今为止，只有一种步甲能应对它的这种**防御机制**。带马陆的雌性有31对足，雄性只有30对足。

北美巨人蜈蚣
Scolopendra heros

- 体长 130 – 150 mm
- 分布 美国南部

北美巨人蜈蚣的猎食效率极高，它们**短距离疾跑**的速度可达每秒0.5米，在咬住猎物使其**麻痹**前，会用全部21对足把猎物紧紧抓牢。它能杀死大型猎物，包括蜥蜴和鼠类。雌性负责保护卵，看护幼虫，直到它们能自食其力。

剪石蜈蚣
Lithobius forficatus

- 体长 20 – 30 mm
- 分布 欧洲

这种**常见的蜈蚣**生活在庭园里。**夜间捕猎**，主要猎食躲在岩石和朽木下的小型无脊椎动物。在花园中，盆栽下面是这种蜈蚣寻找食物的绝佳地点。如被发现，它们会迅速逃开，并隐藏起来。

蚰蜒
Scutigera coleoptrata

- 体长 含足30 – 60 mm
- 分布 欧洲、亚洲和北美洲

这种蜈蚣进化得完全适于穴居，**长足和触角**能帮助它们在漆黑中感知猎物的方位。一旦锁定猎物的位置，它们会立刻行动并分泌出毒液杀死猎物。在房屋的地下室和地窖常能发现这种蜈蚣，它们以蜘蛛、蚂蚁、蟑螂和其他害虫为食。

鲜粉千足虫
Demoxytes pupurosea

- 体长 3cm
- 分布 泰国

没有什么动物打算吃这只满身刺头的小千足虫，它艳粉的体色警告着猎食者它是有毒的，同时也相当难以下咽。在这种外表的保护下，它在居住的泰国丛林空旷的陆地和植物间闲庭漫步，悠游自得。

巨蜈蚣
Scolopendra hardwickii

- 体长 260 – 350 mm
- 分布 南美洲

很少有动物敢去招惹一身褐色的巨蜈蚣。但是，如果有别的动物愿意一试，那么它将面对有毒的螯刺、46对强有力的刺足，以及尾端一对针状刺齿的攻击。

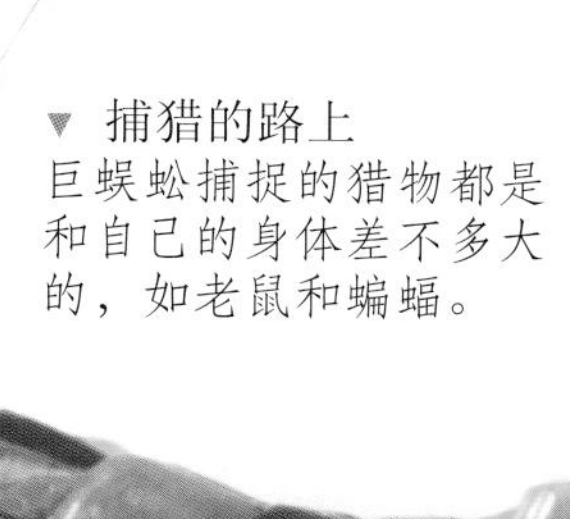

▼ 捕猎的路上
巨蜈蚣捕捉的猎物都是和自己的身体差不多大的，如老鼠和蝙蝠。

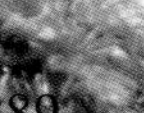

棘皮动物

棘皮动物分布在全世界的大海和大洋中，包括海星、海胆、蛇尾、海参、海百合和海羊齿。许多棘皮动物颜色鲜艳，这是因为它们皮肤里含有特殊的色素细胞。有些种类的细胞对光很敏感，当夜晚来临，这些动物会改变颜色。

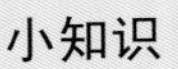

小知识

- **种的数量**：约7,000
- **主要特征**：棘皮动物具有宽大的体形，有些有触腕，有些呈球形或圆柱形，中央腔被坚硬的外骨骼（也称为“介壳”）所包裹。唯一的水管系内腔用于运动、进食和呼吸。棘皮动物没有心脏。

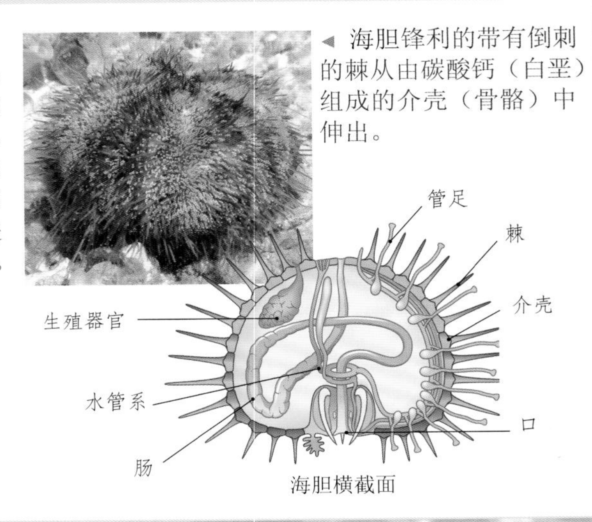

◀ 海胆锋利的带有倒刺的棘从由碳酸钙（白垩）组成的介壳（骨骼）中伸出。

海胆横截面

液压性动物
充满液体的水管系连接着管足，从介壳的裂口中伸出。棘皮动物能在海床上爬行，动力来源是把水吸进管足中。

真蛇尾
Ophiura ophiura

- 体长 含腕展8 – 10 cm
- 食物 甲壳动物、浮游生物和腐烂的有机物质
- 分布 大西洋北部和东部

和其他几千种蛇尾一样，这种真蛇尾圆盘状的身体上有5只长长的、**柔韧的**腕，它们用这种像蛇一样的腕在海床上划行移动。它们的主要食物是腐烂物质。它也是**活跃的猎食者**，为了捕捉猎物，它会把猎物紧紧地缠在腕中间。

紫伪翼手参
Pseudocolochirus violaceus

- 体长 15 – 17 cm
- 食物 腐烂的有机物质和浮游生物
- 分布 印度洋东部、太平洋西部

海参的一种。柔软的身体有多种不同颜色，但是足一向是黄色，口的周围则呈蓝色或紫罗兰色。它通过伸展口附近的一圈**羽状触手**捕捉少量食物和随洋流而来的微小生物，随后收回触手，把抓住的食物放进口中。如果紫伪翼手参受到伤害或被惊扰，会释放出一种能杀死许多小鱼和其他微小水生物的**毒液**。

蓝指海星
Linckia laevigata

- 体长 腕展20－30 cm
- 食物 腐烂的有机物质和浮游生物
- 分布 印度洋、太平洋西部和中部

这种海星**鲜艳的颜色**让它成为栖息在珊瑚礁上最引人注目的动物之一。有些个体为橙黄色。与大多数棘皮动物一样，蓝指海星也能**断肢重生**。这种海星的再生能力尤其让人惊叹，如果海星被猎食者肢解分食，没被吃掉的腕会重新生成一个全新的海星。

糙海参
Holothuria forskali

- 体长 20－25 cm
- 食物 腐烂的有机物质
- 分布 大西洋东部和北部

如果这种海参受到攻击，它有一种奇特的防御方式，会**排出它的内脏器官**，包括整个消化、呼吸和生殖系统。这团黏糊糊的东西不但能迷惑猎食者，更能缠住敌人让其不能脱身。过一段时间**新的代替器官**会在体内重新长出。

红海盘车
Asterias rubens

- 体长 腕展20－50 cm
- 食物 软体动物、甲壳动物
- 分布 大西洋北部和东部

一大群红海盘车经常会聚在一起觅食。有时1平方米的区域内可容纳多达800只这种海星。海星喜欢蛤和贝等双壳软体动物。它用管足撬开猎物的贝壳，将猎物的**胃挤到贝壳上**，然后开始享用这只毫无抵抗力的动物。

海羊齿
Antedon petasus

- 体长 17－23 cm
- 食物 浮游生物（滤食动物）
- 分布 北海

海羊齿长有10条触手，喜欢在隐蔽的地方安家，通常半隐在岩石后，或者躲在失事船只的残骸中。在海羊齿生命的最初几个月时间内，它们附着在鹅卵石或海藻上，待到触手发育完全，它们就会立刻自由地游开去。

长棘海星
Acanthaster planci

- 体长 腕展30－40 cm
- 食物 珊瑚、软体动物、海胆、海藻
- 分布 红海、印度洋和太平洋

这是世界上最大的海星之一。为保护自己，它身上披着密实的棘刺铠甲。如碰到或踩到长棘海星，它的棘就会释放毒素，引起剧烈疼痛、恶心和呕吐。珊瑚是这种海星最喜爱的食物。它们贪婪好吃，毁掉了许多珊瑚礁，包括远离澳大利亚海岸的大堡礁。

专业词汇解释 按英文原版书顺序排列

Aerial 空气的 与空气有关的。

Agile 敏捷的 行动快速灵敏。

Amphibian 两栖动物 冷血脊椎动物，如蛙或蝾螈。多数两栖动物的幼体生长阶段在水中，并用鳃呼吸；成年后生活在陆地，用肺呼吸。

Anal 臀鳍 靠近尾部。

Antenna 触角 长在昆虫和甲壳动物等动物头部的，可活动的感觉器官。

Antler 鹿角 骨质生长物，多分叉，长于鹿的头部。与角不同的是，鹿角每年都会生长并脱落。

Aquatic 水生的 生活或成长于水中或水域附近。

Arachnid 蛛形纲动物 蜘蛛或蝎子等动物，身体由两部分组成，并有四对步行足。

Arboreal 树栖的 生活在树上或者与树有关的。

Artery 动脉 运送血液离开心脏的血管。

Arthropod 节肢动物 身体分段、有分节的附肢、体表覆盖着坚实外壳的动物。

Australasia 澳大拉西亚 澳大利亚、新西兰、巴布亚新几内亚以及太平洋附近诸岛的总称。

Baleen 鲸须 长在某些鲸鱼口内后端的刷子般的角质薄片，用来过滤水中的食物。

Beak 喙 狭窄的突出的颌，通常没有牙齿。

Blowhole 呼吸孔 长在鲸、海豚和鼠海豚头部上方的鼻孔，也是水栖哺乳动物呼吸的通道。

Blubber 海兽脂 某些动物（如鲸和海豹）所特有的一层用来御寒的厚脂肪。

Bovid 牛科动物 这科哺乳动物的蹄子一分为二（叫做偶蹄）。

Breed 繁殖 繁衍后代。

Bristles 刚毛 短而坚硬、粗糙的毛。

Buoyancy 浮力 身体或一个物体漂浮在水中所具有的趋向力。

Burrow 洞穴 某些动物（如兔子）居住的地洞。

Camouflage 保护色 动物皮肤或者皮毛上的颜色或花纹能与环境融为一体。

Carnivorous 食肉动物 通常用来形容吃肉的动物，同时也指熊和猫等食肉目动物，它们都长着长而尖利的牙齿。

Carrion 腐肉 已死动物的残骸。

Cartilage 软骨 脊椎动物骨骼中坚实而柔韧的组织。鲨鱼等鱼类的整个骨骼都是由软骨构成的。

Cell 细胞 生命物质的最小单位。

Claw 爪 动物脚上尖锐的角质趾甲。

Cnidarian 腔肠动物 海葵等结构简单的水生动物。

Colony 群 生活在一起的动物集合（如企鹅）。

Comb 冠 鸟类头部长出的肉螯。

Coniferous 针叶木 结鳞苞球果，球果内有种子的树木。

Courtship 求爱 动物吸引配偶的过程。

Crèche 托儿所 红鹳、燕鸥和鸵鸟等一些鸟类会将它们的小雏鸟聚集在一起。

Crustacean 甲壳动物 属于节肢动物，主要为水栖，长有坚硬外壳。

Dabbling 涉水 水鸟扎进水中，用喙取食的动作。

Deciduous 落叶木 秋季树叶枯死脱落，春季长出新叶的树。

Den 窝 动物安全的栖息所。

Diurnal 昼行性 白天活跃的。

Echinoderm 棘皮动物 身体呈辐射对称的海洋动物，如海星。

Echolocation 回声定位 依靠弹回的声波来确定距离或不可见的物体。

Environment 环境 我们周围的自然世界，包括陆地、空气和生物。

Exotic 引进种的 非常罕有，从其他国家引进的。

Extinct 灭绝 不再存在于地球上。

Falconry 鹰猎 训练猎鹰或用猎鹰捕猎的运动。

Fang 尖牙 动物用来咬住或撕扯猎物的牙齿。

Flank 侧腹 动物肋骨和臀部之间的体侧部分。

Flipper 鳍状肢 水栖哺乳动物的桨状肢。

Flock 群 一群鸟或哺乳动物聚集在一起。

Fluke 尾片 鲸或类似生物长有的橡胶似的尾巴。

Forage 觅食 积极地寻找食物。

Forelimb/forefoot 前肢/前足 长在动物身体前端的肢或脚。

Gam 鲸群 一大群共同行动的鲸。

Gills 鳃 长在鱼类头部侧面的羽状结构，能从水中提取氧气。

Gnaw 啃咬 连续不断地咬或啃。

Graze 牧食 取食草或其他绿色植物。

Grooming 清理 动物清理自己或其他动物的行为。

Habitat 生境 动植物自然生活的一个或一类地方。

Harem 妻妾群 通常指在一个雄性动物保护下的雌性群体。

Hatch 孵化 从卵或蛹中破壳而出的过程，在孵化过程中要保持卵的温度。

Hatchling 幼体 刚孵化的幼体（如小海龟）。

Heath 荒原 一大片未开垦的土地，通常是泥沼质土。参见荒野。

Herd 兽群 一大群动物行走觅食。

Hibernate 冬眠 陷入深度睡眠状态，通常在冬季。

Hindlimb/hindfoot 后肢/后足 长在动物身体后侧的肢或脚。

Hooves 蹄 驯鹿等动物的角质足。

Horn 角 长在某些哺乳动物头上尖而坚硬的生长物，通常是中空的。

Immune 免疫力 对一种或多种疾病有很高水平的抵抗力。

Incisor 门齿 哺乳动物上颌骨上扁平的牙齿，用来切碎或啃咬食物。

Insectivores 食虫动物 以昆虫为食的动物。

Invertebrate 无脊椎动物 没有脊椎骨的动物。

Keratin 角蛋白 在头发、指甲、爪子、蹄和角中发现的硬化的蛋白质。

Lair 兽穴 野生动物的家或者休息的地方。

Larva 幼虫 动物生命的初始时期，在此时期外形和成体完全不同。

Litter 一胎幼崽 一个妈妈同一胎生下的一窝幼崽。

Lodge 巢穴 一群动物（如海狸）居住的洞穴或巢。

Mammal 哺乳动物 温血动物，雌性以乳汁哺育幼崽。

Mane 长鬃毛 长在马和雄狮等动物颈部长而浓密的毛。

Marine 海生的 与海相关联的。

Marsupial 有袋动物 母体腹部有一个育儿袋，幼崽在其中发育的一类哺乳动物。

Migration 迁徙 根据季节变换从一个地方迁移到另一个地方，通常是为了觅食或繁殖。

Mollusc 软体动物 无脊椎动物的一类，身体柔软，没有体节，通常但并非所有都有壳。

Monotreme 单孔目动物 卵生哺乳动物，如鸭嘴兽。

Monsoon 季风 季候性风，通常伴随大雨。

Moor 荒野 一大片未开垦的土地，通常是泥沼质土。参见荒原。

Mudflat 泥滩 落潮时暴露出来的泥泞区域，涨潮时淹没在水下。

Muscle 肌肉 一种活体组织，通过伸缩可产生动作。

Mustelid 鼬类 鼬、雪貂、獾等一类猎食性哺乳动物。

Mute 缄默 无声。

Necking 脖颈大战 雄性长颈鹿的求爱仪式，它们卡住彼此的脖子，撞击对方的头。

Nectar 花蜜 花分泌的甜味汁液，一些鸟类和昆虫以花蜜为食。

Nest 巢 动物建造的窝，通常在里面产卵。

Nocturnal 夜行性 在夜晚活动的。

Nursing 喂养 雌性哺乳动物用乳汁哺育幼崽。

Offspring 后代 年幼的人、动物或植物。

Operculum 鳃盖 覆盖鱼鳃的片状垂悬。

Organism 有机体 生物物种的一个单独个体。

Ossicone 长颈鹿角 外面覆盖着皮肤的小角。

Pacing 同步 一种独特的走路方式，同侧的两条腿同时迈出，然后再同时移动另一侧的两条腿。常见于骆驼和它们的近亲。

Pack 一群 一些动物聚集在一起进行猎食等行动。

Passerine 雀形目鸟 栖木鸣禽，如莺或画眉。

Patagium 翼膜 一层皮肤膜，如蝙蝠的翅膜，通常用于飞翔或在空中滑翔。

Pectoral 胸鳍 在头部后端。

Pelvic 腹鳍 在体下侧。

Perch 暂栖 指停留，通常很短暂。

Photophore 发光器官 一种能发出光的器官，尤其是某些海洋鱼类身上的一种发光斑纹。

Pigment 天然色素 一种可以使其他材料变色的物质。

Pinniped 鳍足类 哺乳动物的一类，如海豹和海象，它们只有鳍状肢没有脚。

Placenta 胎盘 雌性哺乳动物子宫内的器官，用来滋养发育中的胎儿。

Plankton 浮游生物 大量漂浮在海洋中的微小植物和动物，为海洋动物提供食物。

Plumage 羽衣 鸟类的羽毛。

Predator 猎食者 猎捕、杀死并吃掉其他动物的动物。

Preening 梳理羽毛 鸟类用喙清洗并理顺它们的羽毛。

Prehensile 能抓握的 适于抓住或握住，通常用来形容尾巴。

Prey 猎物 被猎食者捕猎、杀死并吃掉的动物。

Pride 狮群 一群狮子。

Primate 灵长类动物 手脚能抓握，大脑相对较大的动物。

Pronking 弹跳 某些羚羊的动作，受到惊吓或兴奋时，直直地跳起。

Protected (species) **受保护**（物种） 这种动物的生命或栖息地受到法律保护，保护它们免于灭绝。

Pupil 瞳孔 眼睛中黑色的圆孔，可随光线强弱而扩大或缩小。

Pygmy 非常小的 某类动物中非常小的一种，如小抹香鲨。

Quill 翎管 羽毛中部中空而坚硬的部分。

Rainforest 雨林 茂密的热带林地，降水量充足。

Raptor 猛禽 鸟类中的猎食者。

Regurgitate 反刍 将未完全消化的食物呕回口中继续咀嚼。

Reptile 爬行动物 脊椎动物的一纲，呼吸空气，通常是冷血动物，如蛇和蜥蜴。

Reservation 保护区 为保护某种动物或某个生境而特别划出的土地。

Rodent 啮齿动物 善于啮咬的哺乳动物，如老鼠。

Roost 栖息所 休息或睡眠的地方。

Ruminate 倒嚼 反刍食物重新咀嚼，有时被称为“咀嚼反刍的食物”。

Scales 鳞片 交叠的小型板状薄片，保护动物的皮肤。

Scavenge 腐食 以腐肉为食。

School 小群 一群鱼紧密地联系在一起同步行动。

Sett 獾洞 獾的洞。

Sheath 鞘 贴身的覆盖物。

Shoal 群 一大群鱼形成松散的队形一起游动。

Sirenian 海牛目动物 是哺乳动物的成员，包括儒艮，它们的尾巴扁平，前肢犹如船桨一样，并且没有后肢。

Skeleton 骨骼 动物身体坚硬的支架（通常为骨或软骨）。

Snout 长鼻 长长的突出的鼻子。

Social 群居 与其他动物一起生活。

Solitary 独居 单独居住。

Sonar 声呐 通过声波探测猎食者或同伴等水下物体的程序。

Spawn 产卵（鱼、蛙等） 形容水下动物的繁殖。

Spherical 球形的 球面或圆球形状。

Spine 脊柱 动物的身体支柱或脊骨。

Stoop 俯冲 鸟类快速下冲的动作，多是为了捕食猎物。

Suckle 哺乳 用乳腺产出的奶哺育幼崽。

Talon 爪（尤指猛禽的） 猛禽锐利的爪子。

Tentacle 触腕 乌贼和章鱼等水生动物长而柔韧的手臂状身体组成，用来触摸或抓握。

Temperate 适度的 适中的，而非极端的。

Terrestrial 陆地的 与陆地有关的。

Territory 领域 被一个动物或一群动物占领并保护的区域。

Toxic 有毒的 跟毒药或者毒物所相关的。

Troop 猴群 猴等灵长类动物组成的群体。

Tropical 热带的 与炎热潮湿地区有关的。

Tusk 长牙 坚硬的、像角一般的牙齿。大象、海象长有长牙。

Vein 静脉 将血液带到心脏的血管。

Venom 毒液 蛇和蝎等动物分泌的有毒液体。

Vertebrate 脊椎动物 有脊椎的动物。

Wetland 湿地 土壤永久潮湿的潮滩或沼泽。

Whiskers 须 动物口边的长而突出的毛发或短毛。

Wing span 翼展 翅膀展开时，一个翅膀的翅尖到另一个翅尖间的距离。

索引

E

F

G

H

T

W

X

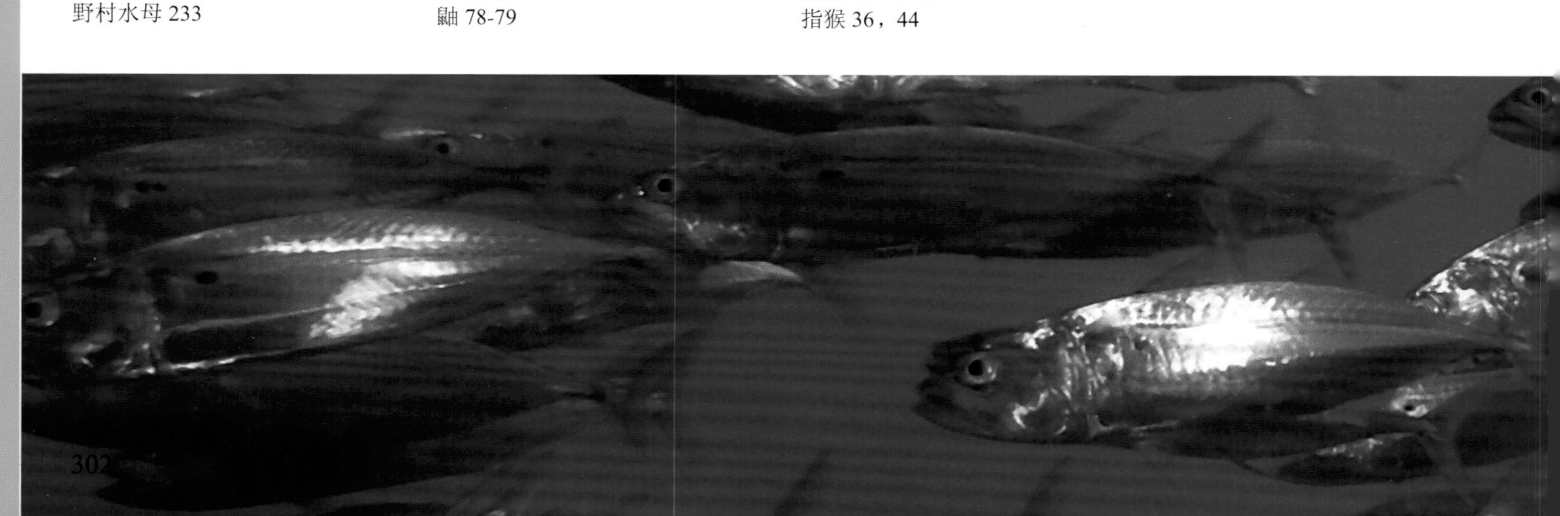

致谢

多林金德斯利要感谢以下名单中的人员，感谢他们在这本书中的贡献：

Smithsonian Enterprises
Carol LeBlanc, Vice President
Brigid Ferraro, Director of Licensing
Ellen Nanney, Licensing Manager
Kealy Wilson, Product Development Coordinator

Smithsonian Institution consultants:
National Museum of Natural History
Don E. Wilson, Curator Emeritus, Vertebrate Zoology;
Carla J. Dove, Ph.D., Feather Identification Laboratory;
Lynne R. Parenti, Curator of Fishes and Research Scientist;
Jeremy Jacobs, Collections Manager, Division of Amphibians and Reptiles;
Gary F. Hevel, Research Collaborator, Department of Entomology;
Stephen Cairns, Research Scientist, Invertebrate Zoology;
Jerry Harasewych, Research Scientist, Invertebrate Zoology;
Kristian Fauchald, Research Scientist, Invertebrate Zoology;
Chris Mah, Research Associate, Invertebrate Zoology;
National Marine Fisheries Service
Allen Collins, Research Scientist;
Martha Nizinski, Research Scientist.

Editors: Angeles Gavira Guerrero, Wendy Horobin, Gill Pitts
Designers: Ina Stradins, Natasha Rees, Duncan Turner
Jacket designer: Laura Brim
Jacket editor: Manisha Majithia
Production editor: Lucy Sims
Production controller: Erika Pepe
Managing editor: Camilla Hallinan
Managing art editor: Michelle Baxter

Contributors to the first edition: Amy-Jane Beer, Alex Cox, Leon Gray, Natalie Godwin, Emma Forge, Tom Forge, Sophie Pelham, Vicky Wharton, Romaine Werblow, Lee Wilson, Kevin Royal, and Chris Bernstein.

本书出版商由衷地感谢以下名单中的人员提供照片使用权：

（缩写说明：a-上方；b-下方/底部；c-中间；f-底图；l-左侧；r-右侧；t-顶端）

Valerie Abbott: 17cl; **Alamy Images:** Enrique R. Aguirre Aves 139tr; AfriPics.com 109tr; Alaska Stock LLC 223br; Bryan & Cherry Alexander 131tr; AndyLim.com 235cl; Heather Angel 19cr; Arco Images 14b, 145tc, 177bl, 178b, 283tr; Auscape International 181tr; Bill Bachmann 117br; Peter Barritt 133bl; Blickwinkel 124cl, 163clb, 163cr, 177bc, 179tr, 185c, 185r, 198 (Malabar), 200l, 202l, 206l, 208l, 210l, 212l, 214l, 216l, 218l, 220l, 222l, 246cr, 257cr, 271cr; Steve Bloom 11br, 109cra, 129tl, 144b; Rick & Nora Bowers 166tr, 191c; John Cancalosi 125br; Nigel Cattlin/Holt Studios International Ltd. 227br, 257c; Brandon Cole Marine Photography 231tl, 290bl; Bruce Coleman Inc. 179c; Mark Conlin 304; Andrew Darrington 185l; Danita Delimont 117tr, 121br; Thomas Dobner 249cl; Matthew Doggett 161cl; Redmond Durrell 300, 301; Karin Duthie 181cl; Florida Images 169cr; FotoNatura 127bl; Stephen Frink Collection 180b, 235cr, 285cl, 291br; Johan Furusjö 129bl; Tim Gainey 274b; Guillen Photography 287br; Blaine Harrington III 124b; Mike Hill 149br; Bjorn Holland 286-287; Friedrich von Horsten 91cr; Chris Howes/Wild Places Photography 232c; Iconotec 239cr; imagebroker 43br; INTERFOTO Pressebildagentur 167tr; Jonathan Samuel Gregg Irwin 162c; Andre Jenny 125bl; Steven J. Kazlowski 7tl, 120bl, 120-121; Kevin Schafer 127tr, 130-131, 163bl, 187tr; Holt Studios International Ltd 259cr; Juniors Bildarchiv 179bl, 182-183, 186t, 259bl; Kuttig - Animals 183tr; LMR Group 129tr; John E. Marriott 15tl; Chris Mattison 171c, 197bl; Mediacolor's 246tr; Melba Photo Agency 49br; Louise Murray 264-265; N:id 281bl; Eyal Nahmias 275br; NaturePics 259tl; David Noble Photography 19c; Rolf Nussbaumer 139bc; David Osborn 131br; Papillo 170, 198 (Emerald), 227clb; Jacky Parker 157cr, 157tr; Robert C. Paulson 249tr; Wolfgang Polzer 181br; Premaphotos 181c; Adam Seward 10c; Martin Shields 179cl, 189c; Marco Simoni 133cl; Terry Sohl 142cr; tbkmedia.de 107br; David Tipling 136-137; Tom Uhlman 50-51; Duncan Usher 12c; Ariadne Van Zandbergen 21crb; John van Decker 135bl; Travis VanDenBerg 235tr; Visions of America, LLC 120cla; Visual & Written SL 25br, 247br, 284; David Wall 18-19c; John Warburton-Lee Photography 213tc; Dave Watts 148l; Petra Wegner 227tr; Maximilian Weinzierl 12-13c; Whitehead Images 289cr; Wildlife GmbH 18l, 196t, 210crb, 211cr, 211cra; Anna Yu 43c; Jim Zuckerman 7tc, 176bl, 176-177t; **Ardea:** Kathie Atkinson 195br; Ian Beames 45bl; Hans & Judy Beste 27cl; Leslie Brown 140-141; Julie Bruton-Seal 85tc; Piers Cavendish 25cr; Bill Coster 119br; Johan De Meester 66; Steve Downer 32br; Jean-Paul Ferrero 42t; Kenneth W Fink 33cl, 137tr; François Grohier 23r, 46tr, 102bl, 102cl, 126b, 271tr; Greg Harold 198 (Turtle); John Cancalosi 17cla, 39cl, 123cr; Ken Lucas 39br, 189t, 289tr; Geoff Moon 21cr; Hayden Oake 75cb; Pat Morris 44bc, 193br, 193c, 199tr, 229br; Jadgeep Raiput 88; Sid Roberts 149c; Geoff Trinder 45br; David & Katie Urry 229tr; M Watson 11tl, 25tr, 44t, 132b; M. Watson 40-41, 41br, 94br, 101cr; Doc White 10tl; Jim Zipp 118l; Andrey Zvoznikov 30tl; **Kevin Arvin:** 271br; **GK Bhat:** 186cl; **Bill Blevins:** 199 (Woodhouse); **Lia Brand Photography Inc.:** 19tr; **Monika Bright, University of Vienna, Austria:** 236b; **Meng Foo Choo:** 19cra; **Corbis:** Remi Benali 18bc; Niall Benvie 153bl; Jonathan Blair 164bl; Brandon D Cole 52l, 231cl; Kevin Fleming 76b; Michael & Patricia Fogden 260cl; Martin Harvey 143tr; Frank Lane Picture Agency 291cr; Frans Lanting 111c; Danny Lehman 21c; Joe McDonald 11crb; Arthur Morris 142tr; Joel W Rogers 223cr; Jeffrey L Rotman 286br; Galen Rowell 11c; Josef Scaylea 137br; Kevin Schafer 133tr, 174ca; Paul A Souders 4-5b, 183br, 296-297; Herbert Spichtinger 148r; Kennan Ward 105cb; **Tammyjo Dallas:** 8 (snake); **Dr Melanie Dammhahn:** 37cl; **© Tim Davenport/WCS:** 39tc; **Christoph Diewald:** 16b; **DK Images:** American Museum of Natural History 180cl; Peter Chadwick/Courtesy of the Natural History Museum, London 148bc, 151crb; Malcolm Coulson 129tc; Philip Dowell 129cr; Dudley Edmonson 62crb; Exmoor Zoo, Devon 135tl; Chris Gomersall Photography 127tl; Frank Greenaway/Courtesy of the Natural History Museum, London 127cr, 257br, 275bl, 275c, 275crb, 276cl; Rowan Greenwood 129br; Colin Keates/Courtesy of the Natural History Museum, London 275tc; Mike Linley 196c; Maslowski Photo 151cl; National Birds of Prey Centre, Gloucestershire 118br, 119bl, 119cr; Natural History Museum, London 113c, 113tl; Stephen Oliver 113tr, 151bl; David Peart 20cl, 167cl; Barrie Watts 16-17; Jerry Young 62cr, 274t, 275cra; **James Eaton, Birdtour Asia:** 155bc; **Tolis Flioukas:** 9 (hermit crab); **FLPA:** Michael & Patricia Fogden/Minden 146-147; J W Alker 228r; Terry Andrewartha 105bl; Fred Bavendam 242bl, 242-243t; Matthias Breiter 51cr; Richard Brooks 123br; Wendy Dennis 149cl; Reinard Dirscherl 240b; Richard Du Toit/Minden Pictures 62b, 100-101; Michael Durham 34br; Gerry Ellis/Minden Pictures 69cra; Peter Entwistle 249cr; Yossi Eshbol 31tl; Katherine Feng/Globio/Minden Pictures 69br, 69cr; Foto Natura Stock 93b,

93cl; Tony Hamblin 118tr, 142bl; David Hosking 265br; Mitsuhiko Imamori 269br; Jurgen & Christine Sohns 30br, 42b, 43bl, 176br; Gerard Lacz 63cl; Frans Lanting 6-7, 31br, 37br, 81t, 123bl, 160-161, 292-293; Hans Leijense 60-61, 93cr; S & D & K Maslowski 28bl, 28c; Chris Mattison 198 (Monte); Phil McLean 139tl; Claus Meyer/Minden Pictures 38tr, 279-279; Michio Hoshino/Minden Pictures 38br, 64-65, 104-105t; Minden Pictures/ ZSSD 65br; Patricio Robles Gil/Sierra Madre/Minden Pictures 86-87; Mark Moffett/Minden Pictures 197br, 256b, 267bl; Yva Momatiuk/John Eastcott/ Minden Pictures 76-77; Piotr Naskrecki 253t; Chris Newbert/Minden Pictures 229tl; Flip Nicklin 54-55; Pete Oxford 71cr; Panda Photo 189br; Fritz Polking 109br; Michael Quinton/Minden 105cr; Len Robinson 155br; Walter Rohdich 162bl; Cyril Ruoso/Minden Pictures 68-69; Malcolm Schuyl 33bc, 33tl; Chris & Tilde Stuart 102-103; Roger Tidman 67br; Jan Vermeer/Foto Natura 78b; Larry West 190tr, 281tl; Terry Whittaker 32bc, 77b, 139c; D P Wilson 140bl; Martin B Withers 2 (Dingo), 62tl; Norbert Wu 2tl, 26r, 229cr, 235bl; Zhinong Xi 107cr; **Neil Furey:** 33ca; **Getty Images:** AFP 156-157, 233bc; Ingo Arndt 133cr; Pete Atkinson 151tl; Gary Bell 169tl; Gary Benson 94t; Walter Bibikow 17c; Emanuele Biggi 273br; Kathy Collins 271cl; DAJ 5tl, 154bl; Flip De Nooyer/ FotoNatura 127br; Roger Deha Harpe 165br; Georgette Douwma 201c; Michael Dunning 180tr; Nicole Duplaix 173cr; Michael Durham 190b; Danny Ellinger 135tr; Tim Flach 267tr; Larry Gatz 3 (hammerheads), 201l, 206-207; George Grall 197c; Gavin Hellier 1; Kevin Horan 116-117; Jeff Hunter 58-59; Gavriel Jecan 275tr; Rene Krekels 7tr, 188; Tim Laman 254-255; Timothy Laman 28tl, 191tr; Patrick Landmann 261cr; Cliff Leight 86t; Michael Melford 222-223; Michael Nichols 22-23, 89br; Patricio Robles Gil/Sierra Madre/Minden Pictures 89bl; Mark Moffett 196b; Piotr Naskrecki 261br; Paul Nicklen 86b; Michael & Patricia Fogden 194-195; Michael Redmer 184-185; Tui De Roy 133bc, 133tl, 149tl; SA Team/Foto Natura 167c; Kevin Schafer 59crb; Chris Schenk 126tr; Yomiuri Shimbun 232-233; Tom Stoddart 91br; Ben Van Den Brink 270cl; Wim van Egmond 285tr; Tom Vezo 63br; Birgitte Wilms/Minden Pictures 216br; Norbert Wu 213bc, 218-219; Minden Pictures/ZSSD 110-111; **Jack Goldfarb/Design Pics Inc.:** 199 (Couch's spadefoot); **Andreas Graemiger:** 11cra; **Thor Håkonsen:** 255tr; **Mark Hamblin:** 133 cr; **Chod A. Hedinger:** 15tr; **imagequestmarine.com:** Jim Greenfield 291c; Takaji Ochi 290-291; Peter Parks 239c; **iStockphoto.com:** Omar Ariff 215br; Bostb 186br; Marshall Bruce 10bl; Michel De Nijs 17cra; Alan Drummond 10br; Mike Golay 15bl; Hazlan Abdul Hakim 10bc; Andrew Howe 153cr, 154bc; Frank Leung 111cr; Jurie Maree 18ca; Peter Miller 10tr; Phil Morley 12cra; Dawn Nichols 125tr; Katrina Outland 285br; Lorenzo Pastore 91t; Matej Pribelsky 112l; Achim Prill 192; Proxyminder 270b; Ryan Saul 208cr; Steve Snyder 273cr; Jan Will 17crb; Mark Wilson 10fbr; **© Hugo Loaiza:** 154cr; **Stephen Kelly:** 16c; **Ray Macey:** 257cl; **Earl F. Martinelli:** 19tl; **Ric McArthur:** 11cla; **Sean McCann:** 257bl; **Taco Meeuwsen**: 153c; **Cheryl Moorehead:** 227ftl; **National Geographic Image Collection:** Darlyne A. Murawski 282-283; **Natural Visions:** 69tr, 104bl; **naturepl.com:** Ingo Arndt 38l; Peter Blackwell 72br, 171br; Brandon Cole 169tr; Bruce Davidson 97br, 280-281b; Doug Perrine 92-93, 93t, 167br, 230-231b; Jurgen Freund 165bl, 235br, 238t; Nick Garbutt 31cl; Tony Heald 98t; Kim Taylor 34cr, 256t; Eliot Lyons 83b; Tom Mangelsen 106br; Luiz Claudio Marigo 251cr, 283br; George McCarthy 67tl; Rolf Nussbaumer 138; William Osborn 153br; Pete Oxford 37bl, 57b, 79br, 97cr; Pete Cairns 79cr, 106-107; Constantinos Petrinos 285tc; Tony Phelps 279t; David Pike 41tr; Premaphotos 251br, 283cr; Peter Reese 265tr; Jeff Rotman 238-239tc; Jose B Ruiz 155tc; Andy Sands 273bl; Phil Savoie 154c, 273cl; Peter Scoones 234; Anup Shah 36, 98b, 99tl, 164br; Igor Shpilenok 31cr; Sinclair Stammers 280t; Lynn M. Stone 70-71, 80-81, 173bc; David Tipling 85tr; Jeff Vanuga 105cl; Tom Vezo 288b; Doc White 81b; Staffan Widstrand 99br, 122b; Mike Wilkes 101br; Simon Williams 268-269; Solvin Zankl 239tc; **NHPA/Photoshot:** Bryan & Cherry Alexander 85cr; ANT Photo Library 28-29; Daryl Balfour 72-73t, 73bl; Anthony Bannister 30tr, 175bl, 269cr; Bill Coster 135br, 155cr; Laurie Campbell 135cl; Lee Dalton 115cb; Stephen Dalton 112t, 249tl, 260-261, 279br, 279cb; Nigel J Dennis 143br; Nick Garbutt 23c, 83tr, 97tr, 147cr; Ken Griffiths 267br; Adrian Hepworth 147br; Daniel Heulin 143c, 174b, 191br, 199c; James Warwick 96-97, 97ftl, 150-151; B. Jones & M. Shimlock 228l; Rich Kirchner 51br; Stephen Krasemann 70l, 137cr; Martin Harvey 183cr, 268b; Dr Eckart Pott 129c; Cede Prudente 173br; Steve Robinson 82b, 97tl; Andy Rouse 44l, 108-109; Jonathan & Angela Scott 109crb; Taketomo Shiratori 84c; Gerrit Vyn 125c; M. I. Walker 229bl; Dave Watts 27br; Martin Wendler 169br; **Photolibrary:** Animals Animals/Earth Scenes 174tr; Kathie Atkinson 26cl, 257tr; David Courtenay 81c; Daniel Cox 79bl; David M. Dennis 237tc; IFA–Bilderteam GmbH 61r; Juniors Bildarchiv 46b; London Scientific Films 227bl; Stan Osolinski 51tr; Oxford Scientific Films 147tr; Werner Pfunder 104br; Mary Plage/OSF 99c; Survival Anglia 155r; Konrad Wothe 25crb; **Stuart Plummer:** 19bc; **Guido & Philippe Poppe—www.poppe-images.**com: 231cr; **Stefano Prigione:** 14tl; **Press Association Images:** AP 284bl; **PunchStock:** Design Pics 193tr; Digital Vision 173bl; Digital Vision/Caroline Warren 164-165t; Jupiter 239br; **Raymond Racaza:** 19cl; **Dr Gil Rilov:** 233bl; **Mel José Rivera Rodriguez:** 179tc; **Mike Robles:** 9 (blue starfish); **rspb-images.com:** Chris Knights 114tc, 154tl; **Science Photo Library:** Charles Angelo 235tl; Nigel Cattlin 258; John Devries 134b; Eye of Science 12br; Pascal Goetgheluck 266; Richard R. Hansen 250-251, 251tr; Gary Meszaros 259tc; Sinclair Stammers 9tr; Barbara Strnadova 269tr; Merlin D. Tuttle 32t; Jean-Philippe Varin 267tl; Jerome Wexler 12bl; **SeaPics.com:** 2 (Dolphins), 5tc, 20-21, 23l, 52r, 200-201, 201cr, 203bc, 203bl, 203br, 208b, 208tl, 209br, 209tl, 210-211, 214-215, 215tr, 216bl, 216c, 216cr, 216tr, 217bl, 217br, 217clb, 217tl, 219br, 219tr, 220, 221bl, 221br, 221c, 221cl, 221cr, 221tl, 221tr, 231tr, 239tr, 286bl; **Shutterstock:** Kitch Bain 4tl; Joe Barbarite 226bl; Lara Barrett 226cl; Mircea Bezergheanu 226clb; Stephen Bonk 3 (Newt); Sandra Caldwell 2 (Echidna); Ivan Cholakov 3 (Iguana); EcoPrint 226tl; Richard Fitzer 225br; Josiah J. Garber 227cr; Mark Grenier 4tc; Peter Hansen 3 (Snake); Lavigne Herve 227cl; Eric Isselée 298-299; Ivanov 290cl; Mawroidis Kamila 224bc; Cathy Keifer 3 (Mantis); Kelpfish 3 (Starfish), 226-227b; K. L. Kohn 3 (Frog); D. J. Mattaar 3tr, 4tr, 224bl, 302-303; Mayskyphoto 3 (Parrot); David Mckee 2 (Ape); Mishella 4ftr; rsfatt 174cl; Vishal Shah 294-295; Johan Swanepoel 18cb; Morozova Tatyana 234b; Florin Tirlea 224-225; Alan Ward 5tr; Richard Williamson 3 (Anemon); **Chandan Singh:** 11tr; **Frank Steinmann:** 197ca; **Still Pictures:** John Cancalosi 172bl; Martin Harvey 73br, 90-91; **Kayla Swart:** 19clb; **© Uthai Treesucon/www.arkive.org:** 49cr; **www.uwp.no:** Erling Svenson 291bl; **Brian Valentine:** 248-249, 272, 272t; **Eric Vanderduys:** 191cr; **Nikki van Veelen:** 9 (sponge); **Gernot Vogel:** 173cb; **Warren Photographic:** 84tl, 85bl, 246b, 253cl; Jane Burton 109bl; Kim Taylor 252, 289c, 289cl; **Tom Weilenmann:** 19cla; **Wikimedia Commons:** Holger Gröschl 271tl; Rowland Shelly, PhD, North Carolina State Museum of Natural Sciences 289tl; **Sergey Yeliseer:** 154tr.

Jacket images: ***Front:*** **Alamy Images:** Juniors Bildarchiv bc; **Getty Images:** Georgette Douwma fbr; Bob Elsdale t; Ralph Hopkins bl; **stevebloom.com:** br. *Back:* **Corbis:** Jenny E. Ross tc; **FLPA:** Frans Lanting b; Larry West tr; **Getty Images:** Michael Melford ftr; **Brian Valentine:** tl. *Spine:* **Getty Images:** Bob Elsdale t; Oxford Scientific Films/ Photolibrary b.

其他图片版权属于多林金德斯利